博碩文化

博碩文化

博碩文化

資深PM的十堂 產品煉金術

從面試到 AI 應用的全方位指南，外商思維 × 台企實戰教你從 0 到 1 打造爆款產品

蔡繼東 (Jacky Tsai) 著

夢想成為產品經理？

從菜鳥到專家，這本書就是你的最佳起點

建構產品思維
深入洞察使用者需求
創造產品獨特價值

實戰經驗分享
國內外產品管理經驗
與深度訪談精華

AI工具應用
善用 AI 工具提升產品
競爭力與工作效率

求職面試技巧
履歷撰寫到面試準備
提供全面求職攻略

2023
iThome鐵人賽
佳作

iThome
鐵人賽

作　　者：蔡繼東（Jacky Tsai）
責任編輯：林楷倫

董 事 長：曾梓翔
總 編 輯：陳錦輝

出　　版：博碩文化股份有限公司
地　　址：221 新北市汐止區新台五路一段 112 號 10 樓 A 棟
　　　　　電話 (02) 2696-2869　傳真 (02) 2696-2867

發　　行：博碩文化股份有限公司
郵撥帳號：17484299　戶名：博碩文化股份有限公司
博碩網站：http://www.drmaster.com.tw
讀者服務信箱：dr26962869@gmail.com
訂購服務專線：(02) 2696-2869 分機 238、519
（週一至週五 09:30 ～ 12:00；13:30 ～ 17:00）

版　　次：2024 年 10 月初版一刷

建議零售價：新台幣 650 元
I S B N：978-626-333-985-9
律師顧問：鳴權法律事務所 陳曉鳴律師

本書如有破損或裝訂錯誤，請寄回本公司更換

國家圖書館出版品預行編目資料

資深 PM 的十堂產品煉金術：從面試到 AI 應
用的全方位指南，外商思維 x 台企實戰教
你從 0 到 1 打造爆款產品 / 蔡繼東 (Jacky
Tsai) 著 . -- 初版 . -- 新北市：博碩文化股
份有限公司，2024.10

面；　公分 . -- (iThome鐵人賽系列書)

ISBN 978-626-333-985-9(平裝)

1.CST: 生產管理 2.CST: 產品設計 3.CST: 行
銷策略

494.5　　　　　　　　　　　113014641

Printed in Taiwan

博碩粉絲團　歡迎團體訂購，另有優惠，請洽服務專線
(02) 2696-2869 分機 238、519

推 薦 序

產品經理，這看似平凡的職稱，卻承載著企業的創新命脈。回首趨勢科技的發展歷程，產品經理扮演的角色至關重要。執行長擘劃商業策略藍圖，產品經理們如何落地實踐，便是產品經理的智慧與專業。

然而，產品之路從來都不是坦途。早期，我們憑著一股熱血和直覺，在市場中摸索前行。那時，沒有如今便捷的驗證工具，一次驗證的過程都要耗費數個月，也沒有數據驅動的迭代思維。產品的成功，更多時候仰賴的是個人經驗和運氣。

隨著 AI 的浪潮席捲而來，為產品開發帶來了前所未有的機遇與挑戰。從發現問題（problem discovery）、問題與解法契合（problem-solution fit）、產品與市場契合（product-market fit）到規模化（scale），AI 正以驚人的速度重塑著我們的工作方式。產品經理的角色需要轉變與進化，具備洞察市場、快速迭代、善用 AI 工具的本事。

我跟 Jacky 的相識是 2018 年趨勢科技在日本舉辦 AI 競賽的時候，當時我發現 Jacky 並不只是一位專注於寫程式的工程師，這些年來，他憑藉著對產品的熱愛與不斷學習的精神，逐步成為橫跨 AI、數據分析、商業策略、用戶增長等多領域的全方位產品經理。

在這本書中，Jacky 無私地分享了他多年來的實戰經驗與心得體會。從問題發現到驗證假設，從產品策略制定到 AI 工具應用，從打造吸睛履歷到面試全攻略，從溝通領導到職涯發展，他以深入淺出的方式，為讀者勾勒出一幅完整的產品經理成長地圖。

產品經理分為兩種，一種是連使用者是誰都不知道的階段開始從 0 到 1 打造出一個產品。另一種是已經有產品與目標客戶從 1 到 100 負責擴增市場與產品。難得的是，Jacky 具有這兩種的產品管理經驗，同時結合了外商的思維與台灣在地實踐，讓這本書更貼近台灣產品經理的實際需求。在台灣，擁有如此豐富經驗且樂意分享的產品經理實屬難得，很為 Jacky 開心能出這樣一本書。

我相信，這本書將為所有有志於產品管理的讀者帶來啟發與幫助。無論你是初入職場的新人，還是經驗豐富的老將，都能從中汲取寶貴的知識與經驗，為自己的產品之路注入新的動力。

張明正

趨勢科技創辦人兼董事長

推 薦 序

我懷着無比的喜悅向大家介紹我親愛的朋友 Jacky 的這部深刻著作。多年來，我有幸見證 Jacky 在充滿活力的產品管理世界中的旅程。這本書正是那段旅程的見證——經驗的積累、教訓的總結和智慧的結晶。

成為一名優秀的產品經理，絕不僅僅是參與產品的開發過程，而是需要獨特的視野、同理心和領導力的結合。一位出色的產品經理是在他人看到阻礙的時候發現可能性的遠見者。他們具有預見市場趨勢的洞察力，並能靈活適應不斷變化的環境。

同理心是產品管理的核心。理解客戶的需求和願望至關重要。一位優秀的產品經理會專心傾聽，不僅聽到被說出的話，還能體會背後未被說出的需求。他們深入探索客戶體驗，努力創造不僅滿足需求，而且能讓人驚喜和啟發的產品。

產品管理中的領導力在於促進合作和培養人才。這涉及將多元化的團隊凝聚在一起，引導他們朝着共同的目標前進。一位優秀的產品經理會賦權於團隊，鼓勵創新，並重視每個成員的貢獻。

這本書深入探討了這些產品經理需要具備的面向以及更多內容。Jacky 分享了在這個充滿挑戰又充滿樂趣的領域中取得成功所需要的寶貴見解。這本書通過實用的建議和現實世界的範例，讓讀者更深入地了解產品管理的藝術與科學。

無論您是一位有抱負的產品經理，還是一位希望提升技能的資深專業人士，這本書都將為您提供指導和啟發。對於那些不僅希望開發產品，還希望通過創新和卓越塑造未來的人而言，它就像是一座在黑暗汪洋中的明亮燈塔。我相信，書中所包含的智慧將是您成為一名優秀產品經理之旅的寶貴資源。

張友辰

友愉股份有限公司（Tomofun）創辦人與執行長

推｜薦｜序

產品開發是企業創造價值的核心動力，如何精準掌握消費者需求，洞察市場趨勢，並開發出具差異化的產品，是企業在競爭市場中生存與成長的關鍵。隨著科技的飛速發展，產品的生命週期縮短，競爭也日益激烈。面對這樣的環境，企業必須具備強大的產品開發能力，並且通過不斷的創新保持市場競爭力，甚至推動企業的轉型與升級。

產品經理是引領產品從概念到市場的舵手，他們的任務是確保產品不僅符合市場需求，還能創造實際的商業價值。在數位化快速變遷的時代，一位優秀的產品經理不僅是產品開發過程的管理者，更是推動企業創新與成長的核心力量。為此，產品經理需要具備多元且全面的技能，不僅要精通專業知識，還需能在競爭激烈的市場中運用精準的策略與創新思維，打造出受用戶青睞的產品。

基於這樣的背景，我誠摯推薦《資深 PM 的十堂產品煉金術》。這本書涵蓋了產品經理從構想到落地的完整過程，提供了需求驗證、市場分析、產品設計、定價策略、以及產品需求有效管理的各種實用工具和方法。此外，本書還深入探討了產品經理的職涯發展，包括如何撰寫履歷、應對面試挑戰、提升團隊領導能力與跨部門溝通協作等。對於那些希望成為優秀產品經理的讀者來說，這無疑是一本不可或缺的實戰指南。

AI 技術的迅猛發展正為各行各業帶來深刻變革，從自動化到智能決策，AI 為產品開發創造了無限機遇。本書也特別闡述了產品經理如何迎接 AI 時代的挑戰，轉變思維以打造 AI 驅動的產品，並善用 AI 工具提升生產力、改善用戶體驗。同時，本書還闡述了如何通過數據分析強化決策精確性，幫助產品經理在 AI 時代抓住機遇，創造出卓越的產品。

作者繼東早在大學時期便創辦了線上家教服務平台及語言交換交友 App，展現了其在產品開發上的創新能力。畢業後，他先後在國內外知名科技巨頭與新創企業中服務，參與多個重要軟硬體產品的專案，積累了豐富的實戰經驗。在這本書中，

作者將其十多年來的產品開發經驗與在資訊管理領域所學的理論知識結合，將實務挑戰系統化地梳理與分析，並提供具體的解決方案。

總結來說，《資深 PM 的十堂產品煉金術》不僅是一部結合實戰經驗與管理理論的經典之作，對於每一位想在產品開發領域深耕的人來說，無論是初入門的新手，還是已經在行業中擁有多年經驗的專家，這本書都能為你的職涯發展提供具有深度和實用性的指導，幫助你在競爭激烈的數位時代中脫穎而出。

莊裕澤

國立臺灣大學資訊管理系教授

推薦序

身為 Aiworks (前身 AppWorks School) 校長，這一路以來我們培育了上千位的工程師，在工程師養成的教育場景之中，我們時常說除了技術的累積之外，真正重要的是背後的產品思維，是具備能洞悉市場需求、打造出解決用戶痛點產品的關鍵能力。因此，我要向大家推薦這本能夠幫助你們在這條道路上快速成長的實戰指南，這本書清楚地描繪了產品經理的必備技能，產品經理是產品的靈魂人物，是連接用戶、設計、開發、市場等各個環節的橋樑。他們需要具備敏銳的市場洞察力、卓越的溝通協調能力，以及將創意轉化為現實的執行力。

本書作者 Jacky，不僅是一位經驗豐富的產品經理，也曾擔任過區塊鏈訓練課程導師，不管是在專案中或是教育現場，他熱衷於分享知識經驗與提攜後進，並擅長從溝通對象的角度出發，以清楚的資訊循序漸進的傳達所知。Jacky 將多年積累的產品開發經驗與心得，毫無保留地呈現在這本書中。從產品發想、使用者體驗、產品功能優先順序、用戶增長，到履歷撰寫、面試技巧、溝通領導，乃至 AI 時代產品經理的挑戰與應對心法，Jacky 都提供了詳盡的解說與實用的建議。

這本書分為兩大部分，前五章聚焦於產品經理的實戰技能，從如何將創意落實到產品中，到用戶體驗的設計、需求管理、定價策略及用戶增長，提供了系統化的方法，並穿插著寶貴的作者經驗分享。讓讀者能從這些具體的策略與案例中，找到適用的解決方案。後五章則探討了產品經理的軟實力培養，從撰寫吸引人的履歷、面試技巧到如何帶領跨部門的團隊，這些軟實力是成為優秀產品經理不可忽視的關鍵。此外，書中還深入分析了在 AI 崛起的時代，產品經理該如何運用 AI 工具提升效率，並應對未來的挑戰與機遇。無論你是剛入門的新人，還是尋求突破的資深產品經理，都能透過本書在瞬息萬變的市場中掌握致勝的技巧與思維。

黃琇琳

Aiworks 校長

推 薦 序

在當今迅速變化的各行各業中,產品經理的角色扮演著越發重要的角色。產品經理不僅是「產品的 CEO」,更是連結各方資源、推動創新、確保市場競爭力的核心力量。今天,我誠摯地向大家推薦這本書,因為它將幫助你掌握成功產品經理所需的關鍵技能與策略。

本書結合了矽谷的創新思維與台灣企業的實戰經驗,將帶領讀者探索如何從零開始打造一款具有市場影響力的產品。對於航運業而言,當我們在開發航運相關系統時也需要具備產品思維。書中提到的需求分析,正是進行產品開發中不可或缺的一環,如何找到問題、提出最佳解決方案;如何通過數據分析洞察市場趨勢,並在此基礎上設計出符合使用者需求的系統與服務,是在商業上所有人都必須掌握的技能。當然,產品經理的工作不僅僅局限於產品的設計與推廣。書中還深入探討了團隊協作的軟實力,作為一個跨部門協作的橋樑,產品經理需要有效地協調運營、營銷及客戶服務團隊,確保產品能夠高效落地,滿足客戶的需求與期望。

在這個 AI 迅速崛起的時代,繼東在書中提供的關於如何應對 AI 挑戰的部分更是點睛之筆。航運業也正面臨著數位轉型的浪潮,利用 AI 與演算法進行數據分析、提升運營效率,是未來競爭中的一大優勢。本書相關的內容將幫助你在這一過程中掌握必要的工具與策略,為企業、為產品創造更大的價值。

這本書不僅是身處科技業的人需要閱讀,即使是在航運業,或是其他產業,這本書都將為你提供豐富的知識和實用的策略。希望每位讀者都能從中受益,攜手推動產品創新與企業成長的未來。

葉文超

萬海航運副總經理

在當前快速變化的金融環境中，產品經理的角色變得愈加關鍵。身在銀行業，我深知優秀的產品經理不僅僅是專案的推動者，更是確保產品能夠真正落地、產生市場價值的關鍵人物。因此，我非常高興能推薦這本書，特別是對於金融相關行業的產品經理而言，這本書的內容非常值得花時間閱讀與運用。

書中讓我體悟到一個重要觀念：產出（output）還不夠，產品的成功取決於結果（outcome）。這一點對於我們銀行的產品經理而言尤其重要。即使開發出來的產品在技術上非常出色，如果無法滿足市場需求或提供客戶真正需要的價值，那麼開發團隊的努力將無法獲得應有的回報。這本書裡提供了許多實用的框架和工具，幫助我們更好地理解客戶需求，從而設計出有價值的成功產品。

我在拜訪台灣許多不同的產業過程中發現，台灣並不缺乏優秀的工程師，台灣的軟硬體技術都很成熟，然而，我們卻缺乏能夠深入發現問題、挖掘根本原因並帶領團隊找到解決方案的產品經理。正因如此，我真心希望這本書的出版，能讓更多人認識到產品經理這個角色的迷人之處。它不僅要求技術和專業知識，還需要出色的溝通能力、創新思維及市場敏銳度。這本書清晰地闡述了這些要素，並提供了寶貴的實踐經驗，幫助讀者全面提升自身的專業能力。

此外，書中對於如何應用 AI 和數據分析進行市場洞察的部分，更是引領我們進入未來科技的浪潮。在銀行業，數據的價值不容小覷，各種行業的數據也都相當珍貴，懂得如何利用數據驅動產品開發和優化，將使產品經理在未來的競爭中脫穎而出。這一點在當前數位轉型的背景下，尤其值得重視。

書中還涵蓋了職涯發展的策略，讓希望成為產品經理的人能夠有的放矢，掌握必要的技能和知識。產品經理不僅是推動產品創新的重要角色，更是企業實現價值的關鍵。在這個充滿挑戰和機遇的時代，讀懂《資深 PM 的十堂產品煉金術》將為你開啟通往卓越的門戶。我期待看到更多的台灣產品經理在這本書的指導下，充分發揮潛能，帶領我們的產業向上翻轉，共同迎接未來的挑戰。

楊智能

新光銀行副總經理

推｜薦｜序

過去，許多討論產品的著作往往聚焦於產品本身的發想和設計，對於產品開發過程中產品經理如何一步步的工作方式、跨部門溝通協調、甚至是產品經理的職涯發展鮮少著墨。這本書恰好填補了這一塊空白，以獨特的視角，深入剖析了優秀產品團隊和產品領導者的工作方式。

本書作者 Jacky 憑藉自身豐富的產品管理經驗，分享了各階段利用數據驅動的手法來做出科學可靠的決策（Data-Informed Decision），並結合不同的方法讓團隊、個人往成功機會大的方向前進。書中不僅有紮實的理論框架，更有來自外商和台企的實戰經驗分享，讓讀者能夠將知識與實踐完美結合。時不時帶入生成式 AI Prompt 範例，讓讀者在個人經營或產品規劃等面向上，體驗 LLM 可以帶來的幫助。

尤其在第九章，Jacky 談論了不同型態的產品經理，隨著負責的產品不同、階段不同所需要具備的技能也不一樣。Jacky 分享了這些工作經驗並清楚描述這些產品經理的工作技巧，對讀者們非常有幫助。值得一提的是，本書並未止步於傳統產品開發流程，更前瞻性地探討了 AI 時代對產品經理帶來的挑戰與機遇。這對於身處科技浪潮中的產品經理來說，無疑是一份及時且寶貴的指南。我特別喜歡 Jacky 在書中強調「AI 不是一個萬能的解決方案，他是解決客戶問題的一種工具和方法。」提醒了我們，不要為了 AI 而 AI，而是要讓 AI 真正為產品和用戶創造價值。

Jacky，當年的作文榜首，讀他的書讓我有一種我最常對 ChatGPT 下 prompt 的即視感：「請當我是一個國中生，用國中生可以理解的方式解釋一件事並包含例子。」JackyGPT 用平易近人的方式和生動的例子，將複雜的概念拆解，在輕鬆閱讀這本書的同時，心中已浮現手上的專案可以怎麼套用的衝動。

書中的許多手法，像 HDD (Hypothesis Driven Development)、Pecha-Kucha、HEART 等，這些名詞讓我回憶起過往和 Jacky 一起工作的過往，如何推廣這些手法，以及這些機制對組織與產品帶來的改變。你覺得這些名詞很陌生嗎？趕快帶

一本回家細細品味，這些看似陌生的名詞，其實都蘊含著深刻的價值，讀者只要開始閱讀，就能體會這些方法如何改變工作流程和產品策略。

這不僅是一本產品經理的實戰手冊，更是一本關於產品思維、創新和領導力的啟示錄。它將引領你從零開始，一步步打造出令人驚艷的爆款產品。

閻兆磊

聯發科技技術副處長

序言

不知道你跟產品經理合作的體驗如何？在我還是工程師時，發現許多工程師同事不太喜歡 PM，覺得他們「只會出張嘴不需要做事」，彷彿改時程像是改餐廳訂位日期一樣簡單。你也討厭產品經理嗎？沒關係，你並不孤單。

還記得台灣一位軟體業極具影響力的大人物曾經和我說：「在台灣幾乎沒有真正的產品經理！」一開始我覺得內心忿忿不平，也激起我內心對產品經理好奇心的漣漪，想不到後來我也踏上了產品經理的旅程，人生就是這麼奇妙。我開始去深入瞭解產品經理的職責與工作內容，才發現產品經理這個角色在科技領域中的重要性、挑戰和責任。

在台灣幾家公司擔任產品經理後，我決定擴大自己的視野，到日本亞馬遜擔任資深產品經理，看看那些矽谷知名外商 FAANG 的產品經理都在做什麼。隨著自己這些年累積的工作經驗，讓我萌生把擔任產品經理的心得分享給更多人的念頭，於是參加了 iThome 鐵人賽，以「PM 猴子的一生 - 產品經理除了出張嘴背後默默做的事情們」為系列文主題寫下產品經理的工作職責與成長心法。

這個賽事促使我每天都必須寫出一篇文章，讓我挑戰了自己的極限，即使工作再累再忙，下班後依舊要產出高品質的內容，當然我偶爾也有文思枯竭的時候。為了使每日寫作累積出精彩有價值的文章，我和許多業界前輩、學界教授討教經驗，訪問多位優秀的知名外商與台灣企業產品經理，記錄這些見解與反思。最後集結成冊的內容，不僅是來自我的工作歷程，也包含許多職場前輩、國際產品經理們的寶貴經驗。希望透過這樣的努力，讓讀者能感受到我在撰寫這本書時，對書的用心和誠意。

這本書能夠正式出版，要感謝的人太多了。當然，這一切離不開家人的支持。感謝我的老婆，她不僅在我隻身遠赴日本工作、最繁忙的時候給予了無盡的支持和包容，還在我寫作期間扮演了最堅實的後盾。另外，不能不提到我們家忠實的夥伴—Python，一隻可愛的黑色柴犬，它陪伴我度過了無數寂靜的深夜筆耕時光。感謝博碩出版社的 Abby 與編輯小 P 大力協助本書的出版事宜。 感謝所有教導過

我的老師們、與我共事過的老闆們與同事夥伴們，感謝你們的合作與指導，讓我能一路成長至今。感謝幫忙撰寫推薦序的前輩們，你們認真地讀完整本書，給予誠摯的建議，並願意推薦本書給更多的人。最後，感謝我的父母提供給我的教育和自由，讓我可以勇敢放心的追求自己想走的路、想做的夢。

我衷心希望能藉由這本書，將這些寶貴的經驗帶給更多的讀者，讓想踏入這個領域的人提供一些方向，讓他們在產品經理這條路上走得更踏實、穩健，繼往開來，東風得意。

蔡繼東

如果想和我聊聊，歡迎透過以下方式與我聯絡：

Medium: @jacky3f

LinkedIn: https://www.linkedin.com/in/chi-tung-tsai/

目錄

第七章：面試全攻略：讓你輕鬆迎戰產品經理面試

剖析產品經理面試的方向，提供五大必考題型與回答 SOP，傳授面試產品經理的終極秘訣，讓你能自信應對面試挑戰。

第八章：溝通與領導：打造高效產品團隊的關鍵

詳述產品經理在溝通與領導方面的技巧與策略，如跨部門溝通、團隊協作、高效開會、簡報技巧等，並介紹外商知名全球科技企業的實戰案例。

第九章：產品經理的職涯發展：從菜鳥到專家的成長之路

分享產品經理的職涯發展路徑與所需技能，如專業知識與軟實力，並提供職涯規劃建議。介紹負責不同型態產品領域的產品經理工作內容差異，以及各項產品需具備的心態、知識與經驗。

第十章：產品經理的未來：迎接 AI 時代的挑戰與機遇

探討 AI 時代對產品經理帶來的挑戰與機遇，如 AI 產品設計、怎樣是好的 AI 產品經理等，並分享如何應對未來趨勢與保持競爭力，如何運用 AI 工具提升產品開發效率與決策品質。

1 PART

產品經理不是只有出張嘴，
打造爆款產品的實戰框架與方法

第一章

我有個好的點子，該怎麼開始？
打造爆款產品的基石

你有沒有那種靈光乍現的時刻？走在路上、洗澡時，甚至滑手機時，突然一個點子閃過腦海，讓你興奮到差點原地跳起來！你覺得這點子實在太酷了，怎麼沒人想到？「這絕對會是下一個爆紅產品啊！」越想越覺得這個想法超厲害，彷彿成功近在眼前，甚至開始幻想自己即將成為下一個賈伯斯或祖克柏。

這種經驗我太熟悉了！以前當工程師時，三不五時就會有親朋好友跑來跟我說：「我最近想到一個超棒的點子，我們一起來做吧！」言下之意就是，他們跟我分享厲害的點子，我只**需要**出力來幫他把產品做出來，然後我們就一起發大財。說老實話，要我花時間寫程式把他們的想法實現出來也不是不可以，但大部分人的點子都停留在「好像不錯」的階段，如果你仔細追問下去，就會發現他們**一問三不知**，對於目標客群是誰、市場有多大、市場需求、競爭對手是誰，甚至產品的規格與細節都一知半解。

從點子到產品，這中間可是隔著一道巨大的鴻溝，而能夠填補這道鴻溝的專業人士，就是「產品經理」。

怎麼知道客戶需要什麼？

在我跟產品經理朋友們聊天的過程中，發現大家最常被工程師問的問題就是：「為什麼要做這個功能？」是啊！大家都想知道自己的工作到底有沒有價值，會不會投注大量時間跟精力開發產品，到最後才發現只是在做白工。有趣的問題來了，產品都還沒做出來，產品經理要怎麼知道客戶需要什麼？這個產品或功能是不是使用者想要的？

敏捷開發的流行，就是因為過去主流的產品開發模式是一種被稱為瀑布式開發方式：產品經理把產品規格與設計依照自己或老闆的假設進行設計，將產品的規格完整地撰寫成一本規格書，然後工程師依照規格書的內容進行開發按圖施工，測

試工程師依照規格書針對產品功能進行完整的測試之後，將產品發佈上線。瀑布式開發的時間短則半年長則兩至三年，好不容易辛苦了那麼久，卻發現常常產品正式推到市場後使用者想得跟你不一樣，你的產品根本沒有使用者需求，需求是想像出來的，或是你的使用者根本不買單，覺得你的產品沒辦法解決他的問題，就更別提找到願意掏出錢包的付費使用者。所以敏捷開發強調快速接觸市場與產品迭代，持續交付產品給使用者，讓產品不斷與市場互動以貼近真正的客戶需求。但即使是敏捷開發，也需要先有產品功能的假設，才能開發出產品來測試。所以，難道在開發之前，產品經理就只能靠猜測跟通靈嗎？當然不是！有一個方法可以幫助我們在開發前就釐清使用者需求，那就是——**需求驗證（Validation）**！

想知道怎麼做嗎？讓我們一起來揭開需求驗證的神秘面紗！

一個好的產品設計流程應該是先進行需求驗證，再針對驗證結果提出產品功能假設，核心功能開發後進到市場收集使用者反饋並且持續地優化。

—— Jacky

需求驗證為什麼重要？

- **降低風險，提高產品成功率**：如果我們還無法確保產品或服務能滿足客戶需求，那麼我們將面臨市場風險，浪費大量的時間和資源在開發一個沒有市場的產品。這種例子比比皆是，如果你曾經參加過一些創業比賽或是新創聚會，一定會發現在聽完一些新創團隊分享完他們的願景和產品後，心裏冒出的第一個疑問就是：「這想法可行嗎？」、「市場上真的有人會接受嗎？」、「這東西做出來真的有人會用嗎？」產品失敗往往是因為產品與市場需求脫節，需求驗證有助於在產品開發早期發現潛在問題，及時調整產品方向，降低失敗風險。

- **提高客戶滿意度**：滿足客戶需求是提高客戶滿意度的關鍵。需求驗證可以增加解決客戶痛點對症下藥的機率，同時也可以深刻了解使用者到底有多痛，你現在端出來的解決方式是「非你不可」，還是「有很好，沒有也沒關係」。有時，產品團隊可能會因為對使用者需求的誤解或者過度樂觀的預期，開發出超出實際需要的功能，反而導致產品變得難以使用或喪失原本的競爭力。需求驗證有助於避免這種情況，確保產品功能精簡、實用（Less is more）。

- **優化資源配置**：透過驗證，產品經理可以明確哪些需求是真正重要的，哪些是次要的。這有助於將資源集中投入到開發核心功能上，避免在不必要的功能上浪費時間和精力。如果沒有進行需求驗證就埋頭開發產品，到了後期才發現需求有誤，可能很多做到一半的功能需要打掉重練，造成資源浪費。需求驗證有助於在早期發現問題，及時調整開發方向，減少資源浪費的可能性。

怎麼做需求驗證？

> 怎麼知道客戶要什麼？很簡單，不懂就問！　　　　　── Jacky

需求驗證的方法有很多種，核心概念是透過和使用者接觸，進而了解使用者在想什麼，他們現在遇到什麼問題？這個問題對他們而言有多嚴重，怎麼幫助他們解決問題。本書將介紹需求驗證常見三種方式：使用者訪談、問卷、原型測試。

使用者訪談

圖 1-1　使用者訪談

使用者訪談是通過直接與使用者進行對談，深度地了解使用者的目前遭遇到的問題，了解這個問題對於使用者的困擾程度與嚴重程度，同時了解使用者對於我們心中所想像的產品提供意見反饋。這種質性研究方法能夠挖掘出用戶內心真正的渴望，並從他們的角度理解產品功能的價值。透過面對面的交流，訪談者可以觀察用戶的表情、肢體語言，甚至語氣中的細微變化，這些都能提供寶貴的線索，幫助我們更全面地了解用戶。

然而，使用者訪談也存在一些挑戰。首先，由於訪談樣本數有限，我們必須謹慎看待結果，避免過度推論。訪談者雖然代表了部分用戶群體，但不能代表所有使用者。其次，訪談的品質很大程度上取決於訪談者的技巧和經驗。如果問題設計不當或訪談技巧不足，可能會導致用戶提供不準確或不完整的資訊。

資深 PM 的十堂產品煉金術

從面試到 AI 應用的全方位指南，外商思維 x 台企實戰教你從 0 到 1 打造爆款產品

為了確保訪談有效且有價值，以下是一個更詳細的訪談步驟：

1. **確立目標**：在進行使用者訪談之前，首先需要明確目標和研究問題。在訪談開始之前，清楚定義想要解決的問題或驗證的假設。例如：「我們的產品想解決的問題是否真正是使用者的痛點？」並且，根據研究目的和資源，確定要進行多少場訪談，並描繪理想的受訪者輪廓。考慮他們的年齡、職業、使用產品的經驗、使用頻率等。在這一階段，需要預先思考訪談後我們如何分析和應用這些訪談結果。這有助於在訪談中提出更具針對性的問題，確保訪談的結果能夠真正為產品決策提供參考。

2. **選擇受訪者**：選擇能夠代表目標用戶群體的受訪者，並盡可能涵蓋不同的背景和觀點。例如，如果你的產品目標用戶是學生和上班族，那麼你就應該同時邀請這兩類用戶參與訪談。如果可以，應該將潛在用戶進一步細分，例如按使用頻率、產品熟悉度、對特定功能的需求等，有助於更精準地選擇受訪者，獲得更有針對性的反饋。在篩選受訪者時，想像他們會是未來產品規格中使用者故事的主角，例如：「身為一位忙碌的上班族，我希望這個應用程式能幫助我快速找到附近的餐廳。」這種思維方式有助於我們從用戶的角度出發，更深入地理解他們的需求。

3. **建立訪談大綱**：準備一份詳細的訪談指南（Discussion guide），包括訪談目標、問題清單、每個問題預計花費的時間等。訪談指南就像是地圖，幫助我們在訪談過程中保持方向，確保不會錯過任何重要資訊。這些問題應該要具備開放性，以鼓勵受訪者盡可能提供詳細信息，而不僅僅是肯定或否定回答，開放式問題能夠激發受訪者的思考，讓我們更深入地了解他們的想法。先寫訪談指南可以避免不經意地詢問引導性的問題，引導受訪者回答出我們心裡期待的答案，並且更好地掌握訪談節奏，也可以在訪談過程中避免漏掉一些重要問題忘記詢問。

4. **進行訪談**：與用戶一對一進行訪談，應該選擇安靜、舒適的環境，讓受訪者感到自在。訪談前可以先閒聊幾句，建立融洽的關係。訪談內容需要做成紀錄，

可以請同事協助記錄，或徵得受訪者同意後進行錄音或錄影。訪談記錄是寶貴的資料，有助於我們日後回顧和分析。訪談很考驗功力與經驗，訪談者需要根據受訪者的回答，適時調整問題，深入挖掘他們的需求和想法。不要拘泥於訪談指南，隨時準備提出 Follow-up 的問題。

5. **分析和歸納**：將訪談記錄轉換成文字稿，並標記關鍵資訊和洞見。可以使用筆記軟體或專門的訪談分析工具來輔助整理。整理後分析所有訪談資料，找出使用者需求、痛點和想法的共同模式，總結出對產品設計和開發有價值的洞見。這些洞見應該要具體、可行，能夠為產品團隊提供明確的下一步行動。

6. **產生行動計劃**：根據訪談結果，驗證評估產品功能是否滿足使用者需求。如果發現產品與使用者需求存在差距，就需要進行調整。將使用者訪談作為產品開發過程中持續進行的活動，不斷收集反饋，優化產品。產品開發是一個不斷迭代的過程，用戶訪談能夠幫助我們保持與用戶的緊密聯繫，確保產品始終走在正確的道路上。

經驗分享

我們在進行使用者訪談時，很常發生兩種情境，一種是使用者的**回答停留在表層**，不是真正的根本問題。像是之前我們在開發一款線上學習平台時，有一次在訪談時問使用者：「請問你在使用我們平台時，有遇到什麼困難或不滿意的地方嗎？」

使用者：「我覺得平台的課程搜尋功能不太好用，搜尋結果不夠精準，很難找到我想要的課程。」

如果這時候我們關於搜尋的訪談就停在這裡，那我們接下來的方向就是跟工程師討論可以如何優化搜尋的結果讓關鍵字與課程的關聯性更高。然而，當我們繼續往下追問：「可以請你更具體地描述一下，你上次在搜尋課程時的經驗嗎？」

使用者：「每次當我輸入關鍵字，就發現找到類似的課程太多，不知道該選哪一個才適合我。」

如此一來，會發現使用者真正的問題在於搜尋結果顯示出的課程內容太過相似，以至於他不知從何選擇，因此真正的解決方法是提供更多的資訊，像是：課程長度、評價、課程內容介紹等等，或是在幫他推薦課程前可以請使用者做簡單快速的程度測驗，幫助他找到適合的課程。如果我們沒有深入地追問下去，直接照著他一開始的回答進行調整，並沒辦法解決使用者真正的問題。

另一種情境是使用者會直接**建議解決方案**。我當時是負責一款室內攝影機的產品經理，在使用者訪談時，先後找了六位使用者，有兩位建議我們可以新增「選擇多個影片一鍵刪除」的功能，當時使用者提出的原因是：「每次影片都只能一個一個慢慢刪，很麻煩！」這時候使用者提出的是使用者介面與體驗的問題，我們當然可以直接實作這個功能，但是我更好奇他們背後的動機：「為什麼想刪影片？」深入追問後發現原因是當這些使用者回到家時，攝影機仍然持續打開，有時候會被拍到人在家中的影片，基於隱私的考量，想要把影片刪除。因此，不能一次刪掉所有想刪的影片感到困擾的背後，真正的根本原因是擔心隱私的問題，所以解決隱私更好的方法不一定需要增加「選擇多個影片一鍵刪除」，也可以透過讓使用者設定出門的時間，定時開啟關閉攝影機，或是直接在攝影機的鏡頭加裝開關遮罩。遇到使用者直接說出解決方案時切記要詢問出真正的痛點是什麼，挖掘出問題才是訪談最重要的目的，因為使用者所提出的解決方案不見得是產品的最佳設計。

迎接 AI 時代的產品經理

善用 AI 工具，輕鬆提升工作效率

在撰寫訪談大綱時，很重要的是確認所問的問題是正確、具體、有深度、不具引導性的，以前除了需要在寫完訪談大綱仔細檢查之外，還需要請其他同事幫忙確認所有問題正確無誤，是個相當耗費時間的工作。現在可以利用 ChatGPT

與 Gemini 等對話式生成 AI，直接生成一版訪談大綱，也可以把訪談大綱內的問題丟進去請 ChatGPT 確認問題是否正確且不具引導性，並且提供不同的詢問方式，如果受訪者無法理解問題時，可以換個方式詢問以得到答案。另外，現在有可以將錄音檔直接轉換成逐字稿的 AI 服務可以使用，就不用請同事進行記錄或是在訪談後自己重複聽好幾遍錄音並打成文字檔。

1. 生成訪談大綱

    ● **Prompt 範例：**

        ■ 「請幫我生成一份使用者訪談大綱，訪談目的是【明確說明訪談目的】，目標使用者是【描述目標使用者】，訪談重點包含【列出訪談重點】。」

        ■ 「我正在開發一款【產品名稱】，目標使用者是【描述目標使用者】，主要功能包含【列出主要功能】。請幫我生成一份使用者訪談大綱，重點關注【列出關注重點】。」

        ■ 「我想要了解使用者對【競爭商品名稱】的使用體驗和看法。請幫我生成一份使用者訪談大綱，訪談重點包含【列出訪談重點】。」

2. 檢查問題並提供建議

    ● **Prompt 範例：**

        ■ 「請檢查以下訪談問題是否正確、具體、有深度、不具引導性，並提供修改建議：【貼上訪談問題】」

        ■ 「以下是一個訪談問題：【貼上訪談問題】。如果受訪者無法理解這個問題，我還可以怎麼問？」

        ■ 「請幫我改寫以下訪談問題，讓它更具體、更有深度：【貼上訪談問題】」

問卷

圖 1-2　問卷調查

問卷調查是最常被使用的需求驗證方法之一，因其具備大規模收集使用者回饋的優勢，能夠在短時間內觸及廣泛的使用者群體，有效驗證產品概念、功能設計或市場定位等方面的假設。然而，設計一份優質的問卷並不容易，需要深入了解問卷設計原則、問題類型、選項設置等專業知識，才能確保收集到有價值的數據。許多公司會設立專門的用戶研究部門或委託市場調查公司來處理這項任務。想透過問卷驗證需求可以參考一下方式：

一、問卷設計

- **確定研究目的**：在開始設計問卷之前，明確瞭解我們想要獲得的訊息與調查的目標，確保問卷的問題和內容與研究目有關。在需求驗證的階段，有三種主要的問卷類型可以幫助我們：

- 需求調查問卷：探索使用者的痛點和未滿足需求。

- 市場調查問卷：了解市場趨勢、競爭對手情況和使用者偏好。

- 概念測試問卷：驗證新產品或功能概念是否具有吸引力。

- 目標受眾：確定你的目標受眾是誰，確保樣本具有代表性。可以根據用戶屬性（如年齡、性別、職業等）或行為特徵（如產品使用頻率、消費習慣等）進行篩選。可以針對受眾調整問卷的內容和語言。例如我在寵物科技公司擔任產品經理時，就會使用「狗爸媽」來取代「主人」，「毛小孩」取代「寵物」，以增加親切感與填答率。

- 設計開放式和閉合式問題：問卷可以包括開放式問題（要求受訪者提供詳細回答）和閉合式問題（包括選擇或評分）。結合這兩種類型的問題以獲得更全面的信息。根據個人經驗，通常開放式問題效果並不好，需要深入了解使用者的內心想法，使用者訪談會更適合。

- 避免引導性問題：問題和選項應該清晰、中立，避免主觀性語言或假設受訪者的情感，並且使用清晰、簡潔、易懂的語言，避免使用專業術語或模棱兩可的詞彙導致使用者無法理解問題。

- 避免雙重問題：每個問題應該專注於單一主題，不應包含多個問題，以確保回答清晰明確。

- 隨機排列選項：如果問卷中包含多個選項，則應該隨機排列它們，以減少回答者的偏見。可以透過線上問卷工具達到此目的，有些情況下也可以隨機排列問卷內的問題順序。

- 控制問題數量與長度：現代人的專心程度與耐心程度都很有限，因此問卷問題要去蕪存菁，避免答題時間過長導致受訪者疲勞或放棄作答。

二、問卷執行

- **選擇調查工具**：選擇一個適合的問卷調查工具，例如網上調查平台（如：SurveyMonkey、Google Forms、Typeform）或紙本問卷。

- **確定調查方式與誘因**：確定問卷的分發方式，例如電子郵件、社交媒體、網站或實體分發，調查方式會影響到接觸使用者的光譜，例如之前在總統大選中市話調查與手機調查的結果就大相逕庭。因此選擇最能接觸到你潛在客戶的調查方式相當重要。另外，通常在邀請使用者填寫問卷時，會提供一些誘因（如：7-11 禮物卡、免費試用某某服務一個月、搶先體驗某某功能等等）以增加填答率與完成率。

- **設定問卷隱私**：如果問卷包含敏感信息，確保適當的隱私措施，如匿名回答或數據加密，避免問卷結果不小心外流時產生個資洩漏風險。

- **設定調查目標數量**：確定我們需要的樣本數量，以便統計結果具有代表性。

- **跟進和提醒**：如果使用電子調查工具，可以發送跟進提醒以增加回應率，要注意有時候太頻繁的發放問卷給使用者會導致回覆意願下降。

三、分析和應用

- **數據收集和整理**：收集完問卷後，整理和組織數據。使用分析工具來處理和擷取數據。

- **分析數據**：分析問卷結果，尋找模式、趨勢和重要洞察，這些可以用於輔助決策。例如使用統計軟體或線上工具對數據進行分析，計算各個問題的回答頻率、平均值、標準差等。或是透過交叉分析探索不同變量之間的關係，例如：不同年齡層用戶對產品的需求差異。

- **應用結果**：根據調查結果，驗證最初的需求假設是否成立，制定具體的產品改進或行動計劃。如果發現與預期不符，則需重新評估產品策略。

原型設計

圖 1-3　用樹莓派與麥克風打造的原型

原型設計（Prototype）是我最喜歡的方法之一，透過建立原型或試驗版本的產品，將其提供給使用者試用，直接收集他們的反饋，觀察使用者的反應、如何使用產品，幫助產品經理驗證我們是否正確地理解客戶需求，產品是否真正解決使用者的痛點。

你知道 Dropbox 當初怎麼開始的嗎？當時他的創辦人 Drew Houston 因為忘記帶隨身碟而感到懊惱，進而想到了「雲端檔案儲存分享平台」的點子。他並沒有在一開始就耗費大量精力把產品的所有功能完整地實做出來，而是做了一個簡單的產品原型並拍攝 4 分鐘的示範影片，影片中介紹了如何使用 Dropbox 來儲存與分享檔案，然後放到 Youtube 上讓大家觀看。沒想到這個示範影片收到大量的回應，很多人甚至希望可以開始申請試用 Dropbox。在驗證需求後，他們才真正投入資源開發產品。

這個示範影片就是一個很好的原型！在有限的資源下設計出一個產品原型是一個很好玩的過程。如果你也想要設計出一個產品原型，那麼你需要：

1. **明確目標**：開始之前，明確了解要設計原型的目的。例如是為了驗證新功能的可行性，還是為了驗證產品的外觀設計，或是驗證使用者需求。

2. **設計低成本原型**：原型不必是完整的產品，可以是一個簡化的版本，以節省時間和資源。使用低成本工具，如紙張原型、網路原型工具或原型設計軟件。例如透過 Figma 做出產品預期的使用流程讓使用者試著用用看，或是透過一些現存的硬體整合出一個能讓使用者體驗到功能的原型等等。我自己印象最深刻的原型設計是有一次想要驗證身為狗主人，是否會想知道狗狗獨自在家時發出不同的狗叫聲，例如：嚎叫、低吼、或是哀嚎聲，因為不同的叫聲可能代表他在家裡遇到不同的狀況。於是我運用樹梅派跟一個便宜的麥克風做出了一個可以偵測不同狗叫聲並發送 App 通知的原型，放在幾個使用者的家裡，讓使用者實際體驗收到狗狗不同叫聲通知的感覺。後來的效果與回饋非常好，最後成功變成我們產品的付費服務之一。

3. **驗證關鍵功能**：在開發產品原型時，請務必放下你的完美主義，接受原型的不完美，這個原型的目的是驗證，所以即使外觀沒有很好看、使用起來有些bug、沒辦法規模化都沒有關係，我們應該集中火力在打造與驗證最關鍵的功能，讓我們充分了解使用者的期望與心聲。

4. **迭代設計**：所謂的迭代，是指根據使用者的反饋和測試結果，不斷以上一個版本為基礎改進原型，持續地進行疊加與優化。迭代設計可以保留每一次原型接觸使用者後學習到的知識，持續往前進步。

5. **潛在使用者測試**：將原型提供給潛在用戶進行測試，觀察他們的使用行為和反饋。常見的測試方法有三種，第一種是做了一個產品概念的首頁或是宣傳影片，請有興趣的使用者先留下 Email，藉此收集有多少使用者感興趣。第二種則是透過產品原型提供使用者實際的操作體驗，因此需要使用者參與並且透過

一對一訪談、焦點訪談的方式蒐集使用者的回饋。第三種則是等概念再完整一些，可以透過一些眾籌平台測試你的想法。所謂的眾籌平台是一種透過網路連結創作者、創業家、產品經理與廣大群眾的平台，讓有點子有產品想法的人能夠向公眾展示自己的創意項目，並從支持者那裡募集資金。這種模式打破了傳統的融資方式，讓更多有潛力的項目有機會獲得資金支持，同時也讓大眾參與到創意的實現過程中。常見的眾籌平台有 Kickstarter、Indiegogo，在台灣則有 FlyingV 和噴噴 zeczec。

閉門造車？原來市場上早就有了 ...

好不容易搞懂需求驗證，你對產品要解決的問題、目標使用者和他們的痛點都瞭若指掌，產品的雛形也漸漸浮現。你滿心期待地跟親朋好友分享，幻想著他們聽完後會驚呼連連，搶著要試用或詢問有沒有投資上車的機會。

結果呢？他們看著你興奮地分享講得口沫橫飛，卻只是緩緩啜飲了一口熱咖啡，淡淡地說道：「你說的這個不就是市面上的某某某產品嗎？你跟它有什麼不一樣？」

晴天霹靂！原來市場上早就有類似的產品了！你心碎了一地，腦海中響起那首歌：「在我心上用力的開一槍，讓一切歸零在這聲巨響 ...」好像真的被打回原點，一切歸零從頭開始。

別慌！很正常。市場上本來就會有競爭，如果都沒人做過你的想法，雖然有你是天才的可能，但更大的可能是這個想法以前很多人試過卻全都失敗了。因此有競爭者是好事，重點是「知己知彼，百戰百勝」。所以，產品經理必學的一項技能就是——競爭者分析！

競爭者分析：產品經理的情報戰

競爭者分析就像一場情報戰，讓你摸透市場、看清產品定位，還能找出自己跟對手之間的優劣勢和潛在機會。透過競爭者分析，你可以了解對手的產品特色、市場佔有率、行銷策略和定價方式。這些資訊就像打籃球比賽，你會去關注你未來遇到的隊伍他們有哪些球員，能力如何，找之前他們的比賽影片來研究一樣，競爭者分析能幫你制定更聰明的產品策略，找到產品的獨特賣點和改進空間，讓你的產品在市場上脫穎而出！想知道怎麼做競爭者分析嗎？我們繼續看下去！

競爭者分析步驟

第一步：揪出你的對手

競爭者分析的第一步是識別誰是你的主要競爭對手。除了顯而易見的直接競爭對手，別忘了還有替代解決方案和新興競爭者，有時候替代方案與新興競爭者才是你最主要的競爭對象。有兩個簡單的方法可以幫助你找到競爭對手：

- **市場研究**：尋找在你的產業或領域內活躍的競爭對手。除了直接競爭對手，也要從使用者痛點出發，替代解決方案的產品也是你的潛在競爭對手，另外也要研究是否有新興的競爭者出現。

- **客戶回饋**：和你的目標使用者聊聊，了解他們目前如何解決痛點，是否有使用其他的競爭者產品、替代產品或服務，以及他們的使用體驗。

第二步：情報蒐集

找到對手後，就要開始蒐集情報啦！最重要的情報當然是對手的產品和服務，包括特色、功能、價格，甚至未來的產品規劃。另外，他們的行銷策略、廣告、社群經營和銷售管道也都是寶貴的資訊。如果可以，最好還能挖出他們的財務狀況，

看看他們賺多少錢，了解他們的營收、獲利和資金狀況，有沒有金主撐腰（財務的穩定、背後有沒有金主很重要！！！）。如何有效地蒐集情報，除了官方網站與實體店面外，你可以透過以下方式：

1. **訪問競爭產品的使用者**：最推薦的方法就是直接跟他們的使用者進行訪談，雖然要訪談到競爭商品的使用者有時候並不容易。透過競爭商品的使用者訪談，不但可以知道對方的產品內容細節，更可以從使用者的角度挖掘出他們為什麼使用競爭者的產品，滿意的地方與哪些不足需要改進，是不錯的潛在機會。

2. **查看競爭產品的客戶評價**：如果不能直接訪談到競爭產品使用者，可以從網路上找看看客戶評價。一般的實體商品可以去電商網站如 Amazon、Momo、蝦皮、酷澎去看每一個客戶評價，網路服務則可以從一些 Marketplace 如 g2.com 或是 App Store、Google Play 上分析使用者的評論，優缺點是什麼，客戶最在意的部份是什麼，以及抱怨哪些事情。

3. **Youtube 影片**：透過官方釋出的介紹影片或是其他 Youtuber 的開箱影片，可以了解產品提供的主要功能，實際的使用經驗與流程，更重要的是可以從影片下方的評論中取得一些網友真實的回饋，例如這些網友在看完開箱影片後，多數人是很想要也開始使用這個產品，還是覺得對產品沒興趣。

4. **買來實際試試**：這是最常見的方式，直接購買競爭產品使用看看，變成他們的使用者，最大程度了解商品提供的功能還有使用經驗。如果是實體商品，可以拆解這些產品，了解裡面的料件、型號與設計，觀察更多細部規格。

5. **申請試用**：我之前曾經做過企業內部工具的產品，像是這類型的企業服務產品，不能夠直接購買，看影片能得知道資訊也有限，那就試著用私人帳號申請試用，或者請廠商來為我們展示（在業界稱作 Demo 或 POC，Proof of Concept），雖然很對不起競爭商品的業務，但是這些業務通常都會鉅細靡遺，連未來的產品功能都會願意分享。

6. **新聞資訊**：前述的方式主要都是針對目前的產品進行研究，如果想知道他們的未來發展或是規劃，可以透過關注競爭者的新聞稿、網站更新和社交媒體活動掌握他們的最新動態、產品發展方向以及市場策略。

第三步：分析情報

蒐集完情報，就要好好分析啦！分析情報可以幫你了解對手的優勢和弱點，找出自己在市場上突圍的機會。分析工具的部分，如果曾經上過商管學院的課程，就會知道商業分析的框架與方式很多，這裡簡單列舉幾個常見的分析競爭對手的方式：

- **SWOT 分析**：使用 SWOT 分析以四個項度評估競爭對手的優勢（Strengths）、劣勢（Weaknesses）、機會（Opportunities）和威脅（Threats）。幫助我們了解對手的核心競爭力和存在的風險。

- **波特五力分析**：這個框架用於分析產業的競爭態勢，包括五個方面：現有競爭者、潛在進入者、替代品、供應商議價能力和買方議價能力。透過五力分析，可以評估產業的吸引力和企業在其中的競爭地位。

- **顧客價值鏈分析**：這個框架分析顧客從認識產品到購買、使用、售後服務的整個過程。透過顧客價值鏈分析，可以找出企業在每個環節的優勢和劣勢，並提升顧客體驗。

- **定價策略分析**：透過產品價格了解他們所針對的市場是高階市場、中階市場或是低階市場。了解競爭對手的價格與定價策略，進而研究對手如何吸引潛在客戶。除了定價策略，有一個特別重要的細節是付款流程，現在的軟體產品與服務都在網頁或 App 上，他們的付款流程體驗會大大影響使用者的消費意願，從引發客戶興趣、行動招喚（Call to Action，例如：了解更多、免費試用、立即購買等等引導客戶採取行動的指令或提示）、付款方式到付款後的使用體驗。

- **市場佔有率分析**：研究競爭對手的市場佔有率，以確定你的競爭地位。不同的位置會採取不同的行動。有時候新的競爭者加入也會讓市場產生不一樣的化學變化。

第四步：制定策略

最後，根據分析結果制定你的作戰策略！你可以做出差異化，強調自己跟對手不一樣的地方；也可以開發新功能，滿足市場需求；提供不一樣的用戶體驗，讓使用者的感受更舒服滿意；甚至可以跟其他產品或服務整合，創造更多價值。

迎接 AI 時代的產品經理

善用 AI 工具，輕鬆提升工作效率

在市場尋找競爭者時，找到直接競爭對手是容易的，例如你想做一個短影音App，直接競爭對手很快可以聯想到抖音，但是替代解決方案的產品與新興的競爭者是沒有太多業界經驗的產品經理比較不容易想到的，現在有了 AI 工具，可以直接詢問直接競爭對手的潛在競爭者，例如詢問 ChatGPT：「請問抖音的競爭對手有哪些」，就可得到競爭對手的名單。如果覺得還不夠完整，可以再拿答覆中的某幾個產品用類似問題再詢問一次，取得更多潛在競爭者名單。

ChatGPT ⌄

你是一位資深的產品經理，熟知市場最新動態，想請問你抖音的競爭對手能有哪些？

⊛ 記憶已更新

抖音（TikTok）的競爭對手主要包括以下幾個方面：

1. **社交媒體平台**：
   - **Instagram Reels**：Instagram推出的短視頻功能，直接與TikTok競爭，尤其在年輕用戶中非常受歡迎。
   - **YouTube Shorts**：YouTube的短視頻功能，旨在吸引TikTok用戶，特別是創作者社群。
   - **Snapchat Spotlight**：Snapchat也推出了短視頻功能，與TikTok爭奪短視頻市場。

2. **區域性短視頻平台**：
   - **快手（Kuaishou）**：中國本土的短視頻平台，與抖音在中國市場直接競爭，且擁有不同的用戶群體。
   - **Likee**：來自新加坡的短視頻平台，在東南亞和俄羅斯等市場擁有一定的市場份額。
   - **Triller**：美國的短視頻平台，針對年輕人和音樂創作者，試圖與TikTok競爭。

3. **即時通訊應用中的短視頻功能**：
   - **WhatsApp Status 和 Facebook Stories**：這些功能讓用戶可以分享短視頻和照片，雖然不是專門的短視頻平台，但也在與TikTok爭奪用戶注意力。
   - **WeChat Channels（微信視頻號）**：微信中的短視頻功能，在中國市場與抖音有直接競爭。

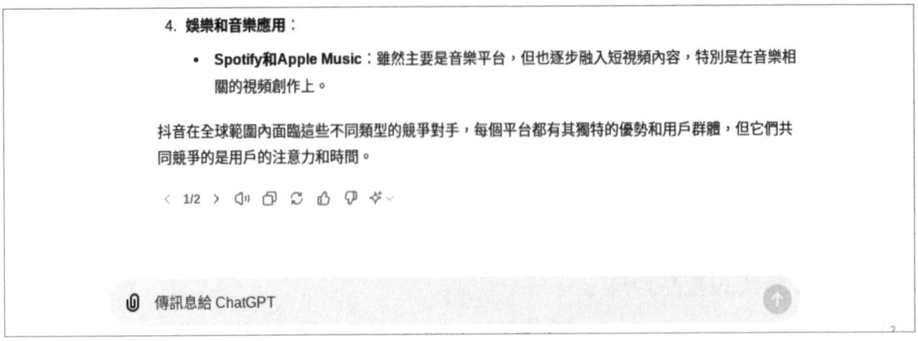

圖 1-4　透過大型語言模型協助競爭者分析

基礎 prompt 範例：

● 直接分析：

■ 「假設你是一位專業的商業顧問，【你的公司／產品介紹】。請幫我分析
【你的公司／產品】的主要競爭對手有哪些，他們的優勢和劣勢是什
麼？」

■ 「我想了解【競爭對手名稱／產品介紹】的產品策略、目標客群和市場
定位。」

■ 「【你的公司／產品】和【競爭對手名稱】相比，有哪些優勢和劣勢？」

● 結合分析框架：

■ 「假設你是一位專業的商業分析師，現在要請你使用 SWOT 分析框架，
分析【你的公司／產品】的競爭態勢。關於這間公司，【你的公司／產
品介紹】。」

■ 「我想了解【產業名稱】的競爭格局，請使用波特五力分析模型。」

■ 「假設你是一位哈佛商學院教授，請幫我製作一個競爭格局矩陣，比較
【你的公司／產品】和主要競爭對手在【關鍵因素 1】和【關鍵因素
2】上的表現。」

進階 prompt 範例：

- 指定特定面向：

  - 「我想了解【競爭對手名稱】在【特定市場／地區】的市場佔有率和成長趨勢。請你以一位【特定市場／地區】的商業顧問專業進行分析。」

  - 「請你以一位資深的用戶體驗研究員角度，比較【你的公司／產品】和【競爭對手名稱】在【特定功能】上的用戶體驗。」

  - 「【競爭對手名稱】最近推出了【新產品／服務介紹】，你以一位哈佛商學院教授的專業分析其對【你的公司／產品】的潛在影響。」

- 要求提供建議：

  - 「根據競爭分析的結果，【你的公司／產品】應該採取哪些策略來提升競爭力？」

  - 「請以你是一位史丹佛商學院教授提供一些專業的建議，幫助【你的公司／產品】在【特定市場／領域】脫穎而出。」

  - 「你是一位專業創投的角度，分析【競爭對手名稱】的潛在弱點，以及【你的公司／產品】可以如何利用這些弱點創造優勢。」

透過競爭者分析，我們可以清楚了解自己的產品定位和競爭對手的現況。有經驗的產品經理，都懂得《孫子兵法》中「知己知彼，百戰不殆」的真諦：「能夠確切了解敵我雙方的優劣長短，掌握詳細的情況，這樣在每次的作戰中，才能避免危險，而對於敵我雙方其中一方的狀況不了解，在作戰時，就會互有勝負。」[1]充分了解競爭產品，才能打造出真正獨特、有競爭力的產品。不過，很多老闆和產品經理

1　解釋出自教育部《成語典》2020【進階版】

在做完競爭者分析後，反而因為焦慮感而不小心誤入歧途，最後導致滿盤皆輸。想知道他們常犯什麼錯嗎？我們繼續看下去 ...

當競爭者分析變成焦慮製造機

「人家的產品有這個功能有那個功能，你們的產品怎麼沒有？」這句話，產品經理們應該都不陌生。客戶會問、工程師會問、老闆會問，甚至連老闆的另一半會湊熱鬧來問。

做完競爭者分析後，老闆和產品經理常常陷入焦慮的漩渦。看到對手產品功能齊全，自己的產品卻像個毛胚屋，擔心按照目前的進度，光是追上對手就要花上猴年馬月，更怕自己的產品毫無競爭力。尤其看到對手業績蒸蒸日上，新聞稿狂發，更是讓人壓力山大，恨不得馬上複製對方的成功模式，甚至老闆會直接召喚隕石，開始對產品下各種未經驗證的想法與天馬行空的產品功能指導棋 ...（面對隕石開發的處理方法，請參考第三章：面對堆積如山的待開發功能：不藏私的產品需求管理藝術）。

在回答這個問題之前，我們應該先跳脫這個問題的框架，捫心自問：「為什麼別人有，我就要有？」

別當「影子」產品經理，你會死得很難看

競爭者分析常常讓產品經理花大把時間研究對手，耗盡所有精力想要追趕上對方的車尾燈，總是在研究對方推出什麼新功能，一直想辦法複製對手的產品，不知不覺就變成在模仿對手，試圖做出一個一模一樣功能的產品，忘記了你的產品願景與差異化在哪裡。除非公司的目標就是山寨別人的產品，將一個已經驗證成功的產品與商業模式複製到不同的市場（例如德國知名創投公司 Rocket Internet，其商業模式核心在於快速複製已在其他市場驗證成功的商業模式，並將其迅速拓

展至全球新興市場。他們被稱為「複製工廠」，因為他們專注於複製而非創新。例如他們的 Lazada，號稱東南亞版 Amazon，後來成功被阿里巴巴收購；在台灣眾所周知的 Foodpanda 在 2016 年被 Rocket Internet 賣給了 Delivery Hero。）否則重複做一個市場上已經成熟存在的產品是一個非常奇怪的事情。

別忘了，今天你手上的產品之所以誕生，一定是看見市場上某個需求尚未被滿足，而你的產品正是為了可以滿足這樣的需求而存在。就連亞馬遜與微軟這些科技巨頭也曾經因為看到別人成功而盲目跟風跌過跤。例如微軟推出的媒體播放器 Zune 試圖模仿 iPod+iTune，亞馬遜模仿訂房網站推出的 Amazon Destinations、類似 Uber Eats 的 Amazon Restaurant，還有自家的智慧型手機 Fire Phone，最終都以失敗收場。這些案例都在提醒我們，產品的成功關鍵不在於一味地模仿，而在於找到獨特的價值主張，解決用戶真正的痛點和「非我不可」的原因。只有真正了解使用者需求，才能打造出讓他們愛不釋手的產品。

> 一味追趕競爭者，並不是優秀的產品經理應該做的。成功的產品經理應該更專注於找到產品的獨特銷售主張（Unique Selling Point），專注於產品的核心價值，並明確產品的願景和方向。
> —— Jacky

身為產品經理，我們應該專注於產品的核心價值，找到與競爭者不同的差異化因素。透過產品的獨特銷售主張，制定更有競爭力的產品路線圖，集中精力打造真正獨特且有價值的產品體驗，而不是一味模仿競爭對手。同時，我們要對市場需求和用戶反饋保持敏感，靈活調整產品方向。

別當只想追上車尾燈的產品經理，否則你的產品很可能也會跟著熄火。競爭者分析是重要的，但更重要的是藉此找到產品的獨特價值，將產品推向更高的層次，才能在市場上闖出一片天！

經驗分享

在之前的工作經驗中，有一次令人印象深刻的工作坊。那次舉辦的工作坊，每一位產品經理有三分鐘的時間可以介紹接下來兩年的產品願景與產品規劃，讓在場跨部門的同事們了解接下來產品的路線圖與規劃。我用那三分鐘的時間，先介紹了產品的願景、目前使用者遇到的問題，然後說明新產品的規格如何解決使用者目前遇到的痛點。接下來，換了一位工作經驗豐富的產品經理上台，令人驚訝的是這位產品經理一上台，就打開了一張投影片，是他的產品與各個競爭商品的規格比較表，他的三分鐘時間都在比較目前他所負責的產品與其他的競爭對手在哪些規格上是落後的，因此新的產品應該要能夠和其他競爭商品一樣做到同等級的規格。每個產品經理分享完之後，我們的主管說話了：「我們今天設計產品不是為了在規格表上打勾，不是別人有我們就應該要有，而是應該提出證據證明為什麼我們的使用者有這個需求。不然我們直接照抄競爭商品就好了。」主管話講得很重，卻也直指要害，競爭者分析雖然重要，但是如果你為了不要落後其他產品而只會追趕和抄襲，那你就真的成為「影子」產品經理了！

產品的開始是假設

前面提到，產品經理可以透過需求驗證和競爭者分析，盡可能在開發前了解目標客戶、痛點、解決方案和市場現況。但即使做了這些功課，你可能還是會忍不住想：「到底設計什麼樣的產品才會成功啊？」

說實話，除了擁有水晶球，誰也無法預知未來。產品的成敗，往往要等它真正面世，接受市場的檢驗才知道。就像電影上映前，誰也無法保證它會不會成為票房冠軍，只能等觀眾看完後，用實際行動來投票。也因為如此，許多成功的公司都把「實驗」當作產品開發的日常。他們不斷嘗試新的產品、功能、策略，從中學習、調整，不斷優化，最終找到成功的方程式。我們也許天真的以為產品的成功

靠的是領導人的先知和遠見，但現實更像是大家一起摸著石頭過河，持續地探索與成長。還記得小時候玩的科學實驗嗎？我們把小蘇打粉和醋混合在一起，會產生什麼反應？加了食用色素，顏色會不會改變？這些實驗讓我們在玩樂中學習，也讓我們明白，有些事情只有親手試過才知道結果。

產品開發也是一樣。我們可以把每個產品功能都當成一個實驗，透過小規模測試、數據分析，來驗證我們的假設是否正確。如果實驗結果不如預期，我們就調整策略，再做一次實驗。這種不斷實驗、不斷學習的精神，正是許多成功產品的幕後推手。在亞馬遜，實驗的文化相當流行，以下節錄兩段亞馬遜創辦人貝佐斯說過的話，就可以知道實驗在亞馬遜內扮演多重要的角色。

> 「在亞馬遜，我們的成功是建立在每年，每月，每周，每日做了多少實驗上（Our success at Amazon is a function of how many experiments we do per year, per month, per week, per day）」
>
> 「為了要創新你需要進行實驗。如果你已經知道什麼事情會成功，那可稱不上實驗（To invent you have to experiment, and if you know in advance that it's going to work, it's not an experiment.）」
>
> —— 傑夫・貝佐斯（Jeff Bezos），亞馬遜創辦人

所以別再把雙手弄髒以前糾結於「什麼產品一定會成功」的問題了。今天就讓我們透過假設驅動開發（全名 Hypothesis Driven Development，簡稱 HDD），勇敢地踏出實驗的第一步，讓市場來告訴你答案吧！

假設驅動開發：產品經理的實驗室

你一定聽過愛迪生發明燈泡的故事吧？他可不是一開始就知道哪種材料最適合做燈絲，而是透過不斷實驗，測試了上千種材料，才找到鎢絲這個最佳解。產品開發

就像愛迪生的實驗室，充滿了未知數。假設驅動開發就是產品經理的實驗方法，讓我們在開發產品時，先用「假設」來探索方向，降低風險。

想像一下，你是一個航海家，準備探索未知的海域。假設驅動開發就是你的羅盤和地圖，指引你前進的方向。你會先設定一個假設：「往西邊航行，可以找到新大陸。」接著，你會根據這個假設，規劃航行路線、準備補給品，然後揚帆啟航。

在航行過程中，你會不斷觀察海流、風向、天氣，收集各種數據來驗證你的假設。如果發現偏離了航道，或者天氣惡劣，你會立刻調整航向，甚至改變目的地。

產品開發也是如此。我們先提出一個假設，例如：「如果我們新增一個『一鍵購物』功能，應該可以提升訂單轉換率。」接著，我們會根據這個假設，設計產品功能的實驗，然後進行小規模測試，看看結果是否如同所想。透過實驗，我們以理性科學的方式確認我們做得事情是否正確，透過收集使用者反饋與數據分析來驗證假設是否成立。如果發現功能不受歡迎，或者成效不如預期，我們可以進行調整、優化實驗設計、或是放棄這個假設，重新尋找新的方向。假設驅動開發就像是一場冒險，充滿了挑戰和驚喜。

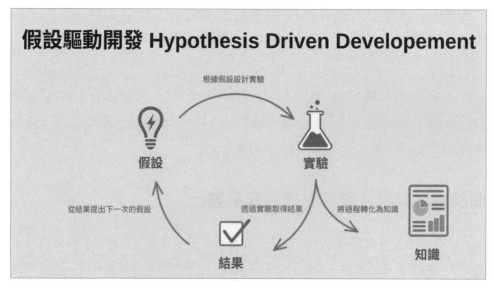

圖 1-5　假設驅動開發的核心概念

如何進行假設驅動開發？

首先，我們會建立一個假設，而這個假設可以運用以下的模板：

因為【**某些目標客戶（Target Customer）**】存在【**什麼痛點（Problem）**】，我們認為提供【**這個解決方案（Feature）**】給目標客戶，可以解決他們的問題並使他們感到滿意，進而達成【**什麼商業目標（Success critera）**】。

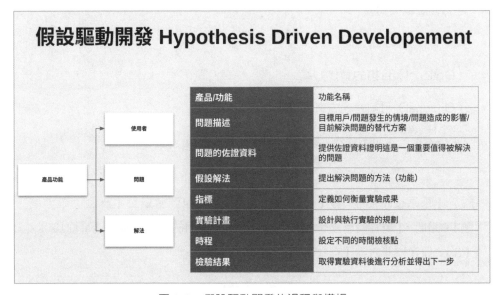

圖 1-6　假設驅動開發的過程與模板

一個完整的假設驅動開發過程可以分成以下六個步驟：

第一步：寫出問題陳述（Problem Statement）

問對問題比答案重要！找到對的問題解決，才能真正解決客戶遇到的痛點。寫出一個明確的問題陳述，可以幫助團隊確定目標和方向，確保團隊成員都理解我們

要解決的問題，並有一個共同的目標。清晰的問題陳述有助於讓所有成員專注在同一個目標上，並激發創新思維。它激發團隊提出新的解決方案，以滿足客戶需求或解決市場中的問題。此外，問對的問題可以節省時間和資源，避免團隊在無關緊要的事情上浪費時間和資源。

寫出一個好的問題陳述，要包括以下的資訊：

- 「誰」遇到問題

- 在什麼樣的時空背景下

- 遇到什麼樣的問題

- 因此有什麼樣的狀況

- （Optional）目前的替代方案

- （Optional）目前替代方案的缺點與不足

把以上的資訊集合起來寫成一段話，模板會長成這樣：

> 對於【某某使用者】，當【什麼時空背景下】，他們會遇到【一個明確地問題】。因此，【現在有什麼問題發生】。目前，他們的替代方案有【1】、【2】、【3】，儘管這些方案【存在 A、B、C 缺點】

當我們把問題透過這樣的方式描述出來，就可以讓團隊更清楚地了解使用者遇到的問題。延續前面在我擔任室內攝影機的產品經理時的隱私例子進行說明，與其說「使用者在刪除影片時只能一個一個刪除，使用者想要一次刪掉很多照片時，會覺得很麻煩」，我們可以把一個使用者的問題透過問題陳述寫成以下方式：

對於【重視隱私的訂閱使用者】，當【他們開啟攝影機 App 看到許多他不應該被拍攝到的影片時】，他【沒有辦法在短時間內迅速且安全地刪掉不想被錄到的影片】，因此，根據【5/20 日進行的使用者需求問卷結果，83% 的使用者擔心使用攝影機時會有隱私問題】。目前，他們的替代方案包括：【(1) 一個一個刪除 (2) 在某些時刻直接關掉攝影機 (3) 取消訂閱進階錄影功能】，而目前這些方案存在【(1) 費力耗時 (2) 錯失某些需要被錄影的場景 (3) 直接退訂無法享受進階功能。】的缺點。

透過問題陳述，我們明確指出了誰會有這個問題【重視隱私的訂閱使用者】，在什麼時空背景下會遇到問題【他們開啟攝影機 App 看到許多他不應該被拍攝到的影片時】，遇到的問題【沒有辦法在短時間內迅速且安全地刪掉不想被錄到的影片】，目前產生的狀況【5/20 日進行的使用者需求問卷結果，83% 的使用者擔心使用攝影機時會有隱私問題】，並提供了替代方案【(1) 一個一個刪除 (2) 在某些時刻直接關掉攝影機 (3) 取消訂閱進階錄影功能】，與這些方案目前不足的地方【(1) 費力耗時 (2) 錯失某些需要被錄影的場景 (3) 直接退訂無法享受進階功能】。

第二步：證明用戶的問題真實存在

很多人一頭栽進假設驅動開發，急著提出各種假設、設計實驗，卻忘了先問自己：「這個問題真的存在嗎？還是只是我的幻想？」這就像醫生看病，如果沒有先診斷，就亂開藥方，結果可能不但沒治好病，還可能產生副作用。

假設驅動開發的核心，就是透過實驗驗證產品功能是否能解決客戶問題。如果連問題都搞錯了，那後面的實驗不就白做了嗎？所以，在提出假設之前，我們得先當個偵探，仔細調查問題是否真實存在。你可以透過用戶訪談和問卷，直接詢問用戶的困擾和需求；也可以分析用戶行為數據，看看他們在使用產品時遇到了哪些障礙。這些調查和分析，就像偵探蒐集的證據，能幫助你判斷問題的嚴重性和急迫性。如果問題很嚴重，而且用戶急需解決，那你的產品功能就更有價值。反

之，如果問題根本不存在，或者對用戶來說不痛不癢，那你的產品功能很可能無人問津。

所以，別再急著跳進實驗的坑了！先花點時間，確認問題是否真實存在，才不會白白浪費時間和資源，最後卻發現自己解決了個根本不存在的問題。先把問題搞清楚，才能讓你的產品實驗事半功倍！

第三步，假設的支持數據

在需求驗證階段，你就像個偵探，努力蒐集各種線索，這些線索可能是來自使用者訪談的隻字片語，也可能是市場調查報告中的數據。這些線索就像拼圖碎片，一片片拼湊起來，就能勾勒出產品的輪廓。而當你手握這些證據時，就像偵探破案一樣，你會更有信心向老闆和工程師證明：「嘿！我的假設不是空想，而是有憑有據的！」

想像一下，你向老闆提出一個新功能的想法，老闆一臉狐疑：「這真的有用嗎？用戶會買單嗎？」這時，如果你能拿出數據佐證，例如：「根據我們的使用者調查，有 72% 的用戶表示他們需要這個功能。」或者：「競爭對手的類似功能，在過去一個月內提升了 15% 的銷售額。」這些數據就像子彈一樣，能讓你的提案更有說服力，讓老闆和工程師對你的實驗更有信心。

當然，數據不是萬能的。有時候即使有數據支持，實驗結果也可能不如預期。但至少，這些數據能讓我們在實驗前，對產品假設有更清晰的認識，減少盲目摸索的時間，也能成為你說服老闆和工程師的利器，讓你的產品實驗更有底氣！

第四步，寫出假設陳述（Hypothesis Statement）

我們要具體地寫出假設陳述，以此作為這次實驗的基準。一個完整的假設陳述通常包含了以下幾個元素：客戶問題、產品功能與衡量指標。我們可以參考以下的範本進行撰寫：

> 如果我們的產品提供了【產品功能】給【某群目標客戶】，我們有信心可以解
> 決【客戶問題】，讓【衡量指標】達到【最低成功門檻】。

在這個假設陳述中，我們清楚描述了使用者是誰，遇到的問題與產品的解決方案，並且設定了衡量指標與實驗成功的門檻。如果最終實驗結果的衡量指標超越最低成功門檻，我們就可以說這個假設是成立的，並且讓產品功能正式上線。因此設定指標與最低成功門檻是非常重要的。關於衡量指標，我們可以透過不同的面向分為商業指標（Business Level Metrics）、產品功能指標（Feature Level Metrics）與相關觀察指標（Help Metrics）分別進行觀察。透過這三種指標幫助我們在實驗結果出來之後做出實驗是否成功的判斷。

- **商業指標（Business Level Metrics）**：直接影響到企業（與金錢有關）的指標，例如收入、購買率、客戶留存率、投資報酬率等等。

- **產品功能指標（Feature Level Metrics）**：與功能直接有關的指標，例如新功能的使用率、使用滿意度、停留時間等等。

- **相關觀察指標（Help Metrics）**：功能上線後可能會被影響到的相關指標。例如產品各功能的使用率，新功能是否會影響到既有功能的使用率。或是新功能的背後有 AI 模型支持，觀察 AI 模型的表現，例如準確率（Accuracy）、精確率（Precision rate）、召回率（Recall rate）等等。

第五步，實驗計畫與進行實驗（Experiment Plan）

實驗計畫就像產品經理的作戰藍圖，詳細描述了實驗的每個環節，確保實驗順利進行，並獲得有價值的結果。

- **實驗方式**：實驗方式有很多種，其中最常見的就是 A / B 測試。A / B 測試是讓兩個版本的產品功能（A 組和 B 組）互相 PK，看看哪個版本更受使用者青睞。

在這個階段，你需要詳細說明你的實驗計畫，如何將用戶分成 A／B 兩組，確保兩組使用者的屬性盡可能相似，控制變因數量才能讓實驗結果更具參考價值。

你可能會想：「這有什麼難的？隨機分配不就好了嗎？」

沒錯，隨機分配是最簡單的方式。但有時候，我們會根據用戶的年齡、性別、地區等屬性，進行更精細的分組，以了解不同用戶群對產品功能的反應。

- **時程規劃**：除了實驗方式，你還需要規劃實驗的時程。實驗要跑多久？什麼時候可以得到初步結果？什麼時候可以得出最終結論？這就像跑馬拉松，你需要知道每個補給站的位置，以及預計抵達終點的時間。時程規劃可以幫助你掌握實驗進度，及時發現問題並調整策略。

- **資料量預估**：最後，你還需要預估實驗所需的資料量。每個實驗都需要足夠的數據才能得出可靠的結論。你需要估算每天會有多少用戶參與實驗，以及需要收集多少數據才能達到統計顯著性。資料量預估可以幫助你評估實驗的可行性，並確保實驗結果具有足夠的說服力。

- **進行實驗**：當你完成了實驗計畫，並與團隊確認所有細節後，就可以請工程師進行開發，並根據計畫進行實驗。

第六步，實驗結果分析（Result Review and Analysis）

經過漫長的等待，實驗結果終於出爐了！別忘了，實驗就像一場馬拉松，不是衝刺比賽。一次實驗結果並不代表產品的成敗，而是一個迭代的過程與寶貴的學習機會。

如果實驗結果顯示，所有指標都超過了最低成功標準，恭喜你！你的假設得到了驗證，可以正式讓產品功能上線，接受市場的洗禮。

但如果實驗結果不如預期，也別灰心。這正是假設驅動開發的魅力所在：它讓我們有機會及時發現問題，並做出調整。這時，你需要化身為外表看似小孩，智慧卻過於常人的名偵探柯南，仔細分析實驗數據，找出問題的根源。

- 優化（Optimize）：讓產品更上一層樓

  如果實驗結果顯示，產品功能確實對用戶有幫助，但還有改進空間，那就來場「產品改造秀」！針對用戶反饋，調整功能介面、流程，或者新增一些小巧思，讓產品更貼近使用者需求。就像雕塑家一樣，一點一點地雕琢，讓產品變得更加完美。

- 重新設計（Re-design）：推倒重來，再創新局

  如果實驗結果顯示，產品功能與預期有很大落差，沒有人用，或是沒有如假設中解決客戶的痛點，那就要考慮「砍掉重練」。這時，你需要重新思考產品的定位、發想不同的解決方案並提出新的產品的設計。

- 回復之前版本（Roll Back）：壯士斷腕，保全大局

  如果實驗結果顯示，產品功能對某些指標造成了負面影響，例如導致公司收入下降、用戶流失，甚至引發公關危機，那就得要「壯士斷腕」。這時，你需要果斷地將產品回復到之前的版本，避免造成更大的損失。

 實驗，是產品經理的打造爆款產品的魔法！　　　　　── Jacky

在這個瞬息萬變的市場，透過實驗的方式開發產品已經成為產品經理的必備技能。越來越多公司擁抱實驗文化，透過不斷測試、驗證、優化的過程，讓產品更貼近使用者需求，實現商業成功。假設驅動開發就像一本魔法書，為產品經理提供了施展實驗魔法的框架。它讓我們有系統地提出假設、設計實驗、分析結果，一步步將產品推向成功，打造出爆款產品。當工程師在 Scrum 中看到一個實驗功能時，他們可能不知道，這個功能的背後，是產品經理經過無數次的思考、驗證和實驗才誕生的。

每一次實驗，都是一次學習的機會。無論成功或失敗，都能讓我們更了解用戶、更了解市場，從而做出更明智的產品決策。在台灣，從小的教育都是教導大家成功，大家都很害怕失敗，更別說是從失敗中學習，然而失敗是成功之母，做產品就必須有擁抱失敗的心態，別再害怕實驗結果不如預期，每一次實驗，都是一次學習與成長的機會，就像愛迪生說的：「失敗不會毫無意義，至少我發現這個東西行不通。」只要我們保持開放的心態，勇於面對挑戰，就能在產品開發的世界中，不斷探索、學習、成長，最終成為獨當一面的產品經理。

為什麼有些 PM 做了驗證產品還是失敗？小心驗證偏誤！

驗證偏誤，如同偏食的小孩，讓我們傾向於只接受符合自己想法的資訊，而忽視與之相左的證據。這種「只看自己想看的」心態，可能導致我們過度自信，做出錯誤的判斷。這種選擇性注意的傾向，宛如戴上一副有色眼鏡，讓我們的世界變得片面而狹隘卻又自信滿滿。它不僅影響我們對世界的客觀認知，更可能在產品開發的關鍵環節 —— 需求驗證和假設驅動開發中，埋下潛在的風險，阻礙創新之路。

舉例來說，當一位產品經理堅信某個新功能將會大受用戶歡迎時，驗證偏誤可能悄然介入決策過程。他可能會過度關注那些在用戶訪談中對新功能表示讚賞的聲音，而對那些提出疑慮或批評的用戶反饋視而不見，甚至在數據分析時，不自覺地放大正面數據的權重，低估負面數據的影響。這種選擇性解讀，就如同在研究報告中只摘錄那些支持自己觀點的段落，忽視了可能存在的風險和挑戰，最終可能導致產品上市後反應平平，甚至慘遭滑鐵盧。

同樣地，在進行市場調研和競爭分析時，驗證偏誤也可能影響資訊獲取的過程。例如，當我們堅信某個競爭對手的產品存在嚴重缺陷時，我們可能會傾向於搜尋那些批評該產品的文章和評論，而忽略那些正面評價。這種選擇性搜尋，如同在資訊的海洋中只撈取符合自己口味的魚，強化了固有認知，卻可能讓我們錯失全面了解市場動態和競爭格局的機會，導致決策失誤。又或者，當我們對某個新興

市場的前景充滿信心時，可能會過度關注那些樂觀的市場預測和成功案例，而忽略那些警示風險和挑戰的分析報告。這種選擇性注意，可能使我們對市場的複雜性和不確定性認識不足，盲目投入資源，最終付出慘痛代價。

驗證偏誤對產品開發的影響不容小覷。它可能導致企業將寶貴的資源錯配於缺乏市場需求的功能開發上，如同在沙漠中執意開鑿水井，最終徒勞無功；也可能使我們忽視用戶的真實需求，錯失打造真正具有價值產品的機會。更為嚴重的是，驗證偏誤可能使我們對產品的市場前景過於自信，忽視潛在的競爭和挑戰，如同在險峻的山峰上盲目攀登，最終墜入深淵。

為避免驗證偏誤的不利影響，產品經理和開發團隊應培養批判性思維，保持開放的心態，主動挑戰自身假設，並積極尋求多樣化的資訊來源。在數據分析過程中，應秉持客觀中立的原則，運用科學方法進行驗證，避免主觀臆斷。此外，尋求外部專家意見、進行使用者訪談和市場調查時透過第三方進行結果整理等等，都有助於獲取更多元的觀點，減少認知盲點。在產品開發的各個階段，建立嚴謹的驗證機制，透過設計科學的實驗和測試，客觀評估產品功能和市場反應，避免驗證偏誤的干擾。唯有如此，才能確保產品開發建立在堅實的使用者需求和市場洞察之上，提升產品成功率，引領產品走向成功之路。

Note

第二章

設計讓用戶愛上的體驗：
打造令人愛不釋手的產品

你是否曾對某款 App 愛不釋手，一天不滑就渾身不對勁？像是抖音的短影音搭配洗腦神曲、手遊的刺激關卡跟過關獎勵，Thread 上一則又一則精彩的言論，一開始想說放鬆一下，心想只要用一下下，玩五分鐘就好，結果一開之後就欲罷不能，彷彿進入精神時光屋，回過神來竟然已經一個小時過去了！那種一打開就停不下來的魔力，讓你甘願被它「綁架」時間，甚至到了廢寢忘食的地步，就像是愛甲超過的歌詞一樣「一切是愛你愛甲超過，失去失去控制，愛到最後阮已經無路好退。」

身為產品經理，打造出這種讓人上癮的產品，絕對是夢想中的最高境界！但夢想很豐滿，現實往往很骨感，想想你的手機裡躺著多少你下載之後只用了一兩次就再也沒有打開過的 App，或是打開家裡櫃子看看有多少只使用了幾次就被塵封在裡面的商品們。多數的實際情況是產品正式發布後，使用者的新鮮感一過，就頭也不回地離開了，用戶留存率慘到讓你懷疑人生。看著競爭對手的產品使用者數節節攀升，自己卻乏人問津，那種失落感不禁令人捫心自問到底是哪裡做錯了！

到底是什麼樣的魔力，讓某些產品能讓使用者愛不釋手，甚至上癮？而你的產品又該如何才能脫穎而出，讓用戶「一試成主顧」，死心塌地地愛上它？或許你會想，是不是產品功能不夠多？介面不夠酷炫？還是行銷預算不夠？這些當然都是影響因素，但更關鍵的，是產品是否真正抓住了用戶的心。

想像一下，你走進一家餐廳，裝潢美輪美奐，菜單上的菜色選擇琳瑯滿目，但服務生態度冷淡，上菜速度慢，食物味道也普普通通。這樣的用餐體驗你會想再來第二次嗎？產品也是一樣的道理。功能再多，產品外觀設計再美，使用者介面再漂亮，如果不能滿足用戶的需求，提供愉悅的使用體驗，他們還是會毫不猶豫地轉身離開，把你的產品打入冷宮。所以，打造一款成功的產品，除了客觀的外在條件，更重要的是產品本身的吸引力與使用體驗。身為產品經理，你必須了解使用者的喜好、習慣、痛點，才能提供他們真正需要的東西，進而讓他們對你的產品產生情感連結。

聽起來很困難，別擔心，今天就讓我們一起來揭開這個秘密，學習如何透過鉤癮模型（Hook Model）與情感式設計方法（Emotional Design）設計出讓使用者欲罷不能的產品體驗！

鉤癮模型：產品上癮的魔法公式

鉤癮模型是一個基於人類習慣和行為心理學發展出來的框架，由行為心理學家尼爾‧艾爾（Nir Eyal）提出，透過四個步驟，形成了一個「鉤子」，創造出讓用戶上癮的產品與服務，一步步引誘使用者掉入產品的魅力漩渦：

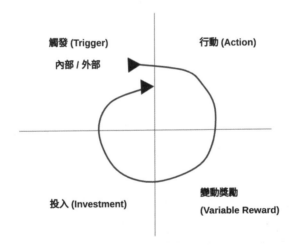

圖 2-1　鉤癮模型

1. **觸發（Trigger）**：就像獵人為陷阱提供的誘餌，觸發是吸引使用者注意力的第一步。它可以是一則有趣的廣告、一封好友分享的訊息，甚至只是內心的一個念頭，讓用戶忍不住想打開你的產品。觸發的方式可以分為內部或外部：

a. **外部觸發**：來自外部環境的刺激，例如廣告、通知、Instagram 的限時動態等等。

b. **內部觸發**：來自使用者內心的需求或情緒，例如無聊、焦慮、好奇心。

2. **行動（Action）**：使用者對觸發做出的實際反應行為，例如點擊連結、打開 App、發送訊息等。行動設計的越簡單、越容易，使用者就越容易採取行動。

3. **變動獎勵（Variable Reward）**：這是鉤癮模型的精髓所在，想要讓人欲罷不能，變動獎勵是讓用戶不斷回來的關鍵，因為獎勵是建立在「不確定性」上，用戶不知道下一步會發生什麼，因此變得好奇並期待獎勵。獎勵可以是有趣的內容、社交互動的回饋，或遊戲中的虛擬寶物。重點是，獎勵必須是「變動」的，才能持續吸引用戶。

變動獎勵的威力不只在人身上有用，在其他動物也能適用。這種變動獎勵與心理學中的操作制約有關。舉個例子，我家養了一隻狗狗名叫 Python，訓練他的過程就完美詮釋了變動獎勵的魔力。Python 從我一開始領養時，每天暴衝、把人咬流血、亂咬東西跟家具，是一隻令人頭痛的狗狗。現在 Python 已經變得穩定乖巧且溫馴，在這段變乖巧聽話的過程中，我試過至少十種不同的訓練方式。其中最有效的是正向訓練，不使用責備跟打罵，而是當 Python 做出符合我期待的行為時，立刻用鼓勵的方式讓他知道原來這麼做會有好事發生，漸漸地 Python 就知道哪些事情應該做哪些事情不應該做。在訓練過程中，每次 Python 表現正確，我都會給他一些獎勵。但如果每次都給一樣的零食，他很快就失去興趣了。所以，我會一直變換獎勵的種類和數量，例如口頭讚美，不同的零食種類與每次的獎勵數量不同等等，結果 Python 反而更積極學得更快，因為他永遠不知道下一次會發生什麼好事！

圖 2-2　變動獎勵也時常用於訓練寵物

4. 投入（Investment）：當使用者獲得獎勵，他們就會願意在產品中投入一些東西，例如更多時間、努力、甚至金錢或數據。這種投入會讓使用者對產品產生情感連結，更願意再次回來使用產品。

Hook 模型的成功案例

案例一：Instagram

1. **觸發**：收到好友發布新貼文或限時動態的通知，或看到朋友在現實生活中分享 Instagram 上的內容。

2. **行動**：打開 Instagram App。

3. **變動獎勵**：看到朋友分享的有趣照片或影片，發現新的內容創作者，或收到其他用戶的讚和評論。

4. **投入**：發布自己的照片或影片，給其他用戶的內容點讚或留言，關注新的帳號，或參與 Instagram 上的各種限實動態挑戰活動。

案例二：Tinder

1. **觸發**：感到孤獨或想認識新朋友，收到配對成功的通知，或朋友與他分享自己在 Tinder 找到真愛的故事。

2. **行動**：打開 Tinder 應用程式，右滑喜歡左滑不喜歡。

3. **變動獎勵**：看到有吸引力的照片與個人資料，配對成功跳出愛心，或收到配對成功的訊息。

4. **投入**：繼續左滑右滑，發送訊息給配對成功的對象，或更新自己的個人資料。

案例三：抖音（TikTok）

1. **觸發**：打開手機，看到抖音 App 的標誌；感到無聊或想打發時間。

2. **行動**：打開抖音 App，往上刷新影片。

3. **變動獎勵**：刷到各種有趣的短影片，獲得娛樂和滿足感。每次刷到的影片都不一樣，永遠有新鮮感。

4. **投入**：給影片點讚、評論、分享，甚至自己拍攝影片上傳，與其他用戶互動。

使用鉤癮模型的小撇步

1. **確定你的目標用戶是誰**：了解你的潛在用戶，包括他們的需求、願望和習慣。這有助於設計適合的觸發、行動、獎勵和投入。

2. **設計引人入勝的觸發**：設計引人入勝的外部觸發和內部觸發，以吸引潛在用戶開始使用你的產品。可能是精心設計的廣告、量身打造的通知或個性化推薦。

所謂的外部觸發是來自外部環境的刺激，通常是通過廣告、通知、社交媒體貼文等等方式。外部觸發如果能夠做到客製化就可以引起用戶的好奇心或注意力，促使他們採取行動，開始使用你的產品。例如，社群網站會用你的朋友名字作為通知內容，或是旅遊 App 會用去日本看櫻花的推播廣告等等。內部觸發則是來自用戶內部的心理狀態或需求，促使他們主動尋找解決方案或滿足需求。內部觸發通常涉及到情感、焦慮、好奇心等內在動機。例如，當用戶感到孤獨時，他們可能會主動打開社群媒體。

3. **簡化用戶行動**：確保你的產品具有引導用戶執行所需行動的功能和設計。建議與使用者體驗設計師一起討論如何簡化流程，使行動變容易。

4. **提供變動獎勵**：設計變動且具有吸引力的獎勵機制，激發使用者的好奇心，讓使用者覺得每次都會有不一樣的結果渴望不斷地繼續使用產品。很多人可能很擔心提供獎勵會不會很花成本，但變動獎勵可能遠比你心裡想像中的容易許多。例如讓用戶得到別人的按讚、支持、分享互動，滿足被重視的感受或歸屬感；透過遊戲化元素設計不同的關卡、進度追蹤條，並授予不同的聲望值與成就徽章滿足自我實現與激發追尋目標的渴望；或是提供個性化的推薦內容、抽牌的設計等等都是很好的變動獎勵。

5. **鼓勵投入**：鼓勵使用者投入更多時間、努力或互動，以維持他們的參與。例如建立個人化資訊、保存使用者的內容或參與社群。

恭喜你！現在你已經掌握了鉤癮模型的精髓，它是一個漸進循環式的增強方法，透過不斷地吸引用戶，讓使用者採取行動、給予獎勵，並鼓勵他們投入越來越多在你的產品上。只要這個模型運轉順暢，你的產品就能牢牢抓住使用者的心，讓他們心甘情願掏出錢包，甚至成為產品的忠實粉絲，為你奔走相告。

想像一下，你的產品就像一塊美味的蛋糕，鉤癮模型就是那誘人的香氣，讓用戶忍不住想咬一口。而變動獎勵就像蛋糕裡的驚喜夾層，讓用戶每一口都有不同的驚喜，越吃越上癮。

但請注意！鉤癮模型在使用時務必小心謹慎。若是沒有使用得當，可能會讓你的產品變成「數位毒品」，讓用戶對你的產品產生反感。在使用鉤癮模型時，請務必牢記使用者需求至上，你的產品必須真正解決用戶的痛點，提供有價值的服務，而不是只想著增加使用者黏著度，想著如何讓他們上癮。鉤癮模型不是萬靈丹，你需要不斷觀察使用者反饋、調整產品策略、持續優化才能持續吸引和留住使用者。只要你能善用鉤癮模型，並秉持著「以用戶為中心」的理念，一定能打造出讓用戶愛不釋手的爆款產品！

情感式設計：讓用戶體驗「心」感動的產品

除了鉤癮模型，還有什麼方法可以成功打造出讓用戶愛不釋手的產品呢？「什麼產品才是好產品？」是身為產品經理需要一直深入鑽研的問題。擁有基礎產品技能的產品經理，應該都可以回答出類似：「能解決用戶痛點跟需求的產品」的答案。然而，真正厲害的產品經理，在定義所謂的好產品時，除了**產品本身理性地解決了用戶的需求**，**還可以在感性上建立起用戶與產品的連結**。你希望產品不僅能滿足用戶的功能需求，更能觸動他們的情緒，讓他們在使用產品時，感受到愉悅、驚喜、感動和共鳴。

在日劇《週日晚上左右》裡，三個女主角一起開了一間咖啡廳，這間咖啡廳給人的感覺是安心溫暖，即使一個人獨自前來也很舒服，帶給人放鬆的感受，讓客人好好握週日夜晚時光，享受最後的假期悠閒時刻。不知道你有沒有走進類似日劇裡咖啡店的經驗，那裡打著溫暖的燈光、播放輕柔的音樂、迎面而來親切的店員，讓你感到心情放鬆溫暖，就好像回到家一樣。這些咖啡廳帶給你的不只是一杯咖啡，除了咖啡本身的價值外，也帶給你情感上的感受，溫馨、放鬆跟愉悅，讓你愛上這裡，下次願意再來光顧。我個人在日本上班時，每天下班都一定會去一家居酒屋報到，店家已經記得我喝什麼，一坐下不用點餐，就會為我端上專屬的酒，而熱情的媽媽桑也總會和我噓寒問暖閒話家常，雖然這間居酒屋沒有厲害的酒和食

物，但是卻給人一種回到家的感覺，滿足我一個人在異鄉打拼時的思鄉情緒。從這兩個例子就會發現，當我們在設計產品時，不應只是專注於產品提供的價值，而是從心出發，與使用者建立起情感的溫度，這就是情感式設計的力量。

> 除了讓產品好用，更重要的是讓產品有溫度。我喜歡互動的感覺，而不是冷冰冰的機器。
>
> —— Jacky

情感式設計（Emotional Design）是由唐納 · 諾曼（Donald A. Norman）所提出的設計理念，情感式設計不僅能讓產品更具吸引力，更能建立起與用戶之間的情感連結，讓他們對產品產生更深層次的認同和依賴。將情感式設計融入到產品中，讓我們的產品不再只是冷冰冰的工具，而是充滿溫暖和關懷的夥伴。情感式設計分為三個層次，每個層次都對使用者體驗產生深遠的影響：

1. **本能層次（Visceral Design）**：與人相處的第一印象很重要，正所謂「佛要金裝，人要衣裝」，本能層次就是你對產品的第一印象。由產品的外觀、質感、色彩等感官元素構成，讓你瞬間產生喜愛或厭惡的情緒。例如，Google 智慧家庭的產品簡潔優雅、Apple 智慧型裝置充滿時尚科技感，在第一時間抓住客戶的眼球。因此，在產品設計時要考慮產品想帶給使用者什麼樣的感覺和情緒。

2. **行為層次（Behavioral Design）**：這是你與產品互動的過程，就好比與人相處，產品是否「好用」，會直接影響你的心情。如果產品操作順暢、功能實用，你會感到愉悅和滿足；反之，如果產品難用、設定過程繁瑣、想找功能找不到，就會讓使用者感到挫折和煩躁。

3. **反思層次（Reflective Design）**：這是你對產品的長期評價，就像對一個人的深刻認識。產品是否能滿足你的深層需求、是否能提升你的生活品質、是否符合你的價值觀，都會影響你對它的評價和情感。例如，特斯拉電動車代表著環

保和創新，Patagonia 的戶外用品象徵著對自然的熱愛，這些都能讓使用者產生認同感和歸屬感。

這三個層次環環相扣，共同塑造出使用者對產品的整體感受。一個成功的產品，必須在三個層次上都能滿足使用者的需求，才能真正打動人心。例如一款外觀精美、時間精準的智慧手錶（本能層次），操作流暢、功能豐富（行為層次），還能記錄你的運動數據、提醒你喝水、記錄睡眠品質，甚至在你感到壓力時播放舒緩的音樂，長期配戴可以幫助你注意運動與健康。在產品的零件與包裝都採用環保與可回收材質，地球環境友善，符合你愛護地球的價值觀（反思層次）。

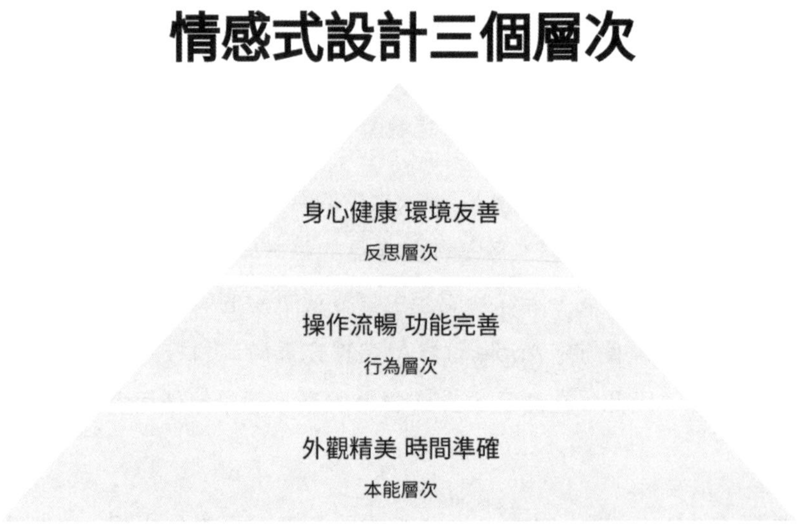

情感式設計三個層次

身心健康 環境友善
反思層次

操作流暢 功能完善
行為層次

外觀精美 時間準確
本能層次

圖 2-3　情感式設計的三個層次，以智慧手錶為例

情感式設計的好處

- **忠誠度提升**：情感式設計能幫助品牌與用戶建立情感連結，讓用戶對品牌產生認同感和歸屬感，進而提升品牌忠誠度。例如，一個能夠引起用戶共鳴的品牌故事，能讓用戶對品牌產生情感上的認同，進而成為品牌的忠實粉絲。

- **差異化競爭**：在激烈的市場競爭中，訴諸情感式設計可以讓產品從眾多同類產品中脫穎而出，建立出自己的品牌特色，能讓產品更具個性。產品差異化並不只是理性的拿出不同的競爭商品規格表進行規格比較，而是來自於產品所傳遞的情感和價值觀，讓用戶感受到產品的溫度和靈魂。

- **情感共鳴**：當產品能夠觸動用戶內心深處的情感，引發共鳴，用戶便會對品牌產生認同感和歸屬感，進而轉化為品牌的忠實擁護者。這種情感連結是品牌最寶貴的資產，能夠帶來長期的用戶黏著度和口碑傳播，為品牌帶來持續的成長動力。

如何運用情感式設計提升用戶體驗？

- **視覺元素點燃情感火花**：色彩、排版、圖像等視覺元素，就像產品的「外貌」，能瞬間抓住用戶的眼球。運用明亮的色彩帶來活力，簡潔的排版提升易讀性，精美的圖片喚起情感共鳴，讓用戶對你的產品一見鍾情。

- **互動設計點亮使用樂趣**：產品的互動設計就像一位舞蹈家帶著使用者一起跳著精心編排的舞，引導用戶流暢地完成每個動作。簡化操作流程、提供即時回饋，讓用戶在使用過程中感到輕鬆愉快，就像隨著音樂翩翩起舞。

- **獨特風格展現個性魅力**：獨特的設計風格和主題，就像產品的「個性」，讓它在眾多競爭商品中脫穎而出。幽默風趣的設計、簡約大方的風格，或是充滿個性化的主題，都能讓用戶對你的產品留下深刻印象，甚至成為忠實粉絲。

- **精心打造的內容觸動心弦**：文字的力量不容小覷。在產品說明、訊息、通知、回饋等文案中，運用充滿情感的詞彙，讓用戶感受到你的關懷和用心。例如，用「恭喜你完成任務！」取代「任務已完成」，用「非常感謝您的支持！我們會繼續努力，為您帶來更好的產品和服務。」取代「感謝您的購買。」就能讓用戶感受到你的鼓勵和肯定。

- **創意客製化打造專屬體驗**：每個使用者都是獨一無二的，透過創意和客製化，讓產品更貼近用戶的喜好和需求。例如，提供個性化的推薦內容、主題佈景，或讓用戶自定義產品功能，讓他們感覺產品是專為自己打造的。

- **細節雕琢打造完美體驗**：產品的細節就像一顆顆璀璨的鑽石，點綴出產品的精緻和質感。對軟體產品來說從圖示、按鈕到動畫效果，對硬體產品來說，產品的包裝外觀與設計、產品本身的設計、材質和顏色，每個細節都值得細細打磨，讓用戶在使用過程中感受到你的用心和專業。

情感式設計的目標，不僅是讓產品「好用」，更要讓它為使用者帶來「好心情」。透過視覺、互動、內容、風格、客製化和細節的精心設計，讓產品與用戶之間產生情感共鳴，讓他們愛上你的產品，離不開你的產品。

迎接 AI 時代的產品經理

善用 AI 工具，輕鬆提升工作效率

在實際應用情感化設計的過程中，需要用戶研究員、UI / UX 設計師與產品經理一起合作，對於沒有經驗的產品經理而言，要想到如何實踐是一大挑戰。在 AI 時代以前，產品經理需要上不同的課程、閱讀許多的相關書籍、使用更多的產品與服務來累積靈感。現在，可以透過 ChatGPT 與 Gemini 等生成式 AI 工具幫忙，輸入你的產品細節、你的目標客戶、以及希望你的客戶達成什麼樣的體驗，請生成式 AI 來提供建議。另外現在的設計工具像是 Figma 也推出 Figma AI 工具供大家使用，只要輸入適當的 Prompt，就能生成出不同風格與佈局的介面設計的草案，讓產品經理在沒有 UI / UX 設計師的幫助下也能產出設計提案，讓產品經理能夠快速將情感化設計腦中的想像具現化，事半功倍！

在了解如何運用情感式設計提升用戶體驗後，如果你迫不及待想要把情感式設計
應用在你的產品中，可以透過以下幾個步驟：

1. **了解目標用戶**：想要打動人心，就必須清楚對方是什麼樣的人，深入了解產品
   的目標用戶的需求、價值觀以及情感狀態，針對他們的喜好與特性進行研究，
   描繪出使用者的輪廓，透過人物誌（Persona）的方式讓人物具像化。

2. **設計符號和情感引導**：有了清楚的使用者人設，就可以精準地瞄準目標用戶，
   針對他們的特性設計產品中的符號、色彩和材質，讓使用者產生情感觸發、喚
   醒渴望。

3. **畫出使用者流程與每個時刻的情緒**：列出目前的使用者在使用產品時的關鍵步
   驟，將這些步驟繪製成使用者流程地圖（User Journey Map），把每一步使用
   者的情緒，例如感到焦慮、興奮、擔心、氣憤的時刻都描繪出來，並找出正面
   和負面的情感高峰。

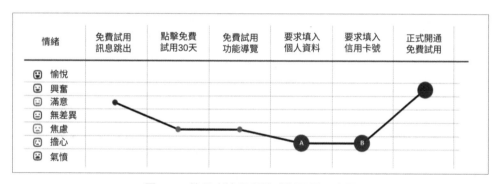

圖 2-4　使用者流程與情感對照圖示意圖

4. **創意構思**：針對每個時刻進行腦力激盪，思考如何最好地服務客戶，提升正面感受，降低負面情緒的頻率。例如透過互動式設計，讓使用者能夠在使用產品時產生情感互動，讓使用者產生愉悅、驚喜或親近感。將情感、邏輯、動機和獎勵結合，設計出更引人入勝、有影響力的用戶體驗。例如：提及用戶的名字展現產品的個人化設計、感謝他的舉動對產品帶來的幫助、完成關鍵舉動時提醒他達成他使用產品的目標、降低 UI 上的元素與情緒複雜度等等。

5. **設計介面模型（Mockup）**：情感式設計多數時候都是透過優化使用者介面的方式展現。除了在原本的介面上添加新元素，也可以刪除不必要或是衝突元素讓整體的視覺與流程呈現變簡單。例如選擇合適的用字、善用不同的語氣、調整內容出現的順序、增加完成步驟進度條、使用者可能有疑慮的地方增添清楚的說明、調整圖片與影片的版面配置等等。

6. **測試和迭代**：通過測試不同的情感式設計元素，不斷地改進和調整，確保產品的情感傳遞達到最佳效果。常見的評估情感式設計有效性方法有兩種：

   - **問卷調查**：我們可以通過問卷調查來評估情感設計的變化，捕捉質化和量化的反饋。舉例來說，你可以展示兩個或更多的設計選項，請使用者選擇其整體偏好，並詢問偏好原因，請他們在 7 點李克特量表上對每個設計選項進行評分。

   - **A／B 測試**：將不同的介面設計上線，透過 A／B 測試觀測結果是否具有統計意義上的區別，從而基於客戶數據做出最佳設計。

藉由深入了解目標用戶，精心打造產品的情感層面，產品經理想要設計出令人愛不釋手的產品，培養出一大票忠實粉絲，不能只是聚焦在冷冰冰的產品功能和規格，也要思考如何增加產品體驗，透過鉤癮模型和情感式設計在激烈的市場競爭中取得產品優勢，並建立長期穩固的客戶關係。下次你不妨留心看看每天在使用的產品，這些產品的設計是否有運用到鉤癮模型和情感式設計，讓你不知不覺愛上他們。

同場加映

解鎖大腦密碼，原來我們是這樣下決策

想設計出讓使用者愛上的體驗，就必須了解人類是如何進行決策。人們每天都在進行大大小小的決定，你知道嗎？根據研究，一個成年人每天要做出的決定估計高達 35,000 個。這些決定包括了大大小小的事情，從早上要穿什麼衣服、早餐要吃什麼，到工作上的決策、與人互動的應對方式等。當然，這些決策中很多也跟產品有關，例如決定要購買哪些產品，使用哪些服務跟功能，使用過程中是不是要中斷或繼續使用等等。了解人類如何下決策，進而應用在產品設計裡，可以順利引導使用者體驗到對他們有價值的功能，也能夠幫助他們做出購買或是訂閱的決策。

人們在進行決策時不僅僅是基於理性，情感也在其中扮演著至關重要的角色。了解人類做決策的四個要素，可以幫助我們更容易依照人性設計出具有溫度的產品。當一般人在進行決策時，通常會經過感性—理性—動機—獎勵的四個步驟，今天我們就試著把這四個步驟套用到設計產品的過程中，幫助使用者在產品中做出更好的行動。

● **感性(情感觸發)**：感性決策的第一步，也是最關鍵的一步。我們對產品的第一印象，往往來自於情感的直覺反應。看到精美的包裝、聽到悅耳的音樂、富有設計感的產品介紹頁，都會讓我們產生好感，進而想要了解更多關於產品的內容。所以當我們在設計實體產品的外觀和包裝，或是我們希望使用者做出某些決定(例如訂閱服務)時，應該先喚起使用者的情感，讓他們產生：「哇！我想要這個！」的情緒。

● **理性**：情感被觸發後，人們會開始冷靜下來，試著運用邏輯、理由來解釋自己剛才的情感，並且冷靜下來評估這個產品的客觀條件，是否符合自身的需求與預算。這時就是向使用者介紹產品的特色、功能和價格的最佳時機，滿足使用者的邏輯思維並增強客戶決策的信心。常見的方式有：功能

說明（例如：與競爭商品的比較表，展現自己的產品優勢）、統計數字（例如：使用這個產品可以省下 25% 的時間，訴諸產品帶來的好處）、價格（例如：原價 1,200 元，現在購買只要 999 元，用定錨效應告訴使用者購買產品是很划算的選擇）。

- **動機**：理性上覺得可行之後，我們需要給使用者一個下決定的動機。當使用者有了這個決策動機，就可以激發他們真正採取行動。因此在產品設計時，需要了解哪些是阻礙用戶採取所需行動的障礙，我們要盡可能減少這些阻礙來降低他們採取行動的門檻，並給予動機來激發人們採取行動。常見的動機包括：時限性製造緊張感（例如：特價優惠只剩下最後 50 分鐘）、稀缺性（例如：目前倉庫只剩下最後 2 組，賣完不再補貨）、增強信心（例如：名人推薦、多少人也買了同樣產品）。

- **獎勵**：當使用者作出決策採取行動後，給予使用者作出決策的認可與獎勵，讓使用者覺得這個決策是正確的。獎勵可以是一些正向的感謝性文字，或是重申使用產品得到的好處，讓使用者知道他所採取的行動是正確的。例如：使用者完成了健身應用程式的訓練計畫，可以告訴使用者「太棒了！您完成了今天的訓練計劃，離目標又更近一步！」「堅持下去，您將會看到身體的變化，感受到健康帶來的活力！」或是當使用者完成線上課程的繳費成功註冊，告訴使用者「恭喜您！踏出學習新知的第一步，開啟精彩的學習旅程！」「感謝您的註冊！現在您可以隨時隨地學習，掌握專業技能，提升自我價值。」

有辦法量化使用者體驗嗎？ Follow your HEART

想像一下，如果你是餐廳老闆，想知道顧客是否滿意餐廳的食物，你可以偷偷觀察顧客吃下去時的表情，是眉開眼笑還是皺眉蹙額；他會留意用餐後盤中剩菜的多寡，判斷他們是否吃得盡興；你甚至會在用餐中後段，派出服務生親切地詢問「口味是否合適，有沒有需要改進的地方。」這種面對面的交流，讓老闆能直接感受到顧客的體驗，並即時調整服務。

然而，時代變了，商業模式也跟著轉型。特別是軟體服務，買家和賣家之間隔著一道看不見的螢幕，無法再像過去那樣輕鬆觀察用戶的喜怒哀樂。這時，我們不禁要問：如何才能在虛擬世界中，準確掌握用戶的體驗感受呢？如何將這些抽象的情緒和體驗，轉化為具體可衡量的數據，幫助我們優化產品，提升用戶滿意度呢？

前面介紹了鉤癮模型與情感式設計，但是我們在實際將這兩個模型應用在產品後，應該如何知道使用者的真實感受呢？使用者體驗與感受聽起來都是一些感性的詞彙，我們希望可以將這些感受量化，進而衡量我們所設計的產品體驗到底好不好。接下來，本書將和大家分享一個 Google 內部使用者體驗研究團隊用來衡量和提升用戶體驗的秘密武器──HEART 框架。別被這個名字誤導，它可不是什麼手心貼手心一起心電心，他是五個關鍵指標的縮寫，這個框架會被提出的原因是當時傳統的網頁分析指標（例如網頁瀏覽量、停留時間、營收等）雖然重要，但它們對於衡量使用者體驗來說過於間接或底層。這些指標無法準確反應出產品功能調整前後使用者體驗的影響，如果我們只關注這些傳統指標可能不小心會產生誤導，走偏方向。例如，頁面停留時間的增加可能是因為功能調整後受到歡迎，也可能是因為功能調整後介面設計變得複雜混亂導致使用者在網頁中迷失。雖然網頁分析領域已經開始關注關鍵績效指標，但其動機通常是商業導向，而非以使用者為

中心。Heart 框架可以提供一種更全面、更直接、更以使用者為中心的使用者體驗衡量方式，幫助我們更深入地理解用戶，準確掌握使用者體驗脈搏，打造出讓他們愛不釋手的產品。

HEART 框架五元素

- **H - Happiness（幸福度）**：幸福度是一種對產品「主觀感受」的衡量指標，例如使用者對產品的滿意度、愉悅感、喜愛程度、視覺上的吸引力、推薦意願，以及用戶認為產品使用起來的難易度。幸福度旨在衡量用戶在使用產品過程中的整體滿意度、愉悅感和正面情緒體驗，反應了產品是否能夠滿足用戶的需求、解決他們的痛點，並帶來積極的情感回饋。高幸福度的使用者通常對產品產生好感，願意持續使用並推薦給他人。為了量化幸福度，我們可以透過多種方式收集數據。滿意度調查可以直接詢問用戶對產品的整體滿意程度，而 Net Promoter Score（NPS）則透過詢問用戶推薦產品給他人的意願，衡量使用者忠誠度和口碑傳播潛力。此外，分析使用者在產品中的行為數據（如表情符號使用、評論內容等），或進行情感分析調查，也能幫助我們了解使用者的情緒狀態和體驗。客戶服務滿意度則反應了產品在解決問題和提供支持方面的表現，而監測社交媒體上的討論和評價，也能了解使用者對產品的整體觀感。

- **E - Engagement（參與度）**：參與度是用來衡量使用者與產品互動程度的指標，反應了使用者對產品的興趣和投入程度，以及他們與產品建立連結的緊密程度。高參與度的使用者通常會更頻繁地使用產品、探索更多功能、產生更多內容，並與其他使用者或產品團隊進行互動。我們可以透過使用者的行為數據觀察使用者與產品互動的頻率、深度、廣度與熱絡程度。例如使用者在一段時間內的訪問頻率、每週每位用戶的訪問次數、用戶使用產品核心功能的頻率或比例、或是每天每位用戶發布訊息數量。

- **A - Adoption（採用率）**：採用率是新用戶開始使用產品的比率，這是一個衡量產品吸引力和市場接受度的重要指標。新用戶的湧入代表著產品在市場上的成功，也為後續的成長和發展奠定了基礎。此外，採用率可以延伸為用戶持續使用產品的意願。這是因為，如果產品不能滿足使用者需求或提供良好的體驗，新用戶可能會在短時間內流失。因此，高採用率不僅意味著吸引新用戶的能力，也反應了產品留住使用者的能力。

- **R - Retention（留存率）**：留存指標追蹤在特定時間段內開始使用產品的使用者，有多少比例會在之後的某個時間點仍繼續使用該產品。這是一個衡量產品長期價值和用戶忠誠度的關鍵指標。高留存率意味著用戶對產品有持續的需求和依賴，願意長期使用產品，這對於產品的持續發展和盈利至關重要。高留存率的產品能夠持續獲得用戶的貢獻，例如訂閱費用、廣告收益、商品購買等，為企業帶來穩定的收入來源。舉例來說，可以觀察某一周內活躍的使用者中，有多少比例在三個月後仍然持續使用產品，藉此了解有多少使用者養成使用產品的習慣。此外，我們也會用留存率作為衡量用戶生命週期價值（Customer Lifetime Value，CLV）的重要因素。CLV 代表著一個使用者在整個生命週期內為企業帶來的總價值。高留存率意味著使用者的生命週期更長，為企業創造的價值也更高。

- **T - Task Success（任務成功率）**：衡量用戶成功完成目標任務的比例，以及完成任務所需的時間和步驟。它直接反映了產品的易用性和用戶體驗，對於提升產品價值和用戶滿意度至關重要。任務成功率涵蓋了傳統的行為指標，如效率（例如完成任務所需的時間）、效能（例如完成任務的百分比）和錯誤率。任務成功率可以直接反應用戶在使用產品時的流暢度和效率。高任務成功率表示用戶能夠輕鬆完成任務，體驗良好；低任務成功率則意味著用戶在使用過程中遇到困難，體驗不佳。此外，任務成功率也可以用於驗證產品設計是否合理、流程是否順暢。如果某個任務的成功率很低，可能表示該任務的設計存在問題，需要重新審視和優化。

為什麼 HEART 框架如此重要？

- **全面性**：HEART 框架涵蓋了使用者體驗的五個關鍵面向：幸福度、參與度、採用率、留存率和任務成功率。這些指標相互關聯，共同構成了使用者體驗的全貌。通過同時關注這五個面向，產品團隊可以更全面地了解使用者需求，避免顧此失彼。

- **以使用者為中心**：HEART 框架強調從使用者角度出發，關注使用者的感受和需求。這有助於產品團隊跳脫出自身視角，真正站在使用者的角度思考問題，設計出更符合使用者期望的產品。

- **量化指標**：HEART 框架將抽象的用戶體驗轉化為具體可衡量的指標，讓產品團隊能夠客觀評估產品表現，並追蹤改進效果。這有助於產品團隊做出數據驅動的決策，避免主觀臆斷。

- **適用性廣泛**：HEART 框架適用於各種產品和服務，無論是網站、應用程式、遊戲還是實體產品，都可以透過 HEART 框架來評估和提升使用者體驗。

- **持續改進**：HEART 框架能夠提出量化數據，讓產品團隊不斷監測和分析使用者體驗指標，並根據數據反饋進行迭代改進。這種持續改進的理念有助於產品團隊保持敏捷性和創新性，不斷提升產品競爭力。

- **促進團隊協作**：HEART 框架為產品團隊提供了一個共同的語言和目標，促進跨部門的溝通和協作。透過共同關注用戶體驗指標，產品、設計、開發、市場等團隊可以更好地協同合作，打造出更優秀的產品。

如何應用 HEART 框架？

1. **選擇合適的指標**：根據產品特性和目標，選擇最能反映用戶體驗的 HEART 指標。不同產品和不同發展階段，關注的重點可能有所不同。例如，新產品可能更關注採用率和參與率，而成熟產品可能更關注留存率和幸福度。

2. **設定目標值**：根據產品現狀和市場情況，設定可實現的目標。可以參考歷史數據和使用者研究報告，為每個指標設定合理的目標值。

3. **收集數據**：透過使用者行為分析、問卷調查、用戶訪談等方式，收集相關數據。或是透過系統日誌紀錄用戶行為數據，如訪問次數、時長、點擊等。A／B測試比較不同設計方案對指標的影響。

4. **分析數據**：對收集到的數據進行清洗和整理，確保數據的品質和可用性，運用統計方法分析數據，找出影響使用者體驗的關鍵因素，並將數據轉化為易於理解的圖表和報告，直觀呈現分析結果。

5. **制定改進方案**：根據分析結果，制定具體的產品改進實驗與策略。例如優化功能、調整流程、改善體驗等。

6. **透過實驗驗證方案**：將改進方案以實驗的方式進行（例如：A／B測試），透過追蹤 HEART 指標變化驗證產品的改進方案方向是否正確並持續調整優化。

如何優化各項指標？

- **H - Happiness（幸福度）**：一種最常見的幸福度指標是透過 NPS 了解產品是否有打中客戶的心。因此常見的方式是進行問卷調查，簡單的問卷調查可能會直接嵌在產品頁面的底部或是在使用者完成某項任務時跳出視窗用 1-2 個問題請使用者即時回答，由於使用者才剛剛體驗完產品，情緒還非常強烈，這種方式有助於更即時與準確的反饋。有了這些數據，就可以從易用性（確保產品操作簡單、直觀，降低用戶學習成本）、功能性（提供實用的功能，滿足用戶的核心需求）、美觀性（採用符合目標使用者審美偏好的設計風格，提升視覺吸引力）、情感化設計與性能優化（確保產品運行流暢、穩定，避免卡頓、閃退等問題）來提升產品的幸福度。

- **E － Engagement(參與度)**:增加參與度指標意味著讓使用者更頻繁、更深入地使用你的產品。因此可以透過四個面向優化參與度指標。

  - **提升產品價值**:根據用戶的興趣和行為,提供個性化的內容推薦,讓用戶更容易發現自己感興趣的內容,增加使用頻率。優化產品的流程體驗,確保產品易用、流暢,減少使用者操作的困難度和阻力。

  - **增加互動機會**:鼓勵用戶之間的互動,例如評論、分享、點讚等,增加用戶的參與感和歸屬感。在產品中加入遊戲化的元素,例如積分、排行榜、成就系統等,增加使用者的樂趣和挑戰性。

  - **建立使用者社群**:建立官方社群平台,讓使用者互相交流、分享經驗,增加使用者黏著度和忠誠度。並且鼓勵使用者生成內容,鼓勵使用者創作和分享內容,增加產品的豐富度和互動性。同時也增加他們在產品的投資與累積程度。例如一位部落客已經在 A 部落格平台累積 500 篇文章,累計破 10 萬次觀看,就會更願意持續地使用 A 部落格平台發佈文章。

  - **建立產品整合生態系**:例如 Google 的產品高度整合,使用行事曆功能設定會議時會推薦使用 Google doc 進行會議紀錄、Google Meet 進行視訊會議,透過 Gmail 傳送行事曆邀請等等。透過跨產品的互相推薦與整合,提升不同產品之間的使用者參與度。或是像 Apple 打造自己的生態系,讓使用者在跨裝置之前的體驗順暢且一致,有助於提升不同裝置像是電腦、手機、平板、手錶、Apple TV 的使用參與度。

- **A － Adoption(採用率)**:提升採用率的關鍵在於降低新用戶使用產品的門檻,並讓他們感受到產品的價值,願意持續使用。提升的方式像是優化新進用戶體驗,簡化註冊和新手引導流程(onboarding),減少不必要的步驟和資訊填寫,讓使用者能快速、輕鬆地開始使用產品,體驗產品價值。如果產品的功能比較複雜,建議提供引導和教學,為新用戶提供清晰的指引、教學影片或互動式教學,幫助新使用者快速了解產品功能和操作方式。個性化設計,根據用

戶的興趣和行為，提供個性化的內容或功能推薦，讓他們在第一時間感受到產品的價值。即時反饋與獎勵，在新用戶完成關鍵任務或達到特定里程碑時，立刻給予反饋和獎勵，增加他們的成就感和願意持續完成的動力。此外，強化溝通產品價值，明確傳達產品價值主張，在產品的介紹、廣告文案，和新手引導過程中，清晰地闡述產品的核心價值，或是透過實際的使用者心得分享讓新用戶了解產品如何解決他們的痛點和需求。提供試用和體驗機會，提供免費試用、互動體驗，讓新用戶在真正購買或註冊前就能體驗到產品的價值。增加新使用者對產品的熟悉度，藉此提升產品採用率。

- **R - Retention（留存率）**：提升留存率的關鍵在於讓用戶持續感受到產品的價值，並與產品建立長期的連結。留存率更像是一個結果的指標，受到採用率、參與度與找回流失使用者三個階段的影響。因此想要提升留存率，就必須從這三個方向下手。關於提升留存率的具體方式，會在本書的第五章：產品上線後跟想得不一樣？從 0 到 1 的用戶增長策略裡有詳細的描述。

- **T - Task Success（任務成功率）**：優化任務成功率的關鍵在於減少用戶在完成目標任務時遇到的遲疑和阻礙，讓他們能夠更順暢、更快速地達成目標。因此，想提升任務成功率可以嘗試以下策略：

  - **簡化任務流程**

    - **減少步驟**：審視使用者完成任務所需的所有步驟，列出來每個步驟之後嘗試找出可以簡化或合併的步驟，減少使用者操作的複雜度。

    - **優化資訊架構**：確保產品的資訊架構清晰易懂，讓使用者能夠快速找到所需資訊和功能。例如透過網站的熱點分析工具（Heat Map），可以讓我們了解使用者在使用網頁時專注的區域，是否與他們互動頻繁的區域和任務目標一致。

    - **提供明確指引**：在每個步驟中提供明確的操作指引，減少分心或是離開的元素，幫助使用者順利完成任務。

- 提升易用性

  - **直覺化設計**：採用符合使用者直覺的設計，讓使用者透過已經習慣的操作方式使用你的產品，無需學習就能輕鬆上手。例如在 App 介面設計中很多常用的手勢操作與按鈕反饋方式，即使是一個新的 App，也可以讓使用者在不透過教學的情況下完成任務。

  - **減少錯誤**：透過預防性設計、錯誤提示和自動糾錯等方式，減少使用者操作錯誤的可能性。例如填寫個人資料時，確認手機號碼的位數、填寫性別與身分證字號的數字開頭是否一致等等。

  - **提供協助**：在用戶遇到困難時，提供即時幫助，例如線上客服、幫助中心、AI 助理等等，或是透過演算法猜測使用者的意圖提出對應建議等等。

- 提升性能和穩定性

  - **減少載入時間**：優化產品性能，減少頁面載入時間和響應延遲，提升使用者的體驗。畢竟現在的使用者越來越沒有耐心，一個 App 如果載入影片超過五秒，大部分的使用者就直接關掉 App 了。

  - **確保穩定性**：避免產品意外停止、錯誤或其他技術問題，影響使用者完成任務。

  - **跨平台兼容性**：確保產品在不同的設備和平台上都能順暢運行，提供一致的使用者體驗。

第三章

面對堆積如山的待開發功能：
不藏私的產品需求管理藝術

「這產品待開發清單是無底洞吧？哪輩子才做得完啊！」一位工程師同事在看到有那麼多開發需求後曾經這樣跟我哀嚎，其他的同事們也紛紛贊同。我還記得之前在日本的亞馬遜工作時，工程經理直接告訴我目前開出來的功能需求給我的團隊三年我都做不完，仔細進系統一看，那張待辦清單確實已經長到可以拿來當作《航海王》的航海日誌了，感覺永遠也航行不到終點。

別傻了，親愛的，你隨便出去問一圈，如果產品是軟體服務，像是網站和 App，哪個產品的功能清單不長，新功能像雨後春筍永遠冒個不停，再加上使用者與測試工程師回報各種 bug，就算你的團隊都是程式高手也不可能做完啊！

所以，別再幻想「做完」這件事了！優秀的產品經理，追求的不是把所有功能都塞進產品裡，而是判斷哪些功能才是最重要的，哪些可以先放一邊之後再處理。就像在吃到飽餐廳，你不可能每道菜都吃，而是要挑選最想吃、最划算的菜色，才能吃得盡興又不會撐死自己。

產品經理的工作，不只是為產品開需求訂規格，更重要的是幫產品功能「斷捨離」，並且將這些功能進行「排隊」，排出一個對使用者、對公司最佳的實作順序，持續交付給使用者，最大化使用者與公司利益。但問題來了，面對這堆積如山的待辦事項，到底要從哪裡下手呢？

別擔心，這個章節會介紹幾個實用的「優先級排序工具」，讓你輕鬆判斷哪些功能是 VIP，哪些可以先排候補。每一個工具就像武林秘笈，每個都有獨門絕招，有它的好處跟限制，在本章節中會一一介紹！

圖 3-1　堆積如山的產品功能待開發清單

狩野模型：產品功能的「民意調查」

介紹狩野模型之前，貼心地提醒您，如果想要使用這個方法，需要通過問卷的方式來作為基礎，然後根據問卷的結果將不同的功能進行優先級的分類。狩野模型是東京理工大學教授狩野紀昭（かのう のりあき）所提出，以分析使用者需求對用戶滿意的影響為基礎，透過在水平和垂直軸上繪制了兩組不同參數決定優先順序的工具，幫助我們更好地理解和滿足客戶需求，並提高客戶滿意度。在運用狩野模型時，我們會將所有的需求分成五個種類：

1. **基本需求或必備功能（Must-be Needs）**：如果你的產品沒有這些基本功能，你的用戶滿意度會大幅下降，可以說這些需求是核心需求，如果沒有這些功能，用戶甚至**不會考慮你的產品**作為解決問題的方案。

2. **期望型功能（One-dimensional Needs）**：客戶期望的需求，當你在這些功能上的投資越多，客戶滿意度就越高，如果沒有提供，客戶滿意度會降低，**但仍會繼續使用你的產品**。通常這類需求屬於追求產品更具競爭力的功能。

3. **令人興奮的功能（Attractive Needs）**：這些功能是客戶沒有期望會有的，因此即便沒有提供，客戶滿意度也不會下降，但是如果提供這類型的功能就會讓**客戶感到驚喜**。這類功能算是做出差異化與驚艷客戶的重要功能。

4. **無差異功能（Indifferent Quality）**：這類型功能簡單說就是客戶不在意的功能，有跟沒有都沒差，所以不應該浪費資源在這類型功能身上。身為初階產品經理常常覺得產品的功能要越多越好，但漸漸地會發現，簡單才是最難的，要讓產品簡單才是一種藝術。

> 「簡單比複雜更難：你必須費盡心思，讓你的思想更單純，讓你的產品更簡單。但是這麼做最後很有價值，因為一旦實現了目標，你就可以撼動大山。」
> —— 賈伯斯（Steve Jobs）蘋果公司創辦人

5. **反向型功能（Reverse Quality）**：這類型功能很特別，提供了反而招致客戶滿意度下降，這也是我非常喜歡狩野模型的原因，可以指出那些功能應該避免，例如有時候我們不小心過度追求商業上的目的，反而會造成使用者滿意度下降，例如：我相信大家都很討厭蓋板廣告，有些蓋板廣告甚至點擊關閉還是被導到廣告商網頁，這些都會對使用者滿意度造成影響。

使用方法

1. **篩選功能**：由於這個方法需要透過問卷來實現，在問卷裡不太可能把所有的功能都列出來讓使用者作評估，沒有人會願意填一份需要 30 分鐘的問卷調查，因此第一步是透過經驗篩選出哪些是需要排序優先級的功能，通常會盡量控制在 10 個以內。

2. **設計問卷**：問卷調查的問題需包括正向和負向的問題，可以用五點量表（非常滿意，滿意，一般，不滿意，非常不滿意）或是滿意度評分 1-5 分來劃分，以了解使用者對於不同功能的滿意程度。

- **功能型問題（Functional Question）**：如果產品有這個功能，你會覺得如何？（喜歡、必須要有、無所謂、可以接受、不喜歡）

- **功能缺失型問題（Dysfunctional Question）**：如果產品沒有這個功能，你會覺得如何？（喜歡、必須要有、無所謂、可以接受、不喜歡）

Example

	喜歡	必須要有	無所謂	可以接受	不喜歡
如果產品有...功能，你會覺得如何?					
如果產品有**更多的**...，你會覺得如何?					
如果產品**沒有**...功能，你會覺得如何?					
如果產品有**更少的**...，你會覺得如何?					

圖 3-2　狩野模型問卷範例

3. **數據清理**：在收集問卷結果後，針對不同使用者的背景初步排除非目標客戶的填答，例如這是一個專為有健身需求打造的服務，就必須要把沒有健身需求的人所填的答案剔除，並排除亂回答或前後回答不一致的答案，確保問卷的結果是可信的。

4. **將每一個功能建立出統計表**：針對每一個功能，將客戶的回答整理成統計表：

功能	功能型問題回答	功能缺失型問題回答	統計數量
	喜歡 (Like)	喜歡 (Like)	
	必須要有 (Must-Be)	必須要有 (Must-Be)	
	無所謂 (Indifferent)	無所謂 (Indifferent)	
	可以接受 (Live With)	可以接受 (Live With)	
	不喜歡 (Dislike)	不喜歡 (Dislike)	

圖 3-3　KANO 統計表

5. **計算 Better-Worse 係數**：

計算公式是先分別算出 Better 係數與 Worse 係數再把兩個數相減。

計算 Better 係數：

- Better 係數 =（喜歡 + 必須要有）/ 總回答數
- Better 係數代表用戶對該功能的滿意程度。

計算 Worse 係數：

- Worse 係數 =（不喜歡 - 必須要有）/ 總回答數
- Worse 係數代表用戶對該功能缺失的不滿意程度。

計算 Better-Worse 係數：

- Better-Worse 係數 = Better 係數 - Worse 係數

6. **功能分類**：根據問卷回收結果與 Better-Worse 係數的解讀，將功能進行分類。

- **令人興奮的功能（Attractive Needs）**：
  - **Better-Worse 係數高（通常 > 0.5）**：表示用戶對此功能有高度期待，若能提供將大幅提升滿意度。

- ■ 功能缺失型問題回答為「無所謂」：用戶並未預期會有此功能，但若提供會感到驚喜。

- ■ 例子：健身 App 中的 AI 虛擬教練、社交軟體中的擴增實境功能。

- 期望型功能（One-dimensional Needs）：

    - ■ Better-Worse 係數中等（通常 0 - 0.5）：表示用戶對此功能有一定期待，功能表現越好，滿意度越高。

    - ■ 功能缺失型問題回答為「不喜歡」：用戶認為此功能是基本要求，若缺失會感到不滿。

    - ■ 例子：電商平台的快速到貨、手機的續航力、居家攝影機的畫質。

- 基本需求或必備功能（Must-be Needs）：

    - ■ Better-Worse 係數低（通常 < 0）：表示此功能是基本要求，若缺失會嚴重影響用戶滿意度。

    - ■ 功能缺失型問題回答為「必須要有」：用戶認為此功能是產品必備的，沒有則無法接受。

    - ■ 例子：通訊軟體的訊息傳送功能、汽車的安全氣囊。

- 無差異功能（Indifferent Quality）：

    - ■ Better-Worse 係數接近 0：表示此功能對用戶滿意度影響不大，有無皆可。

    - ■ 功能型問題和功能缺失型問題回答皆為「無所謂」：用戶對此功能沒有特別喜好或期待。

    - ■ 例子：App 中的背景音樂、智慧音箱的相機功能。

- 反向型功能（Reverse Quality）：

    - ■ Better-Worse 係數低（通常 < 0）：表示此功能的存在反而會降低用戶滿意度。

    - ■ 功能型問題回答為「不喜歡」：用戶不希望產品有此功能。

    - ■ 例子：App 中的蓋板廣告、網站上強制彈出的視窗。

實際使用看看！

看完是不是覺得頭昏腦脹？想說也太複雜。其實沒有想像中的困難，讓我們手把手做一次，用一個簡化的例子來實際操作一遍狩野模型吧！

> 假設我們正在開發一款健身 App，其中一個功能是「虛擬教練」，可以根據用戶的目標和身體狀況，提供個性化的訓練計畫和飲食建議。

步驟一：設計問卷

我們設計了以下兩個問題：

- **功能型問題**：如果這款健身 App 有「虛擬教練」功能，你會覺得如何？

  - 喜歡

  - 必須要有

  - 無所謂

  - 可以接受

  - 不喜歡

- **功能缺失型問題**：如果這款健身 App 沒有「虛擬教練」功能，你會覺得如何？

  - 喜歡

  - 必須要有

  - 無所謂

  - 可以接受

  - 不喜歡

步驟二：收集數據

我們向 200 位目標用戶發放問卷，最後回收 128 份問卷，進行數據清理後得到有效問卷 100 份，得到以下結果：

功能	功能型問題回答	功能缺失型問題回答	統計數量
虛擬教練	喜歡 (Like)	喜歡 (Like)	10
	必須要有 (Must-Be)	必須要有 (Must-Be)	40
	無所謂 (Indifferent)	無所謂 (Indifferent)	20
	可以接受 (Live With)	可以接受 (Live With)	20
	不喜歡 (Dislike)	不喜歡 (Dislike)	10

圖 3-4　問卷結果範例

步驟三：計算 Better-Worse 係數

- Better 係數 =（喜歡 + 必須要有）／ 總回答數 =（10 + 40）/ 100 = 0.5

- Worse 係數 =（不喜歡 - 必須要有）／ 總回答數 =（10 - 40）／ 100 = -0.3

- Better-Worse 係數 = Better 係數 - Worse 係數 = 0.5 -（-0.3）= 0.8

步驟四：分析結果

「虛擬教練」功能的 Better-Worse 係數為 0.8，屬於高正值，表示這是一個「興奮型需求」。使用者對這個功能有高度期待，如果能提供，將大幅提升他們的滿意度。因此，我們應該優先開發這個功能。

使用狩野模型的心得

1. 狩野模型問卷可以告訴我們各種功能的分類，甚至可以找出哪些功能對使用者沒幫助或是會產生負面影響，這是其他模型做不到的。

2. 狩野模型的問卷設計可能需要花費大量時間，因為要在問卷內想辦法把每一個功能描述清楚，讓用戶理解正在進行調查的是什麼功能，才能使這份問卷結果是可信的。

3. 收集的樣本數量要夠多，確保統計結果的可靠性。

狩野模型是一個科學有效地理解客戶需求並排序產品功能的工具，可以幫助產品經理把有限的資源投入在值得開發的功能上，提供更高的客戶滿意度，並提高市場競爭力。狩野模型的挑戰則是礙於問卷的限制，不能夠將所有的功能都放進評估中，且需要花費時間來設計與分析問卷結果。

延遲成本：產品功能的「拖延症」診斷書

你是否曾因為拖延症，錯過重要截止日期，導致損失慘重？你知道嗎？產品功能也有拖延症！每個功能的延遲上線，都可能讓公司錯失商機、用戶流失，甚至被競爭對手超車。時間就是金錢，想像一下，你開發了一個能幫公司每天多賺十萬元的超強功能，但因為各種原因，這個功能遲遲無法上線。每拖一天，公司就損失十萬塊，這就是這個功能的「延遲成本（Cost of Delay）」。延遲成本就像一個計時炸彈，提醒你時間就是金錢，拖得越久，損失越大。

既然如此，某些重要功能拖越久上線損失越大，那這個功能是不是應該要優先進行開發，讓上線時間早一點呢？延遲成本就基於這個方式來定義出產品需求的優先順序。

延遲成本就是產品功能的「拖延症」診斷書，它能幫你算出每個功能延遲上線的「金錢代價」，讓你清楚看到拖延的後果，進而做出對公司最有利的需求功能優先排序。

使用方法

當然，要精準計算每個功能的延遲成本，就像算命一樣，需要一些「掐指一算」的技巧。你需要對每個功能進行以下三個靈魂拷問：

1. 價值多少？如果產品現在就擁有這個功能，它能為公司帶來多少價值？

2. 早買早享受，晚買享折扣？如果這個功能提前完成，它的價值會提高多少？

3. 坐失良機？如果比計劃延遲完成，它會讓公司損失多少？產生多少成本

回答完這三個問題，你就可以像算命師一樣，算出每個功能的「身價」。當然，算得準不準，就看你的功力了！

實際使用看看！

讓我們以電商平台為例，來看看延遲成本如何在產品需求管理中發揮作用，這是一個簡化的情境：假設你是該電商平台的產品經理，手上有三個待開發功能：

● 功能 A：一鍵購物功能，預估能提升 5% 的轉換率。

● 功能 B：個人化商品推薦功能，預估能提升 3% 的客單價。

● 功能 C：優化結帳流程，預估能減少 20% 的購物車放棄率。

這三個功能都很重要，但開發資源有限，你該如何決定優先順序？

延遲成本分析

1. 功能 A：一鍵購物

    *   **價值**：根據目前的網站流量和平均訂單金額，預估該功能上線後，每月能為公司帶來 100 萬元的額外收入。

    *   **提前完成價值**：若能提前一個月上線，就能多賺 100 萬元。

    *   **延遲完成成本**：每延遲一個月上線，就損失 100 萬元。

    *   **延遲成本（CoD）**：100 萬元／月

2. 功能 B：個人化商品推薦

    *   **價值**：根據目前的網站流量和平均客單價，預估該功能上線後，每月能為公司帶來 50 萬元的額外收入。

    *   **提前完成價值**：若能提前一個月上線，就能多賺 50 萬元。

    *   **延遲完成成本**：每延遲一個月上線，就損失 50 萬元。

    *   **延遲成本（CoD）**：50 萬元／月

3. 功能 C：優化結帳流程

    *   **價值**：根據目前的購物車放棄率和平均訂單金額，預估該功能上線後，每月能為公司挽回 80 萬元的損失。

    *   **提前完成價值**：若能提前一個月上線，就能多挽回 80 萬元。

    *   **延遲完成成本**：每延遲一個月上線，就多損失 80 萬元。

    *   **延遲成本（CoD）**：80 萬元／月

決策

根據 CoD 分析，功能 A 的延遲成本最高，表示它對公司的影響最大。因此，我們應該優先開發功能 A，其次是功能 C，最後是功能 B。

使用延遲成本的心得

延遲成本可以讓我們更清楚地看到每個功能的「價值」和「急迫性」，並且解決產品功能的「拖延症」。不過我個人並不推薦剛入門的產品經理使用這個方法，因為延遲成本並沒有區分「商業價值」與「使用者的價值」，在實際操作上，有時候一個功能的商業價值與使用者價值並非完全一致。例如強迫使用者看完廣告的功能，以金錢衡量是重要的（增加收入），但對使用者來說卻是負面的（影響使用體驗）。身為產品經理，我們除了要滿足商業目標，**也需要將使用者需求放在第一位**，延遲成本單純以金錢作為衡量，沒有考慮其他因素，如使用者需求、開發難度、資源限制等等。另外，這個方法高度仰賴估值方法，在功能正式上線前，功能的金錢價值都只能是估計值，由於估計的方法很多，可能會導致團隊內對於功能的價值估計結果產生意見分歧，反而需要花更多時間進行討論與溝通，才能做出大家都可以接受的結論。

莫斯科法則：產品功能的「殘酷舞台」

看完前面兩種方法，一個發問卷，一個花時間估值，你心想：「有沒有更簡單跟快速的方法？」那就不能錯這個自由度非常高的莫斯科法則（MoSCoW Method）。莫斯科法則就像是腦筋急轉彎 2 電影裡面的樂樂，每天檢視各種發生的事件，把最好的留下，直接用發射器把不好的回憶拋到最後。而莫斯科法則也是協助我們分類出需求的重要性，幫助我們在有限的資源下，選出最閃耀的明星功能。

> 「我們保留最好的，然後丟掉多餘的。（We keep the best and toss the rest.）」
>
> —— 樂樂《腦筋急轉彎 2》

莫斯科法則的名稱來自四個英文單詞的首字母，分別代表了不同優先順序的需求：Must-have（必須擁有）、Should-have（應該擁有）、Could-have（可以擁有）和 Won't-have（不需要擁有）。

- **Must-have（必須擁有）**：對產品的成功必不可少的需求。如果缺少了這些需求，產品將無法交付或達到核心目標。在莫斯科法則中，這類型的需求是最高優先，團隊必須確保這些功能可以被優先執行。

- **Should-have（應該擁有）**：這些需求是重要但不是關鍵的。它們可以等到必須擁有的需求確保滿足後再考慮實現。通常這些需求會在後續階段或版本中實現，以確保產品持續優化。

- **Could-have（可以擁有）**：這些需求是有價值但非必要的。它們通常被視為優先順序較低的需求，只在時間和資源允許的情況下才會考慮實現。如果有額外的時間或資源，則可以考慮實現這些需求，但它們不應影響到必須擁有的需求。

- **Won't-have（不需要擁有）**：這些需求在當前的項目範圍內是不必要的。它們通常被排除在目前的產品規格之外，因為它們不對產品的成功有實質性貢獻。這些需求可能會在未來的項目版本中考慮，但不應影響當前項目的優先順序。

使用方法

莫斯科法則的方法就像是對選秀節目的選手進行評審，幫你評選出最值得投資的功能。

1. **召集評審團**：找來產品團隊、開發團隊、行銷團隊等相關人員，一起討論每個功能的重要性。

2. **評分標準**：根據功能對產品目標、使用者需求、商業價值、開發成本等因素進行評分，這裡正式莫斯科法則提供的自由度，要如何制定評分標準，可以讓與會的團隊們自己決定。可以根據現在產品的不同階段或是這次需求們的特性做出客製化的調整。

3. **選出明星與殘酷淘汰**：依據評分標準結果將得分最高的功能歸類為「必須擁有 Must have」，全力打造。將得分最低的功能歸類為「不需要擁有 Won't have」，告訴他一聲加油好嗎，之後忍痛割愛。

實際使用看看！

讓我們通過美食 App 的例子來看看莫斯科法則如何應用吧！假設一個軟體開發團隊正在開發一個新的移動應用程式，該應用程式現在有五個待開發功能，產品經理正在苦惱於如何決定哪些功能應該優先實作。

1. **召集評審團：**

   首先，我們邀請了各個部門的代表組成評審團，包括：

   - **產品經理**：從用戶角度出發。

   - **工程師**：評估開發難度和時程。

   - **行銷經理**：深諳市場趨勢，能分析功能的商業價值。

   - **UI/UX 設計師**：能確保功能的視覺呈現。

2. **定義評分標準：**

   評審團經過一番討論與唇槍舌戰後，訂出了四大評分標準：

- **使用者需求（40%）**：這個功能是否解決了用戶的痛點？用戶有多需要它？

- **商業價值（30%）**：這個功能能為公司帶來多少收益？能提升多少用戶黏著度？

- **開發成本（20%）**：這個功能的開發難度如何？需要多少時間和資源？

- **創新性（10%）**：這個功能是否具有獨特性？能否讓產品脫穎而出？

3. 討論結果：

評審團針對每個功能，根據評分標準進行熱烈討論。

- **餐廳搜尋功能**：大家一致認為這是必備功能，沒有它，用戶根本無法找到想吃的餐廳。

- **線上訂位功能**：這也是必備功能，能讓用戶省去打電話訂位的麻煩，提升用戶體驗。

- **用戶評價功能**：這能幫助用戶做出更好的選擇，也能提升餐廳的曝光率，具有重要價值。

- **美食推薦功能**：這能讓用戶發現更多美食，增加使用樂趣，但並非必要。

- **AR 虛擬試菜功能**：這雖然很酷炫，但開發成本高，且使用者需求不明確，暫時不考慮。

4. **淘汰與明星誕生：**

經過評審團的嚴格評選與討論，最終結果出爐：

- **Must have（必須要有）**：餐廳搜尋功能、線上訂位功能

- **Should have（應該要有）**：用戶評價功能

- **Could have（可以有）**：美食推薦功能

- **Won't have（這次不會有）**：AR 虛擬試菜功能

使用莫斯科法則的心得

莫斯科法則的好處是簡單且自由程度高，它提供了一套流程與方法，沒有限制細節，關於應該找哪些人參與會議，如何設定優先順序的評量方法，到最後的判定標準都可以讓團隊按照自己公司的狀態進行調整。我認為這個方法提供了高自由度但過度簡化，既是優點也是缺點，如果沒有足夠的經驗，容易造成需求的分類和優先順序是主觀而非客觀，可能會因為利益關係人的看法不同而導致結果不同。此外，如果不小心找了老闆加入討論，最後可能變成是仰賴老闆的直覺，最後的優先順序只是老闆心裡想要的執行順序而非真正商業上價值或使用者的需求。

RICE 模型：產品功能的「計分表」

根據我的工作經驗，如果要問那個需求管理方法最受到外商青睞，我會說非 RICE 模型莫屬，RICE 模型是在業界非常主流的產品優先及管理辦法，雖然有點複雜，但你一定要會！

RICE 是一個基於理性務實科學的方式，直接定義出產品優先級需要考量的四個要素來進行優先級評估：

1. **Reach**（觸及人數）：這個功能預計會影響多少用戶？用戶數越多，得分越高。

2. **Impact**（影響程度）：這個功能對使用者或業務的影響有多大？影響越大，得分越高。

3. **Confidence**（信心水準）：你對這個功能的預估有多大的信心？信心越高，得分越高。

4. **Effort**（所需投入）：這個功能需要多少時間和資源來開發？投入越少，得分越高。

使用方法

RICE 模型的使用方法分成三個步驟：

1. **量化評分**：為每個功能的四個面向打分，分數越高越好。

2. **計算總分**：將四個面向的分數透過公式：（Reach x Impact x Confidence）/ Effort，得出每個功能的 RICE 總分。

3. **排名優先順序**：根據 RICE 總分，對功能進行排序，得分最高者優先開發。

圖 3-5　RICE 公式

RICE 模型實際操作的第一步驟：量化評分是很多產品經理的困擾，我一開始想運用 RICE 模型的時候也覺得量化這些數字有點困難，因此想跟大家分享一下這四個數值的量化小技巧！

- **Reach（觸及人數）**：當我們在設計產品功能其實並不是滿足所有的使用者，而是針對某部分使用者的需求，因此每個功能的目標用戶是不一樣的，我們可以透過不同目標客戶的切分方法，算出該功能在全部產品使用者中所佔的比例。例如我們在做一個健身 App，需要連結 Inbody 數據的使用者是家裡自己

有一台體脂計的使用者、上傳每日飲食照片是有飲食控制需求的使用者、生理期日曆是針對生理女性使用者等等，一種方式是直接使用這些目標客戶的分群數字做為觸及人數的量化數據，例如：5 萬人、2 萬人、18 萬人；另一種方式則是每個群體的使用者數除以全部使用者數（假設全體用戶 50 萬人），可以得到一個比例，例如：10%、4%、36%，再使用 10、4、36 當作觸及人數的量化數據。

- **Impact**（影響程度）：影響力的量化相對上較為困難，我自己喜歡使用的方法是先定義出每個功能想達成的商業目標，然後依照其商業目標與公司 OKR 對比後進行量化。例如：上傳每日飲食可以增加多少 % 的產品使用率，生理期日曆可以將 8% 的一般使用者轉換成重度使用者等等，然後和公司的商業目標對比，分出影響力（例如分為 1–5 分）。

- **Confidence**（信心水準）：信心可以量化？信心不是每個人自己的主觀認定嗎？確實如此，很多產品經理在使用 RICE 模型時，信心水準很常仰賴自己的經驗或是直覺：「我覺得我有 80% 的信心 ...」就給出分數。但信心水準也可以使用量化的數字，而最佳的信心來源就是驗證的資料，例如從客戶訪談或是問卷調查的結果中找出每個功能對使用者的重要性評分；或是依照問卷針對功能有用度的平均分數當成信心量化指標。

- **Effort**（所需投入）：這裡的所需投入除了工程團隊所需的開發資源，有些人會建議要同時考慮產品、行銷、設計的時間。量化方式包括估計每個功能需要多少人天，多少 Sprint 點數等等。

實際使用看看！

讓我們回到美食 App 的例子，這次用 RICE 計分法來評選功能：

功能	Reach (觸及人數)	Impact (影響程度)	Confidence (信心水準)	Effort (所需投入)	RICE 總分
餐廳搜尋功能	1000	3	80%	20	4800
線上訂位功能	800	4	90%	30	8640
用戶評價功能	600	2	70%	10	840
美食推薦功能	500	1	60%	15	450
AR 虛擬試菜功能	200	5	50%	50	2500

圖 3-6　RICE 評分範例

根據 RICE 總分，優先順序為：線上訂位功能 > 餐廳搜尋功能 > AR 虛擬試菜功能 > 用戶評價功能 > 美食推薦功能。

使用 RICE 模型的心得

RICE模型不僅考慮了功能對用戶和業務的影響，還考慮了開發成本和信心水準，而且透過量化的方式可以最小化我們的主觀影響，讓我們做出更全面、更客觀的決策，難怪 RICE 模型是許多外商與大企業會常用的框架之一。如果要説 RICE 模型有什麼不足的話，就是它並沒有考慮緊急性。某些情況下，緊急性可能是關鍵因素，例如：發紅包的功能必須要趕上農曆春節的行銷活動，這時候如果在做需求優先排序時忘記考量緊急性，按照 RICE 的優先順序實作，等發紅包功能開發完才發現都準備清明節掃墓了！

價值與難度象限：產品功能的「優先管理矩陣」

如果 RICE 模型在實際操作上太過困難，這裡我們來介紹一個簡化版。在開始介紹之前，你知道在時間管理的理論裡有一個著名的時間管理矩陣嗎？將每天需要處理工作，以「重要程度」為縱軸，「緊急程度」為橫軸，劃分成四個象限。同樣的概念，我們把這個模型簡化成「價值」與「難度」。

使用方法

我們將功能以「價值」為縱軸，「難度」為橫軸畫出一個十字象限，分為「價值高但難度高」、「價值高且難度低」、「價值低且難度低」、「價值低卻難度高」四種象限。這裡的價值，包括了為客戶帶來的價值與對商業策略跟目標的貢獻。排序的優先順序會是以「價值高且難度低」的功能最優先，再來則會再依據情況，考慮「價值高但難度高」跟「價值低且難度低」的功能。

實際使用看看！

讓我們假設現在是一個記帳 App 的產品經理，現在有六個功能：

1. **收支紀錄與分類**：讓使用者記錄每日的收入和支出，並依照不同類別（如飲食、交通、娛樂等）進行分類。

2. **預算設定與提醒**：可設定每月或每週的預算上限，當消費接近或超過預算時，App 會發出提醒通知，幫助使用者控制花費。

3. **圖表分析與報表**：將記帳資料轉換成易懂的圖表或報表，讓使用者清楚了解自己的消費習慣，例如哪個類別花費最多、每月收支變化趨勢等。

4. **連動銀行帳戶管理**：可連結銀行帳戶或信用卡，自動匯入交易資料，省去手動記帳的麻煩，並能掌握各個帳戶的餘額。

5. **發票掃描與對獎**：利用手機相機掃描發票上的 QR code，自動記帳並對獎，省下整理發票的時間，還有機會中獎。

6. **AI 財務顧問**：將記帳資料進行分析，並使用 AI 作為私人財富管理顧問。

我們將這六個功能釐清其對使用者與公司的價值並與相關部門討論執行難度後，用價值與難度象限來排序功能：

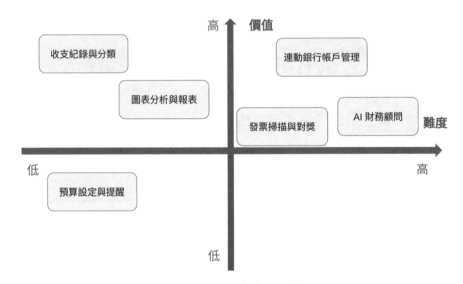

圖 3-7　價值與難度象限範例

透過這個方法，我們可以很直接地透過這個象限找到優先開發的功能應該是收支紀錄與分類、圖表分析與報表，接著再做連動銀行帳戶管理、發票掃描與對獎，最後再開發預算設定與提醒、AI 財務顧問。

使用價值與難度象限的心得

這個框架的好處是比 RICE 模型簡單，透過視覺化的方式讓大家一目了然，同時也可以加以變形，讓每個產品團隊去思考哪些因素要納入象限考量，例如對於價值

都差不多的一些待辦功能，是否可以換成風險、後續維護成本等等，依照產品種類的不同進行調整。價值與難度象限的使用時機是想知道這些功能順序的大概位置，如果不需要很明確地透過框架來決定每一個功能的優先級，價值與難度象限是一個非常好的選擇！

同場加映

買功能（Buy a feature）

買功能這個方法有趣的地方在於可以邀請客戶或是利害關係人（老闆、投資人）一起參與，是我個人覺得最有趣的方法。首先會召集一個會議，清楚介紹每個待開發的功能，介紹完以後每個人會分配到固定的錢（例如 100 元），**想像如果自己是客戶，可以自由地決定要花多少錢購買不同的功能**，可以每個功能都想要，把錢平均分配給所有功能，也可以把所有錢花在同一個功能上，唯一的條件就是錢要花完。最後再加總每個功能得到的錢，就可以知道大家對於不同功能的期待，金額越高的應該越優先開發。

買功能的使用時機是設計新產品的「最小客戶喜愛產品」（Minimum Lovable Product），或是某些客戶的意見非常重要的時候，買功能方法可以直接告訴我們哪些功能是使用者最想要的，簡單直覺！不過隨著產品越來越成熟，規劃優先級所需要考量的因素會越來越多，這個方式就沒有這麼適合。不過因為這個方法有趣且容易執行，當大家都親自參與，也一起計算出每個功能需要大家願意花多少錢買，是一個相對容易取得共識的方法。

在產品開發的旅途上，我們探索了六種實用的需求管理框架，它們幫助我們去蕪存菁，協助產品經理在紛繁的需求中，找到最符合產品願景、目標客群以及商業價值的開發路徑。然而，正如航海需要面對變幻莫測的海象，產品開發也必須面對瞬息萬變的市場環境、技術革新，甚至是團隊內部資源的調整。因此，優先級排序絕非一成不變的鐵律，而是需要隨著這些內外部因素的動態變化，保持彈性與適應性。切記，優先級排序是一個持續性的過程，而非一次性

的決策。產品經理應當定期審視產品路線圖，重新評估各項功能的優先級，確保產品開發方向始終與市場需求、公司策略以及團隊能力保持一致。此外，在調整優先級時，除了參考這些框架，更要注重與團隊成員、利益關係人充分溝通，讓每個人都了解決策背後的考量，共同為產品的成功努力。

老闆靈光乍現的需求？面對隕石開發的生存指南

曾經在業界打滾數年的產品經理、專案經理或工程師們，在了解前面的需求管理框架後，通常都會有這樣的問題：「雖然原本有開發的優先級，但好像每次遇到老闆臨時說要加這個功能，就會被打亂整個順序和步調，到底該怎麼辦？」

大家一定都有遇過類似的經驗：當你正在埋頭處理手邊的工作，老闆卻突然一臉興奮地走到你的座位旁，滔滔不絕地分享他那「驚為天人」的點子。他眼中閃爍著光芒，彷彿已經看到產品改頭換面，市場為之瘋狂的景象。他迫不及待地說：「這點子太棒了！馬上開始做，我要在下個月就看到它上線！」然後帥氣地轉身走人，只留下驚慌錯愕的你。你只好開始跟其他團隊溝通，要改成做這個，然後工程師也好，設計師也罷，每個人都氣沖沖地說為什麼都這時侯還在規格大改，甚至是調整方向。

在日本，這樣的故事被戲稱為隕石式開發（メテオフォール型開　），形容這些如「天神般存在的老闆」突如其來地下震撼彈般的想法，要求改變產品的功能或是方向，這些想法就像隕石一樣直接砸了下來，破壞既定的計畫，要團隊重新開始或是變更正在工作的內容，小的隕石可能會破壞目前的開發工作跟流程，大的隕石則可能破壞團隊之前的努力，讓做到一半的成品直接作廢重頭再來，甚至導致最後專案難產。

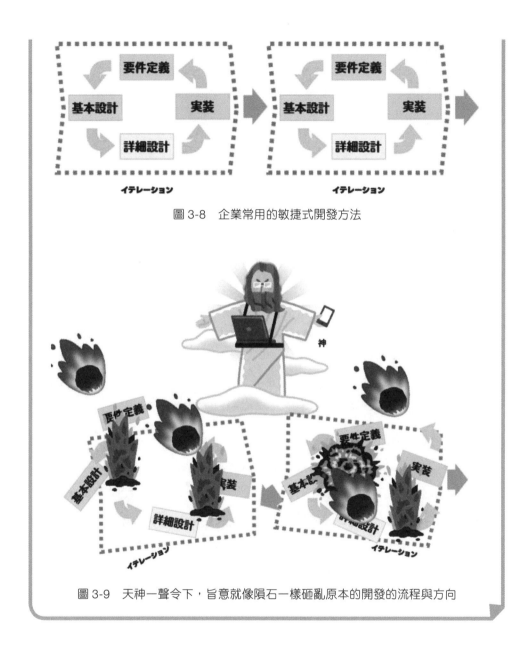

圖 3-8　企業常用的敏捷式開發方法

圖 3-9　天神一聲令下，旨意就像隕石一樣砸亂原本的開發的流程與方向

1　資料來源：https://eiki.hatenablog.jp/entry/meteo_fall

為什麼會有隕石？

在開始處理臨時插進來的需求之前，我們應該先試著站在老闆的角度思考，了解為什麼會有這些隕石出現，他們會這麼焦急不顧一切改變策略的原因主要有四種。

1. **資訊焦慮**：在這個資訊爆炸的時代，老闆們每天都被海量的資訊轟炸。當老闆每天接觸到這麼多不同的新資訊，會對產品現況或是未來感到焦慮，也因此看到不同的資訊觸類旁通或是靈光乍現。想像一下，老闆昨天參加了某場應酬聚會，跟客戶或投資人聊到某個市場很有未來，大家酒酣耳熱越聊越起勁，隔天醒來覺得不能錯過這股浪潮，應該立刻抓住這波商機。又或者，老闆在抖音上滑到商業大師分享某某企業的成功案例短影音，讓他看了之後躍躍欲試，加上打開 Facebook 上看到某篇吸睛的同類型商品廣告又推出新功能，都會讓他懷疑公司的產品跟方向是不是已經落後一大步了。老闆每天接觸這麼多新東西，這些資訊碎片在老闆腦海中不斷碰撞、發酵，最終形成一股強烈的資訊焦慮。他看著產業日新月異，自己的產品卻沒有明顯進展，不禁心裡一急，恨不得今天做這個，明天做那個，於是「隕石」就這樣砸了下來。

2. **風險承受度**：創業維艱，老闆們每天都在與時間賽跑。看著資金如流水般嘩啦啦地流出，他們的心中總是燃燒著熊熊的不安。每一個新想法，在他們眼中都是扭轉乾坤的潛力股，恨不得立刻變現。時間就是金錢，老闆們深知這一點。他們渴望在最短時間內看到成果，驗證自己的決策。於是，當一個「點子」閃現，他們便會一股腦地投入其中，恨不得調動所有資源都為它服務。在這種「速戰速決」的心態驅使下，原本的計畫、正在進行的項目，都可能被老闆拋諸腦後。畢竟，在他們眼中，只有快速實現新想法，才能抓住稍縱即逝的機會，新想法的「隕石」就砸到產品團隊頭上。

3. **外部環境變動**：商場如戰場，瞬息萬變。有時，隕石並非來自老闆的靈光乍現，而是外部環境的突然改變。像是一封措手不及的律師函、App Store 突如其來的政策調整、甚至國際法規的更新像是歐洲 GDPR、中國伺服器全面在地

化等等，都可能讓公司陷入危機。當危機來襲，老闆們就像熱鍋上的螞蟻，急於尋找應對之策。原本的產品規劃、開發進度，在他們眼中都成了次要問題。如何化解危機，保住公司的命脈，才是當務之急。於是，緊急任務如「隕石」般砸下，打亂了團隊的節奏。

4. **資訊不透明**：這裡指的資訊不透明是「下對上的不透明」。老闆們每天都很忙，有各種大小事情需要處理跟決定，不能期待他們對公司每個員工的工作內容與進度瞭如指掌，如果產品經理沒有與老闆保持密切溝通，讓老闆了解產品背後的動機和目標，產品策略的制定方法與過程，開發的難度、風險與成本，就很容易讓老闆對團隊的執行能力產生誤解，並開始以他自己的直覺或過去經驗下指導棋，各種「隕石」直接變成流星雨。

面對隕石開發的密技

了解隕石發生的背後原因後，如果遇到突然掉下來的隕石也不用慌張，今天就來跟大家分享身為產品經理，應該如何面對臨時提出來的需求，做出妥善的處理。隕石的形式通常是一個模糊的功能想法，來自於老闆的一兩句話，缺乏足夠的資訊，甚至也摸不清老闆腦中的想像到底是什麼。其實，每一個新的想法的背後都包含五大假設，我們需要做的是協助老闆在正式進入開發之前抽絲剝繭，釐清這五大假設，才能有效的面對它，接受它，處理它，放下它。這五大假設分別是：使用者問題的假設，目標客戶的假設，情境的假設，解決方法的假設與影響的假設。

- **使用者問題（Problem）**：當老闆的想法背後想要解決客戶或公司什麼問題？這個問題在老闆心中有多嚴重？對目標客戶有多嚴重？了解背後的問題，才能真正了解隕石的根本。

- **目標客戶（User）**：這個新功能在解決哪些使用者的問題？這些使用者的輪廓是什麼？這些目標客戶佔全體使用者多少比例？

- 情境（Scenario）：在什麼樣的情境下使用者會遇到這個問題？問題發生的頻率有多高？是每天／每週／每月還是每半年或更久？隨著問題發生頻率的不同，緊急程度跟需要程度也不同。

- 解決方法（Solution）：這個功能為什麼能解決現在的問題？現在的解決方法有什麼缺點與不足之處？老闆提出的解決辦法是不是最佳解，有沒有其他更好的解決方案？

- 影響（Impact）：新功能上線以後，老闆認為可以為公司或產品帶來什麼影響？老闆心裡預期帶來的正向影響會有多大？實際上可能有多大？上線後除了正面影響，會不會有負面影響？

當我們理解每個隕石的五大假設之後，就可以針對不同的情境採取不同的應對策略！

一、使用者問題、目標客戶、情境還不明確

如果和老闆討論後發現，對於問題本身、目標使用者、使用情境等關鍵假設，都還是一團迷霧或是信心不足，你心想「別鬧了，連要解決什麼問題都不知道。」「連使用者會是誰都還搞不清楚。」這時候不妨向老闆提議，先花一點時間驗證這些假設。你可以告訴老闆：「為了確保資源有效運用，我們可以先做些簡單快速的驗證，例如分析現有產品的使用者行為數據、發放問卷調查，或是直接和使用者進行訪談，釐清這些問題。如此一來，不僅能更精準地評估新功能的價值，也可以確認問題的發生頻率與嚴重性、使用者是誰、有多少人等等，以確保投入資源在這次的改動是有價值的。」同時也讓老闆更了解產品開發的流程。如果驗證結果顯示問題確實存在且影響重大，那再以最高優先級投入開發也不遲。同時，工程師也能利用這段時間，先把手邊的工作收尾，為接下來的挑戰做好準備。

二、商業影響不明確

如果經過一番抽絲剝繭，你已經確認問題確實存在，目標使用者和使用情境也清晰可見，但這顆隕石能為公司帶來多大的影響還是一頭霧水，這時別讓老闆的激情沖昏頭，應該用理性的數字讓他冷靜下來，跟第二章提到人類做決策的流程一樣，在感性觸發後，我們可以試著用理性的資料或邏輯進行佐證。

拿出你的數據分析魂，和老闆一起探討這個新點子的投資報酬率（ROI）。別忘了提醒他，如果貿然停下手邊所有工作，全力投入這個未知數，可能會付出哪些代價。

你可以列出幾個情境，例如：

- **最樂觀的情況**：新功能大受歡迎，帶來多少用戶增長、營收提升？

- **最悲觀的情況**：新功能乏人問津，開發資源付諸東流，甚至影響現有產品的穩定性？

- **其他可能的影響**：新功能是否會對品牌形象、用戶體驗、團隊士氣等方面產生影響？

透過這樣的分析，讓老闆更全面地了解投入與產出的關係，重新評估這顆隕石的價值。當老闆從感性的興奮與衝動中抽離，回歸理性的思考，往往會做出更明智的決策。

三、當問題、使用者、情境、商業影響都很明確

當問題、使用者、情境、影響都瞭若指掌，彷彿勝利在望。但先別急著開始動手，此時正是考驗產品經理的時刻。老闆所提出的解決方案，真的是「唯一解」或「最佳解」嗎？有沒有更有效、更創新、更能讓使用者驚豔的方案？產品經理此時應該試著找出各種可能的解決方案，並一一分析其優缺點，再決定產品的方向。別忘了，產品的成功不僅在於解決眼前的問題，更在於為使用者帶來長期價值。

帶著你的分析結果，與老闆展開深度對談。這不僅是展示專業能力的機會，也可以透過充分溝通，找出最適合的產品策略。

四、五大假設都很清楚

在所有的假設都清晰明瞭的情況下，這通常意味著老闆這次的靈光乍現並非一時興起，而是經過深思熟慮的結果。然而，即便如此，我們也不能掉以輕心，畢竟產品開發就像一場馬拉松，節奏和配速同樣重要。

這時，我們應該使用前面介紹過的優先級排序框架，將現有的任務與老闆的新想法重新梳理一遍。這就好比在賽道上調整步伐，確保資源分配得當，不會因為追逐眼前的「兔子」而錯失長遠的目標。透過這些需求管理的框架得出的最新的排序結果（或是邀請老闆一起進行需求排序），得出最新的「產品路線圖」，詳細說明每個任務的重要性、預期效益，以及可能產生的風險。讓老闆明白，有些事情或許更為關鍵，需要優先處理，才能確保產品的長期成功。

老闆執意要做的話…

好的，我知道，你讀到這裡看完上面的應對策略，一定會說：「剛剛的那些都沒用啦，我的老闆不是什麼十倍勝領導人，他就像翁立友一樣堅持，就是執意要我們立刻去做！」身為產品經理如果遇到這種情形，就不要再花時間進行驗證了，因為老闆很明確地就是要看到產品上線，所以一旦開始進入開發階段，就不需要同時花時間進行驗證，因為不論最終的驗證結果如何，產品都也做出來了，所有驗證所花費的時間與精力都只是浪費而已。那產品經理還可以做什麼？

首先，告知老闆可能會犧牲掉哪些事情。時間跟資源總是有限的，就算是請工程師出賣新鮮的肝，能做的事情依舊有限。學著控制正在開發的半成品數量（WIP，Work In Progress），如果太多支線同時展開，會導致每件事都做了一點，但是沒有一項事情真正做完，對用戶來說沒有任何幫助，你的產品也沒有提供任何價值。我們需要設定正在做的工作數量上限，確保在上線時間時有足夠的新功能發佈產品

更新。如果優先做老闆提出來的新需求，那原本預計開發的需求就會受到影響，事前告知老闆除了先打預防針，讓老闆了解風險，也能讓老闆再次衡量這次的隕石是否有價值。

再來，別忘了，**產品是上線之後才開始**！如果希望打造出對使用者真的有幫助的產品，在實作功能時我們應該思考：**如何衡量產品是否成功，並設定衡量指標**，例如：是否透過進行 A／B 測試來檢驗成效、功能的使用率、客戶留存率、轉換率等等，並且在開發的時候把需要收集的使用者資料寫進開發規格中，這樣一來，等到產品上線一段時間後，就可以衡量這顆隕石的成效，看看是否如預期的成功。如果老闆眼光精準，一開始就是對的，那超棒的，但是如果效果不如預期，也不需要灰心，還是可以持續地迭代改進，逐漸將原本的隕石優化成對使用者與公司真正有幫助的鑽石。

隕石太常落下，變成流星雨怎麼辦？

如果老闆的靈感像流星雨般頻繁降臨，而且每次都「不容置喙」，那與其試圖改變老闆，不如改變自己。畢竟，適者生存才是王道。

 身為產品經理，面對很多臨時的需求變動，我們要想辦法成為工程師的依靠。就像 F4 的流星雨的歌詞：「陪你（工程師）去看流星雨落在這產品上，讓你（工程師）的累落在我肩膀。」　── Jacky

既然隕石無法避免，那就讓團隊做好「防撞準備」。在每次的 Scrum 衝刺（sprint）前，預留一部分的緩衝時間，為臨時加的需求做好準備。例如每個衝刺週期預計可以完成 100 個故事點（Story Point），在每次的衝刺待辦清單（Sprint Backlog）裡只安排 80 個點數，先預留 20 個點數給臨時的插件。

你也可以考慮成立一支「隕石特攻隊」，專門分出一小群人負責處理這些突發奇想。這支隊伍就像消防隊，隨時待命，一有狀況就能迅速反應，將隕石的衝擊降到最低。

如此一來，就算需求變動的頻率很高或是臨時插件很多，團隊也能從容應對，讓產品開發的航程更加平穩順暢。

面對隕石的心態

在大部分的產品開發工作中，一定多少會遇到隕石或是臨時緊急需求，與其一味的反對與抱怨，不如重新思考發生的原因以及大家的長遠目標是否一致。在企業裡，每個人都希望能幫助使用者並使產品成功，身為產品經理，不管是功能開發前還是開發後，我們要能在商業數據和用戶研究的基礎上做出最佳決策，而非僅僅依靠直覺與想像。

切記，我們並非要否定老闆的想法，或是覺得不該以最高優先級完成老闆交代的任務，而是希望透過理性的分析和溝通，找到最佳的平衡點。就像《十倍勝，絕不單靠運氣》一書裡提到：「一般大眾都有個迷思：在快速變動的世界裡，必須靠速度取勝，認為天下武功唯快不破。但事實是為了取得領先地位，快速決策，快速行動，不顧一切追求快！快！快！反而會加速自殺。十倍勝領導人會知道何時該快，何時該慢。重視紀律，以穩定的速度前進。」這本書裡還提到一個令人印相深刻的故事，1911 年兩支長征探險隊準備爭相成為全球第一支抵達南極點的探險隊。挪威的隊伍堅持以一致的步調，穩定的速度向前推進，無論天氣好壞，每天堅持前進 15 到 20 哩。即使刮大風下大雪，他們也會堅持往前邁進 15 到 20 哩，而遇到天氣晴朗的時候也不會多走，即使在距離終點僅剩 45 哩的時候，他們仍克制地只走 17 哩，避免過度消耗體力。而另一隻隊伍，則在晴天時拼命趕路，惡劣天氣時就躲在帳篷裡休息。最終，堅守紀律的挪威隊伍率先抵達南極點，而另一支隊伍則在回程中全軍覆沒。挪威隊伍的成功並非運氣，而是他們嚴守「二十哩行軍」的紀律，穩紮穩打，不讓突發狀況影響整體進度。開發產品也是一樣，唯有重視紀律步調穩定一致，才能跑得更長更遠。

第四章

產品快做好了，要賣多少錢？
實現價值最大化：定價的藝術

那天，在辦公室看著一位同事腳上穿著新的運動鞋覺得很好看，我跟他說：「這雙鞋子很好看耶！」

同事說：「對阿！超好穿的，而且不貴。」

我好奇問：「那這雙鞋子多少錢阿？」

同事說：「大概三萬塊台幣左右吧！」

我驚掉下巴，三萬塊還不覺得貴，我不禁好奇這雙鞋有什麼過人之處，也好奇是什麼品牌，於是我繼續問：「這雙鞋是什麼牌子的？」

同事抬起右腳，露出 Logo 說：「哦，是愛馬仕的。他真的很好穿唷 ...」接著開始介紹起這雙鞋子，此時另一個女生同事聽到我們的對話，跳出來贊同表示：「如果是愛馬仕，那三萬真的不貴耶！」

當我還在消化這個「便宜」的概念時，另一個場景浮現腦海。前幾天跟一些朋友在熱鬧的夜市逛街，其中一位朋友看到一雙款式新穎的球鞋，拉著我走到店家前，他拿起來看了一下標籤，皺著眉頭說：「現在夜市的東西怎麼那麼貴？這雙鞋竟然要一千多塊，都可以買兩件衣服了！」於是又把鞋子放回架上，拉著我繼續逛街。

同樣都是鞋子，雖然舒適度與功能性略有差異，但是主要的功能都是保護雙腳，為什麼有人覺得一雙三萬塊很便宜，有人卻覺得一雙一千塊太貴呢？到底什麼是「貴」，什麼是「便宜」，產品的價值究竟如何衡量？

每天我們從早上搭捷運、到咖啡廳買早餐買咖啡、工作時偷偷逛著網拍買衣服、中午在便當店吃飯、下班時經過日式雜貨店買的療癒小物、晚上去餐廳吃飯、回家時遇到下雨買的一把傘，回到家隨處可見的各種物品，這些東西無一沒有價格。不知道你有沒有好奇這些產品的售價是怎麼被決定的？這些產品的定價到底可以為企業帶來多少利潤？

作為產品經理，如果有機會負責從 0 到 1 把產品實現出來，一定會遇到一個問題：我們該如何制定出一個「最好」的價格，既能讓消費者覺得物有所值，又能為公司帶來最大化的利潤？我們都知道，根據經濟學原理，價格跟銷售量成反比，理論上價格越高可以賣出去的總量就越低，而價格越低賣出的數量就越多。因此怎麼為你的產品找到最佳的售價就是定價策略的藝術。定價策略不僅關乎數字，更關乎使用者對於產品價值的理解、產品在市場中的定位，以及企業對消費者心理的掌握。在本章節中，我們將深入探討產品定價的各種策略與方法，以及身為產品經理你必須了解的關於售價的大小事，一起學習如何制定出既能吸引消費者，又能實現利潤最大化的最佳定價策略。

圖 4-1　每個產品都有自己的標價，如何決定的？

成本導向定價法 Cost-plus Pricing

俗話說的好：「砍頭的生意有人做，賠錢的生意沒人做。」如果不知道怎麼定出合理的價格，就先相信你的成本是合理的成本，以商品的成本為基礎，再加上一個金額作為利潤，作為最終的售價。想像一下，你是一個手工皂職人，每一塊手工皂都是你的心血結晶。你算出每塊手工皂的成本是 100 元，那你要賣多少錢呢？「當然是不能低於 100 塊阿，那 ... 就賣 120 塊好了！」這就是所謂的成本導向定價法，也是最常見的策略。這個策略可以分成三種形式：加成定價、目標定價和邊際成本定價。

加成定價：肥皂成本 100 元，那就賣 120 元吧！

這就像小時候玩疊疊樂，在成本的基礎上往上疊加一個固定的百分比，比如說 20%。這種方法簡單易懂，就像在肥皂的成本上再疊一塊 20 元的積木，最終售價就是 120 元。許多中小企業或是市場都愛用這招，因為它不需要複雜的計算，就能快速訂出價格。

目標定價：我要賺 10 萬，那肥皂要賣多少錢？

如果你已經有一個賺錢的明確目標，這種方法就是先設定你總共想要賺多少，再來拆解跟估算出商品的售價。例如，你想一年賺 10 萬元，預計一年可以賣出 2000 塊肥皂，那每塊肥皂的目標利潤就是 50 元。加上原本的成本 100 元，最終售價就是 150 元。這種定價策略在一般生活中最常見於賣房子的時候，當一位房屋的賣家想出售自己的房子，大部分的房仲都會問賣家你想要賺多少錢？當初買房子花了多少錢。假設當初買房子花了 1000 萬，賣家想賺 200 萬，房仲成交要抽 4% 手續費，加上一些稅金、代書費、過戶規費大約 20 萬，得出房子大概要成交 1270 萬，成交 4% 是 50.8 萬，剩下的 1219 萬付完 20 萬差不多就是實拿 200 萬。成交

價希望是 1270 萬，開價就要比成交價高一點，讓買家可以殺價，所以開價就會變成 1349 萬。

邊際成本定價：多賣一塊肥皂，成本會增加多少？

所謂的邊際成本指得是生產一個額外單位的商品所需的成本，通常包括直接變動成本，如原材料、人工和運輸成本，以及與生產相關的間接變動成本。直接將產品價格定價於邊際成本，是根據經濟學的原理：當產品價格與其邊際成本一致時，可以達到最佳化。例如你發現，你多做一塊肥皂的邊際成本是 100 元，那你可以考慮將肥皂的價格定在比 100 元略高的地方，這樣每多賣一塊肥皂，你就能賺到一點點錢，確保不會虧損。然而，實際定價往往不會這麼簡單。因此這個定價方式在現實生活中幾乎不太會使用到。

透過成本導向的定價方法優點在於邏輯簡單且容易掌握預期收益。不過需要提醒的是，計算成本可能比你想像的複雜，以實體產品為例，你的產品是自家生產還是找廠商代工，都有不同的成本需要考量。例如我之前在亞馬遜上班時，當我們在和那些把產品上架在亞馬遜網站的商家討論時，成本除了產品的生產成本，也會考慮促銷活動的折價、物流成本、倉儲成本、商品在不同通路的上架費用、退換貨成本、客服的成本與匯差等等。如果沒有仔細精算成本就覺得用成本導向定價法好像很簡單，可能會不小心賣一個虧一個，賣兩個虧一雙唷。

競爭導向定價法 Competitive Pricing

還記得學生時代，總有人在考試時偷看其他同學的作答來參考參考嗎？競爭導向定價法就像偷看同學答案，先瞄一眼競爭對手的價格，再決定自己的產品要賣多少錢。不過這就像是考試時絕不能完全相信隔壁桌同學的答案，還是要有獨立判斷的能力，在研究競爭對手的價格水平後，根據自身的競爭實力和產品定位，制定出適合自己產品的價格。

現行就市定價：大家都賣這個價，我也跟著賣！

這就像你去逛夜市時，發現好像每家雞排攤都講好了一樣，怎麼所有的炸雞排都是 90 塊。這種定價法就是跟著市場的平均價格走，不求高利潤，只求穩穩賺。例如，你準備到花園夜市裡擺攤賣珍珠奶茶，發現這個花園夜市裡面大部分的珍珠奶茶都賣 50 元，只要你的成本低於 50 元，你就可以也跟著賣 50 元，這樣就不用怕會被顧客說太貴或擔心賣得太便宜，可以安心地融入市場。

產品差異定價：我的產品不一樣，價格當然也要不一樣！

產品差異定價就是根據你的產品特色來調整價格。如果你的產品比競爭對手更優質、更有特色，就可以賣得更貴。例如，市面上大部分的珍珠奶茶都賣 50 元，但你的珍珠奶茶用的是頂級茶葉和手工珍珠，就可以賣到 80 元，吸引追求品質的消費者。或者你也可以採取低價策略，例如你的爸爸就是茶農，因此你可以取得比一般人更便宜的茶葉，因此也可以用比競爭對手更低的價格來吸引消費者。例如，你的珍珠奶茶只要 39 元，這樣就能吸引到想用更便宜喝到珍珠奶茶的消費者。

競爭導向定價法的優點是簡單，就像抄作業一樣簡單，只要參考競爭對手的價格，就能快速訂出自己的售價。而且，它能讓你的產品價格更具競爭力，吸引消費者目光。不過，這種方法也有缺點。它可能讓你忽略了產品的成本和價值，導致利潤空間變小。而且，一味地跟風競爭對手，可能會讓你失去產品的獨特性。

需求導向定價法 Value-based Pricing

需求導向定價法是基於消費者對商品價值的認知來定價的策略。我們會根據消費者對商品價值和效益的認知，來設定價格。這裡我們會介紹兩種常用的方法：價格敏感度 PSM 模型與價格斷裂點模型。

價格敏感度 PSM 模型

價格敏感度 PSM（Price Sensitivity Measurement）模型是由荷蘭經濟學家彼得威斯登朵（Peter Van Westendorp）所提出的模型，又稱為價格敏感度測試（Price Sensitivity Meter）。所謂的價格敏感度是**指顧客有多在乎價格的變化**，例如我常逛菜市場的媽媽就是價格敏感度高的人，只要高麗菜價變貴 5 塊，就直接不買了，或改買其他種類的蔬菜。他們對於價格變動很敏感，價格的改變會直接影響他們對於產品需求的程度。而我的爸爸則是價格敏感度低的人，例如在鬧雞蛋荒的時候，他還是覺得想吃蛋，就算價格是過去的兩倍還是會買，也不會因為賣場的衛生紙正在特價，價格變便宜就買個兩箱放在家裡，他們比較不受價格變化而改變對產品的需求。

對於價格的感受，我相信你在購物時一定有以下四種經驗：

1. 覺得商品很不錯，但翻開售價吊牌看到價格後覺得：「天阿，這也未免太貴了，盤子才會買。」

2. 在看到臉書購物社團的商品看起來超級令人心動，一看售價時又不免心想：「這怎麼可能只賣 800 元，一定是假貨或是詐騙。把我當成貪小便宜的人嗎？想騙我沒那麼容易！」

3. 在逛暢貨中心時，看到商品價格就立刻衝到專櫃前抓了好幾件商品，因為這個售價實在太划算了，心想：「這個 CP 值實在太划算拉！恨不得多買一點！」

4. 手上拿著商品左右把玩猶豫不絕，覺得好像有點貴但又好想要，最後忍痛掏出信用卡或直接用手機 Line Pay。

PSM 模型就是透過這四種情境幫助我們找出對商品最適合的價格。PSM 模型的基本理念是：消費者對於價格有一定的敏感度，不同的人對不同價格的反應程度各異。因此我們可以透過大家對價格敏感度的不同找出合適的市場價格。至於怎麼知道不同顧客對於商品的價格敏感度呢？我們會需要透過問卷的方式來進行。前

面所介紹的成本導向定價法與競爭導向定價法都沒有考慮到客戶的購買意願，因此通過 PSM 模型所決定的售價會更貼近顧客的願付價格，企業可以更深入地了解目標市場對價格的敏感度，平衡利潤和市場佔有率。

使用方法

1. **價格敏感度問卷設計**：首先，我們會設計一份問卷，其中包含前面對潛在顧客背景的了解，以方便做之後目標客戶的分群，介紹產品，以及透過一系列關於價格的問題對顧客進行靈魂拷問：

   - **太貴價格（Too expanisve）**：您認為這個產品／服務多少價格會貴到您不會購買？

   - **太便宜價格（Too cheap）**：您認為產品／服務多少價格會低到您擔心有品質問題？

   - **划算價格（Bargain）**：您認為產品／服務的價格在哪個價格覺得划算，肯定會購買？

   - **貴價格（Expensive）**：您認為產品／服務的價格在哪個價格會覺得貴但依然可以接受，願意購買？

2. **收集數據**：將問卷分發出去，發送的對象是目標市場的潛在消費者。而填問卷的人則根據他們的感受來回答這些問題。

3. **數據分析與繪製累計百分比曲線圖**：將收集到的數據進行整理，把不乾淨的資料剔除，最終的數據就可以被用來建立價格敏感度曲線。價格敏感度曲線是採累計百分比的方式畫出的四條線，可以幫助我們確定不同價格點上的消費者反應。根據畫出來的四條直線找出以下四個關鍵的價格點（四條線的交叉點）：

   - **可接受的價格（Indifference Price Point，IPP）**：是「划算價格」和「貴價格」的交叉點，消費者覺得價格合理的定價。

- **最佳價格（Optimum Price，OPP）**：「太便宜價格」和「太貴價格」的交叉點。這個價格維持了高價與產品 CP 值之間的平衡關係。通常會被視為最佳的定價。

- **價格過低點（Point of Marginal Cheapness，PMC）**：「太便宜價格」和「貴價格」的交叉點。在此價格點以下，消費者對價格不信任的反應明顯增加，開始認為價格太便宜而懷疑產品品質或是被詐騙，就定價策略而言，這是可以採用的最低價格。

- **價格過高點（Point of Marginal Expensiveness，PME）**：「划算價格」和「太貴價格」的交叉點。在此價格點以上，消費者對價格太高的反應明顯增加，開始認為價格貴到超出產品應有價值。就定價策略而言，這是可以採用的最高價格。

4. **價格策略制定**：根據繪製出來的圖找到四個關鍵價格點後，通常我們會選擇將商品售價設定在「價格過低點」和「價格過高點」之間，同時參考累積百分位數與公司其他因素，如市場定位或成本算出什麼樣的定價策略可以最大化銷售量和利潤。

看到這裡是不是覺得頭昏眼花，沒關係，讓我們實際使用看看！

假設你是一位產品經理，設計出了一款全新的智慧手錶，手錶錶帶可以拿來當作血壓計使用，感覺非常實用，只要戴著手錶隨時可以量測血壓，不用再拿出血壓計或去家裡附近的診所，對於重視自己身體健康的中老年人和需要定期量測血壓的三高族群非常有幫助，現在這款全新的智慧手錶正式進入開發階段，於是身為產品經理的你希望能擬定出一個好的定價策略。

步驟一：價格敏感度問卷設計

首先，你設計了一份問卷，除了基本的使用者輪廓統計問題外，在充分介紹智慧手錶的功能與獨特賣點後，設計以下四個關於價格的關鍵問題：

---

1. **太貴價格**：您認為這款智慧手錶多少錢會貴到您不會購買？

2. **太便宜價格**：您認為這款智慧手錶多少錢會低到您擔心有品質問題？

3. **划算價格**：您認為這款智慧手錶多少錢會讓您覺得划算，肯定會購買？

4. **貴價格**：您認為這款智慧手錶多少錢會讓您覺得貴，但依然可以接受，願意購買？

步驟二：收集數據

你將問卷發放給目標市場的潛在消費者，在進行資料清理後收集了 1000 份有效回覆。

步驟三：數據分析與繪製累計百分比曲線圖

你將收集到的數據整理成以下的 Excel 表格：

價格 (NT$)	太貴 (%)	貴 (%)	划算 (%)	太便宜 (%)
5000	0	0	100	85
7500	10	25	97	50
10000	13	33	85	43
12500	20	50	73	33
15000	40	80	64	8
17500	60	91	45	0
20000	70	98	20	0

圖 4-2 價格敏感度數據統計表

接著，你根據這個表格繪製出累計百分比曲線圖：

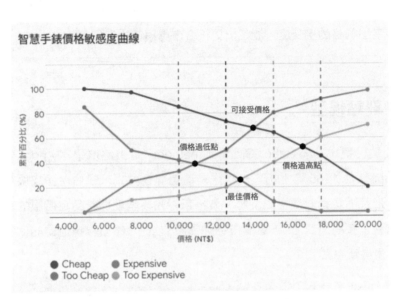

圖 4-3　智慧手表價格敏感度曲線

從圖中可以看出：

- 可接受價格（**IPP**）：約為 NT$13,100

- 最佳價格（**OPP**）：約為 NT$12,500

- 價格過低點（**PMC**）：約為 NT$10,800

- 價格過高點（**PME**）：約為 NT$17,200

步驟四：價格策略制定

根據 PSM 模型的結果，你決定將智慧手錶的定價設定在 NT$12,500，因為這是消費者覺得最划算的價格點，同時也高於價格過低點，不會讓消費者對產品品質產生疑慮。

當然，在實際定價時，你還需要考慮公司的成本、利潤目標、競爭對手價格等因素。但 PSM 模型為你提供了一個很好的參考基準，幫助我們更精準地掌握消費者對價格的接受度，制定出更符合市場期待的定價策略。

價格斷裂點模型

價格斷裂點模型，又稱 Gabor-Granger method，是由經濟學家 André Gabor 和 Clive Granger 於 1965 年提出，一樣也是透過問卷方式來評估產品或服務的價格敏感度，以及消費者對價格的反應。價格斷裂點模型就像產品定價版的真心話大冒險。它會直接問消費者：「這個價格你買不買？」，然後根據他們的回答，找出產品的「價格斷裂點」。

想像一下，你正在開發一款全新的電競耳機。你找來一群電競玩家，給他們看耳機的產品樣品，然後問他們：「如果這副耳機賣 5000 元，你會買嗎？」、「如果賣 3000 元呢？」、「如果賣 1000 元呢？」透過收集玩家們的回答，你就能畫出一條「價格接受度曲線」，就像是一張心跳圖，顯示消費者在不同價格下的購買意願。

在這張心跳圖上，有一個關鍵的轉折點，那就是「價格斷裂點」。價格斷裂點就像是一道隱形的牆，將消費者分為兩個陣營：

- **願意購買的消費者**：他們覺得產品價格合理，願意掏錢購買。

- **不願意購買的消費者**：他們覺得產品價格太高，寧願不買。

這個斷裂點就像是產品定價的「生死線」，如果定價高於這個點，就會流失大量消費者；如果定價低於這個點，又可能無法達到利潤最大化。

使用方法

1. **定義價格範圍**：首先，產品經理與研究人員需要確定一個想要測試的價格範圍，通常包括一個最低價格和一個最高價格，以及中間的幾個價格點。用這些價格將用於測試消費者對價格的反應。通常最低價格會設定在略低於成本的區間。

2. **設計調查問卷**：研究人員設計一份問卷，該問卷除了潛在客戶背景輪廓外，需包括清楚的產品描述讓用戶完全了解產品，然後將每個填答者隨機分配到價格區間中的任一價格，並詢問有關不同價格點的購買意願。

3. **收集與分析數據**：問卷被分發給一個代表性的樣本，這些受訪者被要求回答有關不同價格點的問題，直到確定受訪者願意支付的最高價格。根據他們的回答，可以建立價格與需求之間的關係，繪製出支付意願的百分比以及銷售額的兩條曲線。

4. **制定價格策略**：根據兩條曲線的資訊，就可以協助我們預測不同價格水平下的銷售量。我們也可以制定出更符合市場需求的價格策略。

聽起來也是有點複雜，沒關係，接下來實際使用看看！

假設你是電競耳機的產品經理，這款電競耳機的厲害之處是可以將在線交流的人說的語言自動轉化成你的母語，這樣當對手在噴垃圾話時你可以立刻反擊。這個產品太酷了！但到底應該賣多少錢呢？想要利用 Gabor-Granger 模型為這款新產品定價。

步驟一：定義價格範圍

根據市場調查和成本分析，我們初步設定這款電競耳機的價格範圍為 NT$1,500 - NT$5,000，並選取以下幾個價格點進行測試：

- NT$1,500

- NT$2,500

- NT$3,500

- NT$4,500

- NT$5,000

步驟二：設計調查問卷

我們設計了一份線上問卷，首先詢問受訪者的電競習慣、對耳機的需求等背景資訊，接著隨機分配一個價格給受訪者，並詢問他們是否願意購買。問卷內容如下：

1. 您平均每週玩幾小時電競遊戲？

2. 您目前使用的耳機品牌及型號？

3. 您對電競耳機最重視的功能是什麼？（音質、舒適度、麥克風、外觀等）

4. 如果這款電競耳機售價為【隨機價格】，您是否願意購買？

    - 是

    - 否

請特別注意這裡的問卷進行方式，第四個問題可能會被重複問好幾次。例如一開始受訪者被問到「電競耳機的價格為 NT$2,500 是否願意購買？」，當受訪者回答「願意」時，則追問下一個價格，「電競耳機的價格為 NT$3,500 是否願意購買？」，若還是「願意」，則追問下一個價格，「電競耳機的價格為

NT$4,500 是否願意？」，若回答「不願意」，則 NT$3,500 就是這位受訪者的最高願付價格。反之亦然，如果另一位受訪者一開始被問到「電競耳機的價格為 NT$3,500 是否願意購買？」，答案是「不願意」，則往下追問，「電競耳機的價格為 NT$2,500 是否願意購買？」，若受訪者回答「願意」，則 NT$2,500 就是這位受訪者的最高願付價格。

步驟三：收集與分析數據

我們將問卷發放給 1215 位電競玩家，在清洗與整理後收集到以下數據：

表 4-4　購買意願與人數數據統計表

價格 (NT$)	願意購買人數	購買意願 (%)	預估銷售額 (NT$)
1,500	850	85%	1,275,000
2,500	600	60%	1,500,000
3,500	350	35%	1,225,000
4,500	100	10%	450,000
5,000	50	5%	250,000

接著，我們繪製出支付意願百分比與預估銷售額的曲線圖：

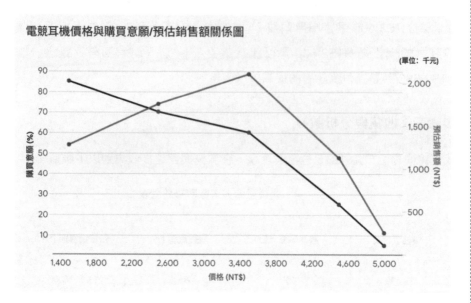

圖 4-5　電競耳機價格與購買意願 / 預估銷售額關係圖

步驟四：制定價格策略

根據 Gabor-Granger 模型的結果，我們可以得出以下結論：從圖中可以看出在價格為 NT$3,500 元時，預估銷售額達到最高點。然而，當價格超過 NT$3,500 元後，雖然購買意願下降，但下降速度趨緩。因此，綜合考量購買意願與預估銷售額，可以將電競耳機的定價設定在 NT$3,000 - NT$3,500 元之間，以達到銷售量和利潤的平衡。

在過去的工作經驗中，我為不同的產品定過好幾次價格，也嘗試過不同的定價策略。以成本導向的定價方式是可以請財務人員協助計算成本，獲利的預期跟目標都相對清楚，但是怎麼抓出最佳獲利的成數是一個很大的學問，因此會希望能找

到一些參考的數值佐證這個獲利比例是合理的。例如接下來要推出的新產品已經是第二代或第三代，就可以參考第一代的銷售記錄。如果是全新的產品，則會參考類似產品的獲利成數。由於很多企業在使用成本導向定價法時，獲利比例都是直接依靠老闆通靈，樂觀地認為可以賣出多少數量，因此很可能會錯失最大化利潤的機會。在沒有頭緒的情況下，參考競爭者的定價方式可以確定你的售價在市場上是具備競爭力的，我通常會拿來作為低價競爭策略以衝刺短期銷量，但要特別注意這種方式偶一為之可以，但是長期都透過低價策略可能會降低你的品牌價值。PSM 模型與價格斷裂點模型則是以使用者的回饋作為基礎，我認為是訂價策略中最實際的做法，但因為要考慮問卷設計的方式與細節，還有分析的方法與結果，是需要更謹慎且更費時的一種定價方式。

為什麼你賣給他比較便宜？吼！是價格歧視

產品的定價可不是一個數字那麼簡單，在我們每天的日常消費中，你會發現同一個商品幾乎都有不同價格，例如你去 7-11 看到一瓶茶要 20 元，但第二件飲料只要加 10 元，買兩瓶就變成一瓶只要 15 元。或是你去公館的餐廳吃飯，發現只要出示台大學生證就可以打八折，甚至搭捷運回家時，銀髮族的票價也與一般的票價不同。因此，針對不同消費者，不同的時間地點來調整價格，就是所謂的價格歧視。常見的價格歧視分成三個等級：

一級價格歧視：價格隨著每個人都不同

所謂的一級價格歧視就像個殺價高手，能精準判斷每個顧客的「心理價位」，給出不同的報價。感受最深的價格歧視經驗事發生在我去菲律賓旅遊的時候。去海邊的旅遊景點時，有一群小朋友會拿著一顆顆珍珠耳環兜售。當時我老婆看到那些珍珠覺得很漂亮，於是就問他們多少錢，導遊在遊覽車上就告訴我們一定要殺價，於是我老婆跟他接連過招後，以一個他覺得漂亮的價格買下。等到上車後，發現

隔壁的大嬸也跟同一個小孩買了珍珠耳環，不問還好，一問之下原來我老婆買的價格貴的離譜。大嬸對他平時在台灣菜市場訓練的殺價功夫感到相當自豪。後來導遊過來跟我們聊天，才發現連大嬸也買貴了不少！像這種針對每個不同的顧客開出不同的價格以實現利益最大化的方式，就是一級價格歧視。

二級價格歧視：買越多，賺越多？

還記得小時候，幫媽媽去雜貨店買水果，老闆總會説：「多買一點，算你便宜一點！」這就是二級價格歧視的精髓：買越多，賺越多！

二級價格歧視就像產品界的「批發價」哲學，鼓勵消費者多買多消費，企業也能從中獲利。這種「薄利多銷」的策略，在台灣的各行各業都有不少有趣的例子，像是前面提到的飲料第二件十元，或是路邊賣玉蘭花一株 20 元、三株 50 元，或者是升級套餐的方式，都是屬於二級價格歧視。在軟體行業，二級價格歧視使用非常的頻繁，像是訂閱制服務，為了要鼓勵使用者長期訂閱，年費的價格（例如1,000 元 / 年）就會比月費的價格（例如 100 元 / 月）來得更划算。

三級價格歧視：學生價、敬老價，優惠看得見

一級是針對每個人量身訂做他們的價格，執行起來有點太過困難，但如果是針對不同的消費群體收取不同價格，那就簡單多了。三級價格歧視是透過不同的客群收取不同的費用。常見的例子像是車票、博物館門票、電影票會有學生價、敬老價、或是軍警價。遊樂園透過身分證字號的折扣活動，例如慶祝父親節，只要身分證字號有兩個 8 就可以 100 元入園。在台灣還有一種常見的三級價格歧視，就是利用諧音梗進行客戶分群，而最有名的例子莫過於「鮭魚之亂」：迴轉壽司餐廳壽司郎先前為了在台灣促銷「愛の迴鮭祭」活動，祭出只要姓名讀音與「鮭魚」兩字相同的人就可以打折，而如果字完全一樣的人則全桌直接免費。想不到最後有超過三百人直接改名叫「鮭魚」，還登上國際新聞版面。

透過價格歧視，可以針對不同的顧客需求和價格敏感度，制定出更具彈性的定價策略，而讓收益增加。身為使用者，不仿想想，自己有沒有曾經掉入價格歧視的甜蜜陷阱？而身為產品經理，則要思考如何利用價格歧視讓我們的定價策略更加有效。

吸引人的價格手法大揭密！關於定價的奇技淫巧

定價策略可不僅僅是數字遊戲，更是一門心理學！你知道嗎？很多時候我們的大腦都被精心設計的定價方式給騙了，除了常見的三級價格歧視，還有許多令人拍案叫絕的定價技巧，讓顧客心甘情願掏出錢包。現在就讓我們一起揭開這五個方法，你也可以看看身為消費者的你有沒有遇到過這幾種方式，下次準備買東西時記得要翻回這幾頁複習一下，才不會被不小心牽著鼻子走哦！

三選一的假象

圖 4-6　三選一的假象

如果今天有機會邀請你與我一同用餐，我給了你三個選項，你會傾向選哪一間餐廳呢？

我相信這時候大家會像陷入三角戀一樣，仔細思考各種因素，而最終很多人都會選擇中間那個「最安全」的。這招屢試不爽，當人類面臨選擇時，很容易傾向選擇中間的選項！原因是人們通常不喜歡極端的選項，認為極端選項具備更多風險與不確定性。選擇中間會被認為比較穩妥，並帶有一股穩定感。這種風險規避的心理，既不會過度冒險，也不會過度保守。中間選項還代表著平衡，看似兼顧了不同方面的需求，所以這個折衷感會讓人們更傾向做出中間的選擇。類似常見的方法像是買車時，總是會有基本款、進階款與旗艦款。在訂閱的時候總是會有 3-4 種方案，像是 iCloud 的訂閱有 50GB，200GB 與 2TB 三種選擇。分享個人的實際經驗，我以前的公司在剛開始推出訂閱服務時，只有兩種方案，月方案與年方案，大多數的使用者都想說先試試看，所以選擇月方案。後來我們新增了 2 年方案，讓訂閱有三個等級（月方案，年方案，兩年方案）之後，更多客戶傾向選擇中間的方案，而年方案的訂閱人數因此成長不少！你說，可是我選得是 3,000 元的法式家鄉菜欸，我沒有選中間阿，沒問題！你沒有錯，因為三選一並不是所有人都會選中間，只是根據統計與實驗多數人會傾向選擇中間，所以如果你選右邊歡迎你直接聯繫我，跟我約吃飯時間，你請客，到時候我就不客氣嘍！

差一塊錢，差很大

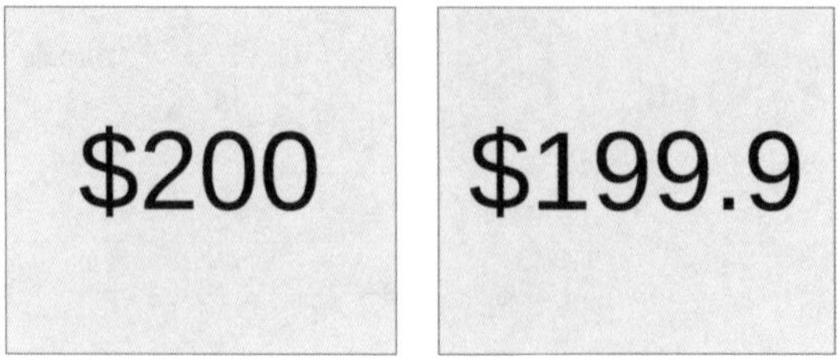

$200　$199.9

圖 4-7　$200 與 $199.9 哪個比較便宜？

我相信大部分的人都觀察過很多商品的定價都是 9 結尾，你可能在想是不是 9 這個數字有什麼魔力？實際上他們只是想騙你數學不好跟欺負你懶惰的大腦。看看上面的圖，這兩個價格的最大數字才是重點，當我們第一眼看過去的時候，直覺會是什麼？直覺是左邊兩百右邊一百多（廢話），但很多人大腦就停在這裡了，各位，其實這兩個價格才 $0.1 而已，好嗎？可惜的是我們的大腦沒那麼聰明，我們會立刻想到 2 大於 1，但是我們的大腦需要認真工作才會理解，其實這兩個價格沒有想像中差別的那麼大。而這個方法已經經過實驗證實可以大幅提高客戶的購買率，所以你一定看過台灣夜市的招牌，一幅斗大的招牌寫著只要 499 元，右下方還有個「+1 元」的小字。或者像下圖一樣，在一些貨幣有小數點的國家，很多招牌會把小數點後的 99 放小字，讓你感覺好像只要 17 塊，對嗎？不，他要 18 塊！

圖 4-8　讓人產生錯覺的價格表示法

換個算法，數字就變小了

在大賣場買衛生紙，常常看到有個小字寫每張衛生紙只要 0.8 元，你心想，賣場真是貼心，這樣太容易比價了。但其實可能比你想得邪惡的多。透過換一個單位算法，就可以把數字變得更吸引人。賣你一箱衛生紙 $999 元，聰明的你已經知道他想騙我，就是 1,000 塊！然後你一看，哇，每張衛生紙才 0.8 元，買了買了，也太便宜！這就是定價策略厲害的地方阿，這也很常被利用在軟體訂閱服務或可以分期付款的時候，例如每個月 $3000 塊聽起來很貴，但業務總會告訴你「每天只要 30 元，不用一杯手搖飲的價錢就可以入手！」聽起來是不是便宜很多阿！在國外，有些商品標示還會用未稅價讓售價看起來小一點，如果習慣透過旅遊網站訂

房的人就會知道，每次房間的標價到最後結帳前看到的最終價格總是不同，加稅又加手續費，但已經花好久時間挑飯店了，還是拿起信用卡眼睛一閉刷下去。這種「單位價格」的魔力，讓顧客不知不覺產生沒多少錢，很划算的方式實在是既邪惡又好用。

千位符號，消失吧！

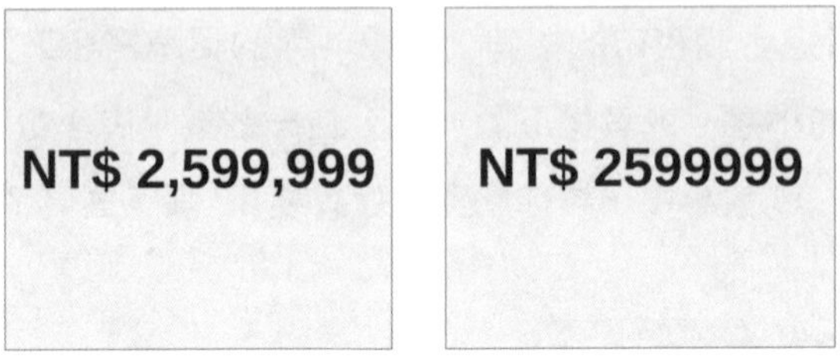

NT$ 2,599,999   NT$ 2599999

圖 4-9　千位符號對數字帶來的影響

看到「NT$2,599,999」和「NT$2599999」，哪個讓你感覺更貴？沒錯，就是那個逗號！去掉千位符號，數字看起來更小，花錢也更心安理得。明明數字都一樣，但是少了那千位符號，就是可以讓數字變得比較短，看起來也覺得好像便宜一點。尤其台灣人習慣的進位制又與千位制不同，我們習慣以萬來計價，而不是用千，所以千位符號反而會讓我們在理解時需要耗費更多腦力，讓我們無意間覺得數字比較大。

定錨效應，就是想比

記得賈伯斯之前在蘋果發表會時，要第一次介紹 iPad，當時大家對於平板電腦的價格都沒有概念，而賈伯斯在發表會上先洋洋灑灑介紹了各種功能，然後問台下觀眾，你們覺得這樣的產品應該要賣多少錢呢？然後他接著說：「根據專家的建議，要賣美金 $999 元！」然後再他背後的投影幕裡投出一個大大的 999 數字，過了幾秒，賈伯斯說：「但今天，我很榮幸跟大家宣布，這台 iPad 的價格不用 999 美

元，只需要 499 美元！」這就是定錨效應的最佳例子。定錨效應指的是人們在進行判斷和決策時，會不自覺地受到最初獲得的資訊（即「錨點」）的影響，即使這個資訊與實際情況無關。因此，賈伯斯知道大家對於平板電腦的價位沒有任何概念，於是先告訴大家專家建議是 999 美元，設定一個錨點，之後再告訴大家只需要 499 元，大家就會不自覺地拿 999 元與 499 元對比，然後瞬間讓你覺得這個商品是「超值選擇」！這就是定錨效應的威力，讓顧客覺得自己買到賺到。這個手法很常被拿來使用，最常見的就是原價標示，商家會在商品標籤上標示「原價」和「特價」，讓消費者感覺自己佔了便宜。即使原價可能虛高（或是從開業第一天從沒賣過原價），但消費者會因為受到原價的影響，覺得特價更具吸引力。前陣子正在看房子的我，也常常被房屋仲介定錨，他總是告訴我，你看看實價登錄，周圍的房價都已經一坪七十幾萬了，今天帶你來看的這間真的超便宜，一坪開價才 68 萬。另外，最近台灣很紅的 00940 除了主打高股息，當時發行時我還聽到許多婆婆媽媽向我推薦：「00940 很便宜捏，只要 10 塊而已，其他的 ETF 發行價都要 15 塊以上。」而他們正是把其他 ETF 的發行價視為錨點來進行投資決策。身為產品經理，設定錨點的方法，除了原價與特價，也可以和賈伯斯一樣拿專家建議當作錨點，或者拿競爭商品作為比較對象。如果是提供訂閱方案的軟體服務，也可以用其中一個方案作為錨點，引導消費者選擇更高級的方案。

當我們在進行定價策略前，最重要的是了解我們的商業目標。根據商業目標的不同，也會影響到定價策略的不同。例如我的阿姨很喜歡為了買便宜的「烤雞」跑去好市多，每次結帳時總是推著滿滿的購物車。好市多的烤雞只要 189 元，但外面的烤雞至少都要 400 元以上，好市多的烤雞這麼便宜，銷量這麼好，但好市多真的是靠賣烤雞賺錢嗎？烤雞的商業目標並不是為了在這個商品上賺錢獲取利潤，而是「吸引顧客」，吸引消費者進到賣場消費，或是成為會員收取會員費。這種以獲客為目的的定價策略就不是以利潤為導向，類似的例子還有 Ikea 的 10 元冰淇淋或是賣場的特價商品等等。另外一種常見的商業目標是讓商品擁有更大的使用者基數，來增加他額外商品（消耗品）或服務的收入。例如刮鬍刀與刀片，刮鬍刀本身並不貴，但是一旦顧客購買了 A 廠牌的刮鬍刀，就會一直回購刀片，客戶久

久才買一次刮鬍刀，但會一直需要更換刀片，因此刮鬍刀本身的利潤並不是獲利的核心，而是透過低價讓使用者覺得物超所值，藉此擴大市佔率。類似的案例還有辦公室常見的飲水機與桶裝水、咖啡機與咖啡膠囊等等。這種方式現在也普遍在電子產品中，有些電子產品會以低價的方式吸引客戶購入，但在他們把電子產品連上 App 使用時會發現他們提供了訂閱制軟體服務以更多解鎖付費功能。電子產品只是載體，而他們主要的商業目標是最大化訂閱服務的收入與利潤。除了瞭解商業目標如何影響定價策略外，在擬定定價策略時，也需要站在企業的角度思考，新的產品與服務是否會讓原本的商業模式增加或減少收入。例如你是 Spotify 的產品經理，在制定訂閱制收費要收多少錢時，除了思考前述提過的成本外，還要站在公司立場考慮使用者訂閱後公司減少的廣告收益。如果你是 iPhone 的產品經理，當你準備推出新款 iPhone 時，對於目前還在市面上販售的前幾代手機銷量與利潤有何影響。定價策略並非一成不變的，一個好的定價策略會根據市場、使用者、競爭者、商業模式、成本等等的改變進行調整，定價策略是**一場動態的平衡藝術**。它需要你敏銳地洞察市場風向，深刻理解使用者需求，同時兼顧企業的盈利目標。

價格，是產品與市場對話的語言。透過定價，你向消費者傳遞產品的價值，也向競爭者宣示你的市場地位，記住，定價不只是一個數字，也是一場關於價值的溝通。一個成功的定價策略，不僅能為企業帶來豐厚的利潤，更能建立品牌形象，贏得用戶的信任與忠誠。

所以，不要害怕嘗試，不要畏懼改變。讓你的定價策略隨著市場脈動而舞動，隨著使用者需求而進化。在不斷的探索與調整中，你將找到最適合產品、最能打動人心的價格，讓你的產品在市場上綻放光芒。

第五章

產品上線後跟想得不一樣？
從 0 到 1 的用戶增長策略

「啵！」香檳的軟木塞應聲彈開，金黃色的氣泡在水晶杯中歡騰舞蹈。你舉杯，與團隊成員相視而笑，慶祝這個值得紀念的時刻。

「各位，我們做到了！」你激動地說:「經過無數個不眠不休的夜晚，我們終於把這個寶貝產品推向市場了！接下來，就等著迎接百萬用戶的擁抱吧！」

團隊成員們爆發出熱烈的歡呼聲，彷彿已經看到產品在市場上掀起一股旋風，用戶數像火箭一樣節節攀升，商業周刊雜誌的封面人物非你莫屬。

然而，現實總是殘酷的。

產品上線後，用戶數雖然有所增長，但速度卻像蝸牛一樣緩慢。更糟的是，許多用戶只是淺嘗輒止，用了一兩次就再也沒有回來。

「怎麼會這樣？」你盯著慘澹的數據報表，百思不得其解。明明在開發前做了詳盡的需求驗證，仔細設計用戶體驗，產品功能也經過精心排序，定價更是經過市場調查後才確定的。為什麼產品沒有像預期中那樣一炮而紅？

你開始懷疑自己，懷疑團隊，甚至懷疑整個市場。是不是產品不夠好？是不是行銷不夠力？還是市場根本不需要這樣的產品？

你感到迷茫、失落，甚至有些絕望。看著競爭對手的產品用戶數依舊不斷攀升，你感覺自己就像一個被拋棄的孩子，孤獨無助。

「難道，我們真的失敗了嗎？」你喃喃自語，心中充滿了不甘。

事實上大多數的產品上線後都是這樣。許多人都認為產品上線終於畫下了句點，可以開始好好休息，其實真正的挑戰才正要開始。產品上線只是第一步，接下來要做的，是透過各種增長策略和方法，讓產品被更多人看見、使用、喜愛。這是一場從 1 到 100 的用戶增長挑戰，像是開啟新的賽道，你必須找到正確的策略，才能讓你的產品在市場上站穩腳跟，實現真正的成功。

產品上線是慶祝的時刻，但別忘了這只是你繫好鞋帶站上起跑線的時
刻，真正的比賽才正要開始。
—— Jacky

不知道你有沒有聽過用戶增長產品經理（User Growth PM），這是近年來在產品領域興起的一個重要角色。起源於成長駭客（Growth Hacking），他們跟一般的產品經理不同，用戶增長產品經理專精於透過各種策略和方法加速產品的用戶增長，因為太多的產品遇到一樣的故事，產品上線之後不知道怎麼樣持續獲取新用戶，把目前的使用者留住進而把這些使用者轉化為更多收入。用戶增長產品經理通常不負責產品的功能開發與路線圖，而是關注於吸引新用戶、提高用戶活躍度、增加用戶留存率，最終實現產品的快速增長。因此，身為用戶增長產品經理，他們的專業技能更強調數據分析、實驗和迭代。透過不斷嘗試新的方法與數據驗證效果，快速調整策略。用戶增長產品經理的日常工作如下：

- **分析用戶數據**：凡走過必留下痕跡，透過分析用戶行為數據，找出用戶是如何使用產品，進而發現增長瓶頸和潛在機會。

- **設計增長實驗**：透過數據分析結果做出假設，設計並執行 A／B 測試等實驗，驗證增長假設。

- **優化產品功能**：與產品團隊合作，優化產品功能，提升用戶體驗和留存率。

- **制定增長策略**：根據數據分析和實驗結果，制定產品的長期增長策略。

用戶增長產品經理負責的產品工作有：

- **註冊／登入優化**：優化註冊與登入的流程，讓使用者輕鬆加入產品的大家庭。例如：有些產品像 Youtube、抖音等等不需要註冊，會先讓使用者直接體驗產品的核心功能，直到使用者體驗到產品的價值，願意探索更多功能時才要求使用者進行註冊，如此一來，可以讓更多新加入的使用者體驗到產品的價值，註冊的完成率也會提升。

- **新手引導設計**：在使用者初次使用時，透過介紹產品功能，幫助用戶快速上手，讓使用者發現與體驗產品的魅力。由於產品的特性不同，如果想讓新的使用者快速體驗到產品價值，藉由新手引導設計可以帶領他們依照正確的步驟成功體驗到產品的價值。

- **轉化 / 變現策略**：讓使用者願意從「免費仔」變成「付費鐵粉」。增加產品的付費人數或其他變現方式實現收入增長。

- **定價策略與收費流程**：找到讓使用者覺得「物超所值」的價格與優化付費與訂閱流程。

- **推薦分享機制**：「口碑」是最有效的行銷，讓用戶願意主動分享產品給他身邊的親朋好友，簡化他們的分享難度與提供分享誘因。例如：一鍵分享到 Line、Threads 且直接幫客戶預先填好推薦內容跟推薦碼，提供成功推薦新用戶的使用者一些好處或是解鎖成就。

- **留存 / 救回用戶**：優化留存指標，找出用戶流失的關鍵時刻，並設法提高使用者的留存率，設計挽回離開的使用者回來持續使用產品。

- **營收成長策略**：制定不同的策略讓產品的收入像滾雪球般越滾越大。

用戶增長產品經理的核心技能：

- **數據分析**：擅長運用數據分析工具像 Google Analytics、Mixpanel、Hotjar，從海量數據中挖掘用戶行為模式和增長機會。

- **實驗設計**：設計增長實驗與驗證，從數據分析、建立假設、設定指標、實驗方式、迭代與改進。

- **行銷思維**：了解各種行銷渠道和策略，如何有效地推廣產品，吸引新用戶。

- **產品思維**：了解產品開發流程，與工程師、設計師等合作，優化產品功能，提升用戶體驗。

● **創意和創新**：勇於嘗試新的方法，不斷探索產品增長的可能性。

用戶增長是產品正式上線後取得持續成功的關鍵。用戶增長就像產品的「加速器」，幫助產品獲取用戶、提升市場佔有率，實現商業成功。接下來，讓我們一起探索三個用戶增長產品經理常用的框架，學習打造出爆款產品的秘密武器！

AARRR 框架

我養了一隻黑柴名叫 Python，我每天至少會早晚帶他出門兩次，每次大概一小時左右，在某次與朋友的晚餐聚會上，我們聊到養狗心得，我跟朋友說：「每天早晚都要遛狗，雖然可以當作散步運動，但總覺得時間有點浪費。」我的朋友就推薦我試試邊遛狗邊聽播客（Podcast），並向我介紹了一款他每天使用的播客 App，當時我拿出手機下載了這個播客 App，然後繼續跟朋友聊著別的話題。回到家後，我打開手機時想起今天下載了一個新的播客 App，不妨來試用看看，於是第一次打開它，收聽了第一集播客內容。「哇！這 App 介面簡單又好用，內容豐富多元，從職場、學術到生活、政治，應有盡有！」我突然覺得得到救贖，遛狗時一邊聽著播客裡的各種內容，時間一下就過了，完全不覺得無聊。從那天起，我出門遛狗時都會戴上耳機，沉浸在播客的世界裡。不知不覺中，我養成了每天用這款 App 聽播客的習慣。某天，我遇到了一位大學同學也有養狗，因為我覺得這個 App 對我很有幫助，解決了我在遛狗時感到無聊的困擾，而且還能從播客內容中學到一些有趣的知識，於是我主動推薦那位同學也使用這款播客 App。後來隨著使用頻率越來越高，覺得收聽廣告實在太過煩人，而且有些內容是付費訂閱才可以收聽，於是決定每個月花些錢成為付費使用者，使用更多 App 的功能，享受更棒的體驗。

看完上面的這個故事，我相信大家在使用各種產品時都會有類似的經驗，這就是一個產品的使用者經歷五個主要階段：獲取（Acquisition）、激活（Activation）、Retention（留存）、Referral（推薦）、Revenue（收入），這也就是著名的 AARRR 模型。

1. **獲取（A- Acquisition）**：如何讓更多人知道你的產品？讓目標用戶透過不同的管道進到產品裡。無論是通過網站、廣告、社交媒體、推薦、導流量或其他方式，我們需要盡可能地把所有目標用戶帶進我們的產品。作為產品經理，我們必須確保我們的獲取策略有效且符合成本效益，打開產品知名度。

2. **激活（A- Activation）**：如何讓用戶首次使用就愛上你的產品？一旦我們成功把目標客戶導引到我們的產品，下一步是確保他們真正開始使用產品，這意味著我們的產品必須**提供引人入勝的第一次體驗，讓他們體驗困擾已久的問題被解決的時刻，並發出驚訝的讚嘆「哇！」**。想想自己手機裡有多少的 App 之前下載過但從沒有打開過或是完成註冊，所以成功激活使用者是非常重要的一步。我們需要了解用戶的需求並減少體驗上的斷點，使他們能夠輕鬆完成激活的過程，體驗產品帶來的好處。

3. **留存（R- Retention）**：如何讓使用者養成持續使用你產品的習慣？這個步驟是產品的核心，產品是否成功取決於多少使用者留下來並養成使用習慣。如果產品有發揮價值，使用者會願意黏在你的產品上，但是如果產品只是「有很好，沒有也沒關係」那產品的價值就還不夠高，因此留存率是衡量產品成功的重要指標。我們必須不斷改進產品，專注於滿足使用者需求，提供有價值的功能和內容，使用戶願意持續使用在我們的產品。

4. **推薦（R- Referral）**：如何讓用戶主動推薦你的產品？口碑行銷是一種極具威力的增長方式，口碑是基於信任的傳播方式，因此我們應該鼓勵現有使用者樓上招樓下，厝邊招隔壁；阿母招阿爸，阿公牽阿嬤，盡可能讓使用者與他的親朋好友們推薦我們的產品。對產品本身而言，除了把功能做好，我們也應該讓

使用者容易把產品推薦出去，例如通過獎勵計劃、社交分享功能等等。作為產品經理，我們需要確保這個推薦過程提供足夠誘因並順利運作。

5. **營收（R- Revenue）**：如何讓使用者願意付費？我們的最終目標是實現收入增長與商業價值。因此增加營收可以通過多種方式實現，包括訂閱、廣告、販售等等。作為產品經理，我們要明確了解如何從我們的用戶中獲取價值，同時保持產品的價值主張。至於如何定價，大家可以參考第四章：產品快做好了，要賣多少錢？實現價值最大化：定價的藝術。

對應到剛才的故事中，

1. **獲取（Acquisition）**：我透過朋友的推薦，讓我得知這個播客 App 的存在，並且將 App 下載到我的手機裡。

2. **激活（Activation）**：第一次打開 App 瀏覽不同的頻道與集數，打開某個節目並成功聽完整集的內容，體驗到產品帶來的價值。

3. **留存（Retention）**：每天遛狗時都會使用 App，養成固定收聽播客的習慣。

4. **推薦（Referral）**：我主動推薦給大學同學和其他也有類似困擾的人，希望他們也體驗到播客帶來的好處。

5. **營收（Revenue）**：我為了更好的體驗和內容，付費成為會員。

我們可以把 AARRR 想像成是一層一層的漏斗，你會發現這五個階段最上面的人數最多，然後每一層都會少掉一些人。假設你的產品是一個新的播客 App，在獲取階段，你成功找到 100 個有興趣的人下載你的 App，結果真正成功激活的使用者，有打開 App 聽完第一則節目的人可能只剩 80 位。有些人在使用 App 過程中覺得體驗不佳或是沒找到有趣的內容，就沒有繼續使用 App，剩下 50 人持續使用你的 App 養成收聽習慣，於是你的留存人數變成 50 人。這 50 人中，有 10 位是你的忠實粉絲，於是上 Dcard 分享 App 使用心得，或是推薦其他朋友一起加入

使用，最後有 5 人覺得這個產品實在太有幫助了，於是付費解鎖更多功能。這個
AARRR 模型可以幫助產品經理了解用戶在使用產品的過程中是哪一個階段遇到了
困難，導致流失的人數最多，透過增進每一個步驟的轉化率找出產品改善的機會
與方向。

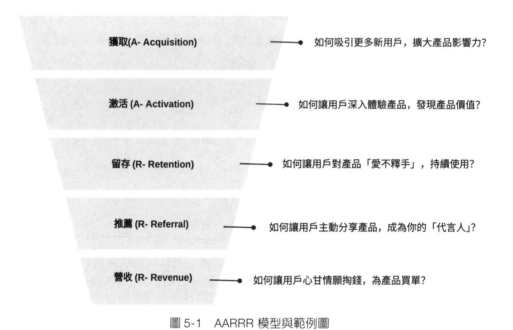

圖 5-1　AARRR 模型與範例圖

關於五個不同的階段，我們要量化他們的成效，本書列出下面幾個常見的對應指
標，幫助我們評估產品的表現，找出用戶成長的瓶頸：

獲取（Acquisition）

- **新用戶數量（New Users）**：衡量產品吸引新用戶的能力。衡量一段時間內新
  註冊或使用產品的用戶數量。這個指標能直接反映產品的吸引力和市場行銷活
  動的效果。

- 獲客成本（Customer Acquisition Cost，CAC）：衡量平均獲取一個新用戶所花費的成本，包括行銷費用、廣告費用、促銷活動等。CAC 越低，表示獲客效率越高。

- 渠道轉換率（Channel Conversion Rate）：衡量不同獲客渠道的有效性。例如廣告點擊率、社群媒體轉換率、網站轉換率等。這能幫助你找出最有效的獲客渠道，並將資源集中在這些渠道上，或是優化不同渠道的內容，例如廣告設計與流程，改善廣告投放策略。

激活（Activation）

- 激活率（Activation Rate）：衡量新用戶完成首次核心行為的比例。例如註冊完成率、首次購買率、首次使用核心功能率等。激活率越高，表示產品越能吸引新用戶並讓他們開始使用。

- 首次體驗時間（Time to First Value，TTFV）：衡量用戶從註冊到首次體驗到產品核心價值所需的時間。TTFV 越短，表示產品越能快速滿足使用者需求，提升用戶留存率。

- 用戶回訪率（Day N Retention）：衡量新用戶在首次使用後，再次回訪產品的比例。

留存（Retention）

- 留存率（Retention Rate）：衡量用戶在一段時間內持續使用產品的比例。例如次日留存率、7 日留存率、30 日留存率等。留存率越高，表示產品越能留住用戶。

- 流失率（Churn Rate）：衡量用戶停止使用產品的比例。流失率越低，表示產品越能維持用戶的忠誠度以和滿足使用者的痛點。

- 用戶生命週期價值（Customer Lifetime Value，LTV）：衡量用戶在整個生命週期內為產品帶來的價值。LTV 越高，表示產品越能從用戶身上獲利。

推薦（Referral）

- 推薦率（Referral Rate）：衡量用戶主動推薦產品給他人的比例。實體的推薦率較難追蹤，但可以透過追蹤推薦連結、邀請碼等方式來進行概略的計算。

- 病毒式傳播係數（Viral Coefficient，K Factor）：衡量每個用戶平均能帶來多少個新用戶。K Factor 越高，表示產品的病毒式傳播能力越強。

- 淨推薦值（Net Promoter Score，NPS）：衡量用戶向他人推薦產品的意願。NPS 分數越高，表示用戶對產品的滿意度和忠誠度越高。通常透過問卷方式收集。

營收（Revenue）

- 平均營收（Average Revenue Per User，ARPU）：衡量每個用戶平均為產品帶來的收入。ARPU 越高，表示產品的變現能力越強。

- 付費轉換率（Paid Conversion Rate）：衡量免費用戶轉換為付費用戶的比例。轉換率越高，表示產品的商業模式越成功。

- 營收成長率（Revenue Growth Rate）：衡量產品營收的增長速度。營收成長率越高，表示產品的商業表現越出色。

哪個產品指標最重要？

前面介紹了這麼多的指標，各自都有不同的觀察面向與方法。我們當然希望可以透過觀察多個指標來協助做出最佳決策，但是如果今天只能看一個指標，你會選擇

哪一個呢？這個問題在面試外商或是資深產品經理職缺時幾乎都會被問到，當然這個問題並沒有絕對的標準答案，但是如果身為產品經理，關注到錯誤的指標，可能會導致產品的策略與方向錯誤。

如果你問我的話，我會認為最重要的指標是「留存率」。 ——Jacky

為什麼我覺得是留存率呢？因為留存率是體現出產品價值的最好方法，客戶留存的核心精神是：**有多少用戶在註冊／試用後，在一段的時間內依舊維持活躍持續使用**。因此，客戶留存指標守備的範圍相當寬廣，從使用者激活開始，當用戶第一次開始試用，完成體驗產品功能的前置步驟，體驗到第一次產品帶來的好處，建立起產品使用的習慣，持續使用產品一段時間，之後降低使用頻率逐漸到停止使用產品，以及停用產品後再次回來重新使用產品，這整個過程都與留存率息息相關。

留存率是產品增長系統的核心，留存率高代表使用者願意一直使用產品來滿足他們的需求，產品有效解決客戶遇到的痛點，使用者忠誠度高。現有客戶滿意，就容易增加推薦與病毒式傳播的機會，降低獲取新用戶的成本。此外，因為使用者需求得以被滿足，提高使用者的付費意願，增加變現能力。提升留存率就像是在滾雪球，隨著時間的推移，它能會為你的產品帶來「複利效應」。提高留存率不僅直接影響產品的用戶數和營收，更能透過口碑效應和病毒式傳播，為產品帶來更多的用戶和更高的價值。

怎麼制定留存率指標？

定義留存率指標的第一步是了解你的產品使用情境（Use Case），因為使用情境是產品的基礎，決定了你如何打造產品、為誰打造以及為什麼打造。一個好的產品使用情境，需要回答以下的問題：

- **使用者的問題**：使用者目前遇到的問題是什麼？問題是不是很嚴重？

- **目標用戶**：哪些人會有這個痛點需要被解決，哪些人是我們想針對的客戶？

- **產品價值**：什麼是目標用戶選擇你的產品的動機跟原因？回答出價值可以幫助你了解那個核心功能幫助使用者解決問題。

- **頻率**：使用者多久遇到一次問題，頻率是每天（例如：開會、傳訊息）、每周（例如外送、加油）、每月（例如繳費、看病回診）、還是每年（例如報稅、大掃除）、數年（例如買賣房子、車子）等等。

將使用者情境確認清楚後，就可以針對以上資訊整合目標用戶與頻率後制定出合適的留存指標，一個好的留存指標不是簡單的 7 日留存率、30 日留存率那麼簡單，而是需要指出人、**頻率**、**行為**三個因素。

一款類似 Uber 的計程車服務怎麼定義出留存率？如果只看 7 日有打開 App 的使用者作為留存率指標可能太過粗糙。而是應該把使用者分為乘客與司機，針對人、頻率、行為三個因素訂出指標：

- **人**：需要搭乘計程車的乘客
- **頻率**：在時間緊急無法等待大眾運輸時會搭乘，每個月搭乘一兩次
- **行為**：透過 App 叫車

》留存率指標：「每月透過 App 叫車的乘客」

- **人**：職業司機
- **頻率**：幾乎每天都花八小時跑車
- **行為**：使用 App 接客

》留存率指標：「每天使用 App 接客的職業司機」

留存率很低怎麼辦？該如何提升留存率？

根據前面的方法定義出了留存率，持續觀察一段時間後發現產品的留存率慘不忍睹，我們應該從哪裡下手提升留存率呢？留存率涉及到了激活、用戶參與和找回流失使用者。我們可以就這三個面向進行更深入地拆解，找出哪一個部分可以改進，進而提升留存率。

1. **激活（Activation）：從「知道」產品，跨越到「習慣」使用產品。**

   激活是讓用戶首次養成使用習慣的過程，他是用戶從其他行銷渠道知道產品後轉變成為對產品核心價值主張產生習慣的橋樑。因此透過改善激活步驟，我們可以讓更多用戶順利地體驗到產品價值，並且協助他們建立產品的使用習慣，進而增加留存率。激活率低，意味著許多用戶在初次接觸產品後，並未真正體驗到產品的核心價值，導致他們迅速流失。要提升留存率，改善激活流程是關鍵的第一步。激活的基礎在於用戶對產品價值的認可。因此，我們必須明確產品的核心價值主張，並確保它切實解決了用戶的痛點。此外，新手引導（Onboarding）是用戶初次體驗產品的關鍵環節。它應該清晰、簡潔、引人入勝，引導用戶快速上手並體驗到產品的核心價值。避免過於複雜的操作或冗長的說明，讓用戶在最短時間內感受到產品的魅力。在激活過程中，不斷強調產品的核心價值，讓用戶明確知道產品能為他們帶來什麼好處。設計合理的激勵機制，鼓勵用戶完成關鍵動作，例如完成個人資料、邀請好友、體驗核心功能等。這些動作有助於用戶更深入地了解產品，並建立使用習慣。激勵可以是虛擬獎勵、折扣優惠、獨家內容等。

2. **參與（Engagement）：不僅僅是「使用」產品，更能「享受」產品。**

   用戶參與可以幫助我們了解用戶與產品互動的深度。提高參與度代表使用者花費更多時間在產品上，進而提高留存率驅動整個增長引擎。當用戶積極參與、頻繁互動，不僅能提升產品黏著度，更能帶來口碑傳播與商業價值。如果用戶已經體驗過產品的價值，卻沒有如我們預期的頻率使用產品，我們要思考是不

是產品提供的價值不如預期，想辦法改善產品的功能與價值，提高參與度。如果本來的產品情境發生頻率就不夠高，則需要創造出更多使用者情境讓使用者可以更頻繁地與產品互動。例如用來導航的地圖 App，核心使用情境只有在對於未知目的地不熟時會使用，真正會打開 App 的頻率並不高，但是加入了即時路況功能與到達目的地預計花費的時間，即使已經很熟悉路線，還是會讓使用者在每次要前往目的地時使用地圖 App，增加產品的參與度。單調乏味的內容和互動方式難以吸引用戶長時間停留。產品經理應該不斷豐富產品的內容和互動形式，提供多樣化的選擇。這可以包括引入遊戲化元素、舉辦線上活動、鼓勵用戶生成內容等，讓產品充滿活力和趣味。

3. 找回流失使用者（Resurrection）：從「停用」產品，回到「使用」產品。

   用戶流失是每個產品都無法避免的挑戰。然而，流失並不意味著終結，而是重新建立聯繫、喚醒用戶興趣的機會。這是一個高級技術活，雖然找回流失使用者的工作往往效果較低且成本較高，但是想辦法讓流失用戶轉變回活躍用戶，可以讓我們挖掘他們停用的原因，進而改善產品。例如遇到了某個產品 bug、被無預警登出無法登入或是當時註冊的信用卡刷卡失敗導致無法付款等等，試著解決流失使用者遇到的問題對於增加留存率有不小的幫助。另外，應該降低使用者回歸的門檻，簡化回歸流程。例如，提供一鍵登錄、保存使用者之前的數據、提供專屬回歸優惠等，讓使用者可以輕鬆回歸，無需付出太多努力。同時，每個使用者流失的原因不同，因此召回方案也應個性化定制。針對不同流失原因，提供相應的解決方案和激勵措施。例如，針對功能需求未滿足的用戶，可以介紹新功能；針對體驗不佳的用戶，可以提供專屬客服支持等等。（有一種流失使用者是無法找回的，就是他的需求已經不在，例如父母買了嬰兒車，但過了三四年隨著小孩長大所以不再需要嬰兒車，停止使用，這種使用者就會被歸類為自然流失）。

身為產品經理，一定要定義出適合自己產品的留存指標，唯有如此，你才真正了解你的產品是否提供目標用戶核心價值。透過從使用者情境所設計出的人—頻率—行為留存指標，檢視用戶使用產品的生命週期，找出需要改進的方向。如果你的產品已經正式上線，把提升留存率當作你的首要任務，讓你的產品成為用戶離不開的「必需品」，實現真正的長期成長！

RARRA 框架

AARRR 的框架被提出後廣泛的被大家使用，但隨著軟體服務的興起，發現**獲取新用戶不再是重中之重**，回顧過去我們可以看到許多新創產品一下子就火爆起來，像是前陣子的 Clubhouse，透過飢餓行銷的方式一堆人搶著要邀請碼，很多人一窩蜂地希望可以試用跟體驗，但是熱潮一過，現在幾乎沒有人在使用它了，在大家的生活中銷聲匿跡。有更甚者，很多 App 透過廣告的方式，例如我們在臉書、Instagram 看到的手遊廣告或是一秒去背修圖軟體，想辦法用吸引人的廣告騙很多使用者下載，結果實際上 App 根本沒有像廣告宣稱地那麼厲害，導致許多用戶下載後用過一次就把 App 刪除，可能不到三天就會流失掉七成左右的日活躍用戶，這些產品充其量只是「租用」了流量，這些流量根本就沒辦法被你的產品留住，最後使用者跟著流失殆盡。因此讓客戶持續回到你的產品，一直使用下去才是最重要的事情。

如果你的產品留存率很低，還把精力花在找更多新使用者，沒有專注於留住現有客戶，那麼你只是短視近利，對產品長遠的發展一點幫助也沒有，一旦停止砸更多資源獲取新使用者或是流行消退，這個產品也將宣告結束。

—— Jacky

所以 RARRA 框架將**留存率（Retention）**提升到了最前面，成為最重要的增長指標，因為只有當使用者有在使用你的產品，才能夠建構出一個持續的使用者群體，讓你的產品持續創造價值。RARRA 框架的順序是：

1. 留存（**Retention**）

2. 激活（**Activation**）

3. 推薦（**Referral**）

4. 營收（**Revenue**）

5. 獲取（**Acquisition**）

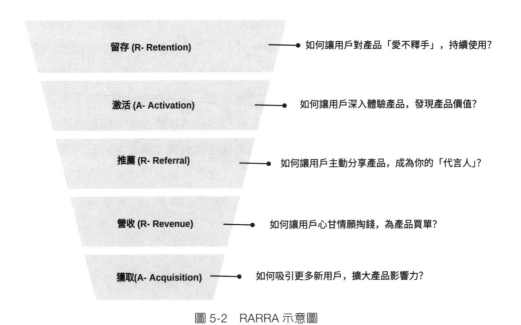

圖 5-2　RARRA 示意圖

激活（Activation）是什麼？一次體驗定生死？

在 RARRA 框架中，我們把留存（Retention）的重要性放到第一位，激活（Activation）仍然穩坐第二名，到底激活是什麼，為什麼這麼重要呢？激活會接觸到所有新獲取的潛在用戶，可以想像成**新用戶的產品初體驗到養成習慣的過程**。

> 在迅速變化的時代，第一印象是最後的印象。　　　　　　——Jacky

你有與交友 App 的網友約出去見面的經驗嗎？如果你們第一次見面的過程中，對方讓你心動不已，留下良好的印象，你肯定會想再約下次見面、保持聯絡希望更了解他一點。但如果對方在第一次約會過程中的印象分數很差，例如第一次見面就大遲到，穿著打扮也很邋遢，你回家後就直接打開 App 封鎖，不會再給他任何機會，即使你還沒有花時間了解他的內心與三觀。產品也是一樣，糟糕的第一印象會讓使用者毫不猶豫地轉身離開，即使之後推出再好的功能也無法挽回他們的心。因此，如果仔細觀察留存曲線，你會發現用戶流失最嚴重的階段，往往就是剛開始使用產品的那段時間。為什麼？因為他們還沒愛上你的產品，還沒有養成使用習慣！激活的過程就是從他們第一次使用產品，設定好前置作業，體驗到產品帶來的價值，進而建立出習慣的過程。

如何有效地激活用戶

在討論如何有效地激活用戶前，首先我們要先知道激活用戶時他們需要體驗到什麼價值？和留存率一樣的分析方式，我們需要針對我們的目標用戶，針對他們不同的問題，找到對應的產品功能解決方案。例如前面提過類似 Uber 的計程車 App，身為不同的乘客，會遇到不同的問題。一種乘客是擔心乘車安全，對應的解決辦法是提供司機的資訊、分享即時行車狀態給家人朋友，當這類型的乘客體驗到「安

心搭乘服務」，才算是第一次讓客戶體驗到產品價值。另一種乘客類型是行動不便的人，但在路邊很難攔到無障礙計程車，而產品對應的功能是在叫車時有不同的客製化選擇，例如：無障礙計程車、可以載寵物、可以載貨等等，當使用者「完成客製化的乘車體驗」才算是讓他們體驗到產品價值。因此，激活的主要目標是讓使用者第一次體驗到產品好處，發出「啊哈！真是太棒了！」的驚嘆，進而培養出產品使用習慣的過程。

使用者與產品展開互動，對產品的核心功能感到驚艷前，通常會需要進行一些「前置作業」。像是他們必須要填入個人資料、為了付車資要填入信用卡資料、為了要傳送即時乘車資訊要填入聯絡人資料、要填入乘車地點與目的地、客製化的資訊等等，而這個前置作業階段常常是使用者沒有體驗到產品價值的一大主因。你有沒有過下載一個 App 但因為註冊流程過於冗長直接放棄的經驗，或是買了電子產品之後，自己試了半天但還是不會用，只好把它放在房子角落長灰塵，這些就是因為沒有設置良好的前置作業流程導致的。一個有效地激活用戶過程應該要思考在使用者從前置作業到初次體驗產品價值到建立習慣三個階段，並且透過漏斗的方式確認每一個階段的轉換率，找出哪個步驟是可以進行優化的。現在，讓我們試著檢視這三個階段的優化方式：

前置作業階段

這個階段是使用者要第一次體驗到產品價值前所需要進行的前置設定。這個階段的重點是為了體驗而鋪路。身為產品經理，我們要釐清哪些步驟是必須的、是對於體驗有助益的，哪些是可以之後再處理的，前置作業階段跟學校運動會邀請來賓們演講一樣，越簡短越好。現在的使用者普遍缺乏耐心，如果要求使用者做這個做那個，沒有迅速讓他們體驗到產品的價值，那麼很可能留下產品很難用的壞印象就轉身離開了。有兩種前置作業是必須在初次體驗產品價值前必須完成的，一種是權限與條款的同意，例如需要請求存取相簿或地理位置的權限、閱讀並同意使用者條款與隱私權政策等等，這些攸關法規與使用者權益的前置步驟不可避

免。另一種則是對於創造首次產品使用體驗有「助益」的前置作業，例如 Medium 是一款部落格寫作平台，在初次使用前會先請你勾選你感興趣的主題，藉此推送你可能感興趣的文章，讓你在第一次瀏覽網站時可以更快速地找到令你喜愛的文章內容。或者是 Line 通訊軟體，你必須先加入朋友，才能體驗到與朋友免費傳訊息跟貼圖進行通訊的核心功能。實體產品也有前置作業階段，例如你去 IKEA 買了一款升降桌，你的前置作業就是要把這些桌板零件組裝，並且插上電源擺到定位，如果組裝過程像是拼 1000 片拼圖，那很多使用者可能直接放棄，選擇退貨。

如何讓更多使用者完成前置作業階段的方法：

1. **梳理前置作業的流程**：從使用者接觸到產品開始到使用到核心功能為止，列出每一個步驟，越仔細越好，檢驗每一個步驟或資訊是否必要。例如註冊流程是否必要，使用者可否在不用註冊的情形下先體驗產品價值。例如餐廳訂位網站就有訪客模式，在還沒註冊與登入前先搜尋想要訂位的餐廳、時間與人數，確定想吃的餐廳在該時段有位置，可以訂到位才要求使用者輸入個人資料，讓使用者先體會到產品的價值，才提供個人資料。如果產品的服務一定需要先註冊和登入，可以透過第三方登入的方式（SSO）降低門檻，例如使用 Gmail 帳號、Facebook 帳號、Line 帳號登入，先登入後等需要其他資訊時再請使用者填寫。例如等到使用者需要付費時，再讓他們填寫購買資訊與發票地址。很多產品經理在設計產品時為了讓自己更好地掌握使用者的輪廓，會在註冊流程蒐集各種使用者資訊，例如生日、年紀、職業、收入範圍等等，有了這些資訊確實在之後分析目標客戶會有更充足的資料，但這也容易讓使用者因為冗長的註冊過程而流失。別忘了，激活的核心在於讓使用者體驗產品價值，而不是完整的前置作業流程。

2. **提供進度條或是清單**：把前置作業的步驟明確地告訴使用者，讓使用者知道需要幾個步驟，目前已經完成多少步驟，還差幾步就可以完成，減少中途放棄的可能。這種一步一步漸漸完成可以為用戶帶來成就感，以心理學的角度，人類在看到進度條沒完成或是清單還有沒被打勾的事情，會傾向去完成那些尚未達

成的挑戰，每完成一個步驟進度條往前一些、在清單上多打了一個勾都可以讓使用者感到被獎勵。

3. **提供輔助**：別忘了，前置作業對於使用者是無聊且無意義的，他們想要的是體驗產品價值，因此在這個階段我們要盡可能提供輔助，加速他們完成前置階段。例如：下拉選單比提供文字框讓使用者打字來得容易，填寫電話號碼跳出數字鍵盤比字母鍵盤容易。除此之外，善用演算法的推薦，例如 Facebook 會在一開始幫你推薦可能認識的朋友，你不需要去文字框搜尋你的好友名字，只需要瀏覽跟點擊認識的朋友就可以加入好友。或是根據附近的使用者的使用記錄推薦幾個可能會感興趣的主題，讓使用者更快速完成偏好設定等等。對於實體產品，則可以貼上一些提供步驟提示，例如拆箱時用提示貼紙標示側邊還有容易被忽略的零件需要取出。

初次體驗產品價值階段

此階段是使用者第一次體驗到產品的核心價值主張的時刻。當我們分析了目標用戶，使用者問題，和對應的產品功能解決方案後，我們會定義出使用者的關鍵行動是什麼，這個階段我們要確定使用者是否在使用產品的過程中象個無頭蒼蠅感到無所適從、不知道下一步該採取什麼行動。有些產品隨著功能越來越多，使用起來也越來越複雜，使用者初次使用產品時，如何引導用戶採取行動去體驗核心功能？最常見的方式是透過新手引導（Onboarding）。新手引導可以引導使用者學習如何使用產品，縮短使用者摸索產品的時間。常見的導覽方式是透過教學影片、一頁一頁滑動式的展示與互動式的步驟教學。教學影片常見於工具類的產品，尤其是許多系統有著複雜的操作功能，像是雲端服務教你如何設定網域、如何管理容器（Container）、串接 API 等等，透過教學影片，使用者可以學著如何去操作這些功能進而完成他們想要的工作。第二種方式則是一頁一頁滑動式的展示，常見於 App 服務，在一開始會先跳出介紹頁面，可以往右滑看下一頁，通常會介紹幾個 App 可以帶來的價值與操作方式。這個方式在過去幾年流行過一陣子，但是普遍而言成效並不好，因為使用者急著想要體驗產品，所以很多人都直接滑過去沒

有花時間在觀看這些介紹頁面。第三種則是互動式的步驟教學，這種方式是透過彈出式解說框，並且引導使用者一步一步點擊，帶著使用者操作產品，進而完成第一次的產品價值體驗。使用新手引導時要注意，我們的目標是幫助使用者更快達成體驗產品的目的，而不是阻礙。所以應該透過使用者的行為數據進行持續地追蹤，確認導覽方式是有助於初次產品體驗。因此在業界也有此一說，厲害的產品體驗設計是不用教使用者怎麼用，他們也能輕易上手。

直覺勝千言，優秀產品無需說明書。　　　　　　　—— Jacky

除了新手引導，提供一些範例讓使用者體驗產品價值也是很常見的方法。像是 ChatGPT，當使用者打開首頁是一個對話框，使用者可能不知道該從何開始，可以問 ChatGPT 什麼問題，於是在首頁 ChatGPT 提供了一些問題範例，使用者只需要按一下那些問題範例，就能體驗到問問題與得到回答的核心價值主張。

圖 5-3　ChatGPT 簡化前置作業階段，免註冊即可體驗產品核心功能，
並提供範例問題加速使用者完成初次體驗產品價值階段

建立習慣階段

建立習慣階段是激活過程的關鍵，因為它確保用戶不僅僅是試用產品，而是將其融入日常生活，成為忠實用戶。在這個階段，產品的核心價值已經被用戶體驗和認可，現在的目標是讓他們持續使用，將產品變成一種不可或缺的習慣。在還沒有正式養成習慣前，可以透過設計引人入勝的產品體驗，讓用戶每次使用都能獲得滿足感和成就感。例如遊戲化元素、進度條、獎勵機制等方式實現，讓使用者在使用產品的過程中感受到樂趣和進步。產品也應該提供足夠的深度和變化，避免用戶感到單調乏味。其次，個性化推薦和內容推送是培養習慣的利器。透過收集和分析用戶行為數據，我們可以了解他們的興趣和偏好，為他們提供量身定制的內容和推薦。這種個性化體驗讓用戶感覺產品更懂他們，從而增加他們的使用頻率和黏著度。例如，音樂串流服務可以根據用戶的聽歌歷史推薦歌曲，新聞應用可以根據用戶的閱讀習慣推送相關新聞。第三，社群互動和用戶參與也是建立習慣的重要因素。鼓勵用戶在產品內部或外部的社群中互動、分享和交流，可以增強他們的歸屬感和參與感。舉辦線上活動、討論會、用戶創作比賽等，都能夠激發用戶的熱情，讓他們更頻繁地使用產品。例如，健身應用可以建立社群讓用戶分享運動成果和心得，遊戲可以舉辦線上比賽，增加用戶之間的互動。最後，持續的產品優化和更新是維繫用戶習慣的關鍵。沒有人喜歡一成不變的產品。產品團隊應該定期推出新功能、優化用戶體驗、修復錯誤，讓用戶感受到產品在不斷進步。同時，積極收集和回應用戶反饋，讓用戶感受到他們的意見被重視，從而增加他們對產品的信任和忠誠度。

增長循環框架

我們介紹了 AARRR 框架與 RARRA 框架，這兩個方式都是漏斗式的思維，從上而下注意每一個階段的人數與轉換率，透過增加每個階段的轉換率來達成產品的成功。這是一個直線性、單方向性的思考方式，如果我們換個角度，試著讓每一個

階段的產出，能直接變成下一個階段輸入呢？透過這樣的方式我們可以打造出一個「循環系統」，每個步驟的努力都可以正向影響到整個循環，當這個運作模式越來越成熟時，就可以創造出一個自我強化的成長循環，形成「飛輪」產生複利效應。關於循環思維的細節，可以參考第九章：產品經理的職涯發展：從菜鳥到專家的成長之路的內容。

增長循環是一個循環系統，這個循環系統的最終目標是建立一個自我持續運轉的方法。從獲取用戶開始，然後通過提供價值來保持使用者參與，因為使用者參與所得到的產出再次投資變成獲取更多用戶的養分，持續循環，就像滾雪球一樣越滾越大。增長循環框架的每一個階段會隨著產品的不同相異，因此並不像 AARRR 或 RARRA 框架有固定的階段，每一個產品都可以有自己獨特的增長循環系統，當我們在設計增長循環時需要注意每一個階段的輸入是什麼、可以產生的行動與價值和做出行動後的輸出成果。聽起來很難理解嗎？沒關係，讓我用幾個例子來說明。

範例 1：Uber Eat

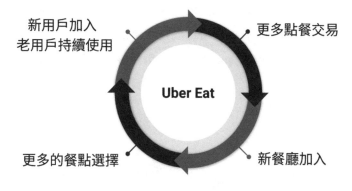

圖 5-4　Uber Eat 範例

對於 Uber Eat 而言，新使用者的加入可以帶來更多的點餐交易，而更多的點餐數量則吸引更多的餐廳願意加入成為 Uber Eat 的合作餐廳，因為更多的餐廳加入，提供了更多的點餐選擇，擁有更多樣化的餐點選擇讓老用戶願意持續使用而且也

能吸引更多的新使用者加入，如此一環扣一環，每一個輸出都是下一個輸入，形成了一個穩定的增長循環。

範例 2：Thread

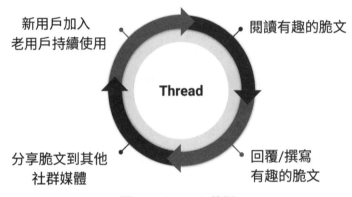

圖 5-5　Threads 範例

對 Thread 而言，新使用者加入，讓有趣的脆文可以被更多人閱讀到，於是脆文得到更多的觀看數與回覆，豐富有趣的內容讓使用者分享到其他社群媒體，而這些分享帶來口碑行銷的威力，有機會接觸到使用者的親朋好友，進而吸引新使用者看到有趣的脆文而開始使用 Thread 或吸引老用戶持續使用，形成增長循環。

範例 3：ChatGPT

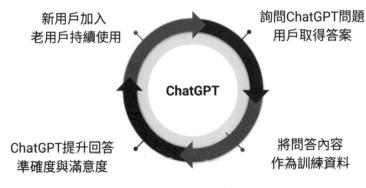

圖 5-6　ChatGPT 範例

對於 ChatGPT 而言，新使用者的加入，透過 ChatGPT 問問題並得到答案，這些問答的內容會變成 AI 模型的訓練資料，因為豐富的訓練資料讓 ChatGPT 可以持續優化每次問題的答案，讓回答變得更精準更符合使用者需求，使用者因為 ChatGPT 可以解決他們的問題，因此願意推薦其他的親朋好友使用帶來更多新使用者，使用者自己也持續使用，形成增長循環。

增長循環的好處是將漏斗式的單方向線性思維，轉化為飛輪效應，每一個階段的輸出是下一個階段的輸入，一環扣一環，創造出複利加成的效果。當每一步驟都互相連結在一起的時候，我們可以用更宏觀的角度去分析整個產品的狀態，找出使用者增長的瓶頸與對應的策略。

> 永遠別忘了，產品上線之後才是開始，你的產品再好，如果沒有使用者，就無法創造價值，別提盈利創造收入了。
> ——Jacky

用戶增長可以幫助我們吸引更多的用戶，讓他們愛上你的產品，並願意留下來。產品的核心是使用者，沒有人用，產品就失去了存在的意義。用戶增長策略能幫助你找到目標用戶，並將他們轉化為忠實粉絲。而用戶增長是所有企業的目標，任何一家公司都希望自己的產品能夠不斷成長，擴大市場佔有率。用戶增長策略能為你提供明確的目標和方向，讓你的產品在競爭激烈的市場中脫穎而出。使用者留存是產品增長的關鍵，獲取新用戶固然重要，但如何留住現有用戶更是成功的關鍵。用戶增長策略不僅關注如何獲取新用戶，更關注如何提升用戶留存率，讓他們對你的產品產生使用習慣。用戶增長策略不能只是憑空想像，而是建立在數據分析的基礎上，透過分析用戶行為數據了解使用者的需求和痛點，透過不同的指標觀察現在面臨的瓶頸與改善的方向，進而制定更有效的增長策略。想要具體提升用戶增長的成效，實驗是最好的方式，用戶增長策略需要不斷的實驗和迭代，透過 A／B 測試、用戶訪談與假設驗證開發等方法，驗證不同策略的效果並不斷優化，找到最適合你的產品的增長方式。

Note

PART

怎樣才是好的產品經理？
高效工作的軟實力百寶箱

第六章

打造「吸睛」履歷：教你
如何撰寫履歷取得面試機會

如果你對產品經理的工作有興趣，對產品經理的工作躍躍欲試，或是你已經是產品經理，想要換到更好的公司或是資深的職位，那麼轉職的第一關就是「履歷」，因此你一定會遇到如何準備履歷的課題。好的履歷帶你上天堂，壞的履歷帶你住套房，寫履歷是一門很深的學問。今天，本書要跟大家分享一個產品經理求職的秘訣：

 身為產品經理，先學著把履歷當成你的「產品」。　　　——Jacky

沒錯！你沒有看錯，既然想成為產品經理，最好的準備方式就是把你自己的履歷，當成一個產品來設計、開發、優化，讓你的履歷成為人資和用人單位愛不釋手的「爆款產品」。準備好你的產品經理大腦了嗎？讓我們一起用「產品思維」打造一份讓面試官眼睛一亮的履歷吧！

圖 6-1　申請工作的第一關卡：履歷

履歷，就是你的「個人產品」

想像一下，你的履歷就是你的產品，身為產品經理的第一步，就是要找出「誰」是你的目標客戶：人資、獵人頭顧問和用人單位主管都是你履歷的目標客戶。他們每天要面對成千上萬個「競爭商品」（其他求職者的履歷），你的目標就是讓你的「產品」脫穎而出，成為他們心中的「必備款」。要做到這一點，首先，我們要深入了解你的「使用者」。

● **人資**：他們是「守門員」，負責初步篩選履歷。他們看重的是履歷是否符合職位要求，是否清晰易讀，是否有明顯的錯誤。在這個資訊爆炸的時代，人資每天可能要面對上百份履歷。因此，一份能夠快速抓住他們眼球的履歷，必須簡潔明瞭、重點突出，沒有任何明顯的錯誤或誇大。它應該像是一幅精心繪製的肖像，讓人在短暫的瀏覽中，就能勾勒出求職者的輪廓，留下深刻的印象。這不僅需要求職者對自身能力和經驗的準確把握，更需要他們對目標職位和企業文化的深入了解。

● **獵人頭顧問**：他們是「星探」，尋找符合客戶需求的人才。他們看重的是求職者的潛力、經驗和技能是否匹配，以及你是否能為客戶帶來價值。獵人頭顧問並非單純地匹配簡歷上的技能和經驗，他們更注重人才的潛力、適應能力和文化契合度。他們會與候選人進行深入交流，了解他們的職業目標、價值觀和工作風格，確保他們能夠在客戶的企業文化中茁壯成長。同時，他們也會為求職者提供職業發展建議，幫助他們在職場中實現更大的成就。對於獵人頭顧問來說，成功不僅僅是完成一筆交易，更是建立長期的合作關係。他們重視與客戶和候選人的信任，以專業和誠信贏得口碑。

● **用人單位主管**：他們是「終極用戶」，決定是否正式錄取你。他們看重的是你的專業能力、解決問題的能力、團隊合作能力，以及你是否能為公司帶來貢獻。在用人單位主管眼中，專業能力是基礎，但解決問題的能力和團隊合作精神同樣不可或缺。他們希望看到求職者面對挑戰時的應變能力、分析問題的邏

輯思維，以及與他人協同合作的意願和技巧。這些軟實力往往決定了一個團隊能否高效運轉，一個項目能否順利推進，一個企業能否持續發展。用人單位主管深知，每一個新成員的加入，都將對團隊產生深遠影響。因此，他們在選拔人才時，不僅關注個人的能力，更看重其與團隊的契合度，以及為公司帶來貢獻的潛力。他們希望找到那些不僅能夠勝任當前工作，更能在未來成長為團隊中流砥柱的人才。

了解使用者的心態和想法還不夠，我們要更具體一些，針對你準備投遞履歷的公司進行研究，並且把這三種主要使用者的人物誌（Persona）寫出來。所謂的人物誌，又稱為使用者畫像或用戶角色，是一種在產品設計、市場行銷和用戶體驗領域中，用來描繪目標用戶的虛擬人物形象。它不僅僅是一份簡單的用戶屬性列表，更是一個立體豐滿的人物形象，擁有姓名、背景、目標、行為模式、痛點和需求等等。人物誌的建立基於對真實使用者的深入研究和數據分析，將抽象的用戶群體具象化為一個個鮮活的人物，幫助產品團隊更好地理解用戶、共情用戶，從而設計出更符合用戶需求的產品和服務。因此，寫出人物誌可以有效地幫助我們換位思考，從使用者的角度檢視你的履歷是否符合需求。

【人物誌 1】人資專員 Amy

- **背景**：30 歲，擁有 5 年人資經驗，負責某知名新創公司各部門的招聘工作。

- **目標**：
  - 在有限的時間內，快速篩選出符合職位要求的候選人。
  - 確保招聘流程順暢，為公司找到合適的人才。

- **痛點**：
  - 每天要處理大量的履歷，難以快速判斷候選人的能力和經驗。

- 許多履歷內容冗長、格式混亂，難以閱讀。

- 有些履歷缺乏關鍵資訊，無法判斷候選人是否符合職位要求。

- 需求：

  - 清晰、簡潔、重點突出的履歷。

  - 包含關鍵字，方便快速篩選。

  - 量化的工作成果，能證明候選人的能力。

  - 良好的排版和格式，易於閱讀。

  - 正確的文法與用字，證明候選人細心且認真看待這份機會。

【人物誌 2】獵頭顧問 Ben

- 背景：35 歲，擁有 8 年獵頭經驗，專注於科技產業的產品經理招聘。

- 目標：

  - 為客戶找到最優秀的產品經理人才。

  - 建立良好的人脈關係，擴大自己的業務範圍。

- 痛點：

  - 市場上優秀的產品經理人才稀缺，難以找到合適的人選。

  - 許多候選人的履歷過於誇大或不實，難以判斷真實能力。

  - 候選人的產業背景與招募企業差距過大。

  - 候選人的期望薪資過高，與客戶的預算不符。

- 需求：

  - 真實、客觀、有說服力的履歷。

  - 強調候選人的獨特價值和競爭優勢。

- 提供具體的案例和數據，證明候選人的能力。
- 清晰的職涯規劃和期望薪資，方便與客戶溝通。

【人物誌 3】用人單位主管 Cammy

- **背景**：40 歲，某科技公司產品總監，負責產品團隊的管理和發展。

- **目標**：
  - 為團隊找到優秀的產品經理，提升產品競爭力。
  - 打造高效能的產品團隊，實現公司業績目標。

- **痛點**：
  - 面試時間有限，難以全面了解候選人的能力和潛力。
  - 許多候選人缺乏實際產品經驗，無法勝任工作。
  - 候選人的價值觀和團隊文化不符，難以融入團隊。

- **需求**：
  - 展現候選人解決問題能力和產品思維的履歷。
  - 強調候選人的團隊合作能力和領導潛力。
  - 提供具體的案例，證明候選人能為公司帶來價值。
  - 展現候選人的熱情和對產品的深入理解。

履歷內容，就是你的「殺手級功能」

了解「使用者」是誰和他們的痛點與需求，接下來就要思考你的「產品」該有哪些「功能」滿足他們的需求，以及有沒有「殺手級的應用」。這時候不要急著打開 Word 寫履歷，而是先蒐集更多資訊，確認他們的「需求」是什麼？首先，仔細研

究他們在 Linkedin、104 或是公司官網上的徵才訊息，確認你要應徵的職位工作內容、經歷要求與職缺描述。接著打開公司的官方網站，了解他們的產品與服務。想像你在做產品策略分析，了解他們的產品規格、市場定位、潛在競爭者、銷售渠道與增長策略等等。除了產品與服務，公司文化也非常重要，透過公司的 Linkedin、Facebook 粉絲專頁或是 Youtube 頻道，了解公司文化可以了解公司的價值觀與行為模式，還有工作的方式與態度。例如你想要應徵亞馬遜產品經理的職位，在亞馬遜有 16 條領導力原則，當你在準備履歷內容時，就要想辦法用過去經驗證明你符合這些領導力原則，是他們渴望的人才。當然，其他前輩的經驗也是重要的參考依據，可以上一些論壇試著找找關於那間企業的面試準備方法與經驗。在摸清楚企業的需求以後，在設計出對應的履歷內容：

● **個人簡介**：這是你的「產品定位」，用一句話告訴用戶你是誰，你能為他們帶來什麼價值。

● **工作經歷**：這是你的「產品功能」，展示你過去的成就和貢獻，證明你的實力與價值。

● **技能專長**：這是你的「產品規格」，列出你所掌握的技能，讓用戶知道你能做什麼。

● **教育背景**：這是你的「產品認證」，證明你的學習能力和專業背景，就像產品通過 ISO 認證或是 NCC 認證，可以讓使用者對你的產品更具信心。

● **其他**：這是你的「附加價值」，例如獎項、證照、志工經驗等，讓你的「產品」更具吸引力。

履歷排版與細節，就是你的「使用者體驗」

有了「功能」，還不夠！你的「產品」還要有良好的「使用者體驗」，才能讓人資和用人單位愛不釋手。關於排版，即使你缺乏美感也沒有關係，現在網路上有很多

履歷的工具，可以協助我們做出簡潔美觀的排版設計，像是 Cake（以前的 Cake Resume）、Resume.io、Linkedin 等等。幾個重要的履歷細節如下：

- **排版**：就像 App 的使用者介面設計，履歷的排版要清晰易讀，重點突出。

- **字體**：就像 App 的字體選擇，履歷的字體要專業、易讀，切記不要使用不常見的字體，例如華康少女體、POP 字體等等。常見適合的英文字體有：Arial、Cambria、Garamond 和 Times New Roman。中文字體有：新細明體、標楷體、微軟正黑體。

- **長度**：就像 App 的安裝需求空間，如果安裝空間太大，可能還沒安裝就放棄了，同樣地，履歷如果落落長，很難讓使用者願意花時間好好閱讀，因此履歷要精簡扼要，不要超過兩頁。

- **校對**：就像 App 的 bug，履歷要仔細檢查，確保沒有任何錯誤。這裡的錯誤很多人誤以為只是看有沒有打錯字，事實上在履歷的撰寫中還有幾個常見的錯誤像是：每份工作的起始和結束時間是否正確、公司名稱是否為全名、工作經歷是否依照時間正確排序等等。

身為產品經理還要能打造出讓人愛不釋手的用戶體驗，因此我們需要針對履歷：

1. **添加關鍵字**：在履歷中加入產品經理職能的關鍵字，讓你的「產品」更容易被搜尋引擎找到。在資訊爆炸的時代，招聘人員每天都要面對大量的履歷。如何讓你的履歷在眾多競爭者中脫穎而出？答案是：「關鍵字」。就像搜尋引擎優化一樣，你需要在履歷中巧妙地嵌入與目標職位相關的關鍵字，讓招聘人員或履歷篩選系統（Applicant Tracking System，ATS）能快速識別你的專業能力。但切記，關鍵字並非越多越好，過度的堆砌反而會適得其反。關鍵在於自然流暢地將關鍵字融入到你的技能、經驗和專案描述中，讓履歷既符合 ATS 的要求，又保持良好的可讀性。

2. **客製化**：針對不同的公司與職位，調整你的內容（產品功能），讓它更符合用戶的需求。每個公司、每個職位都有其獨特的需求和文化。你的履歷應該像一款優

秀的產品，能夠根據不同用戶的需求進行調整和適配。在投遞履歷前，花時間深入了解目標公司和職位，有針對性地調整履歷內容，突出最相關的技能和經驗。切忌一份履歷打天下，要讓每份履歷都體現出你對職位的理解和熱情。

3. **作品集**：就像產品 Demo，展示你的作品，讓使用者更直觀地了解你的能力。產品經理深知，再好的產品描述，都不如讓用戶親身體驗來得直觀。同樣的道理，在履歷中展示你的作品集，可以讓招聘人員更直觀地了解你的能力和成就。透過數據圖表、產品截圖、用戶回饋等方式，將你的專案成果視覺化，用數字說話，量化你在過去專案中取得的成績。如果你有個人網站或作品集平台，更能集中展示你的專業實力，為你的履歷增色不少。

別忘了，在第一次投遞履歷後才是真正的開始，要持續針對履歷進行迭代與優化。投遞履歷後，如果成效不如預期（被拒絕的比例過高或是收到人資回覆的比例過低），就要重新檢視履歷還有哪些地方還可以改進，持續調整優化。畢竟，現在的產品經理的競爭激烈程度堪比奧運會。每天，科技巨頭們的人資信箱都會被求職信淹沒，而你的履歷，很可能只有短短幾秒鐘的時間來抓住他們的目光。在這場殘酷的淘汰賽中，一份出色的履歷，就是你的入場券。當然，想要打造一份「吸睛」履歷可不是一件容易的事，許多人對履歷存在著各種迷思，而這些迷思就像絆腳石，讓你的履歷更容易石沉大海。現在，就讓我們來一一破解這些迷思吧！

破除迷思，打造「吸睛」履歷

迷思一：履歷越長越好？錯！

很多人以為履歷越長，代表經歷越豐富，越能展現自己的能力，之前我在擔任面試官時，還看過有人的履歷洋洋灑灑超過十頁。但事實上，人資與面試官們每天要看幾十幾百份履歷，根本沒時間細讀你的「長篇小說」。一份又臭又長的履歷，只會讓他們感到厭煩而且找不到重點，甚至直接扔進垃圾桶。請記住，履歷不是

寫論文，而是寫廣告，回頭看看人物誌，想想你是他們，會希望看到什麼樣的履歷。你的目標是在最短的時間內，讓人資與面試官看到你的亮點和價值。所以，精簡扼要才是王道。把你的「豐功偉業」濃縮到一至兩頁，讓人資與用人主管一眼就能抓住重點。

迷思二：履歷一定要附上照片？大可不必！

除非應徵的職位有特殊要求，否則在履歷上放照片，其實沒什麼必要。尤其是在外商，他們更看重的是你的能力和經驗，而不是你的外貌。而且，放上照片還可能引發不必要的偏見，或是不小心讓他們惹上歧視的麻煩。想像一下，如果你的照片讓人資聯想到他討厭的前任，那你的履歷很可能還沒被認真看，就被打入冷宮了。所以，就算你有十足的把握你超帥超美能為你大加分，我建議還是別放了吧！當然，我知道在台灣許多公司還是習慣要有照片，有些人力銀行或線上履歷的模板也都有保留照片的欄位，一樣你要以產品經理的角度思考履歷的使用者是誰，你要應徵的這間公司會不會希望你附上照片。例如你今天準備面試外商科技業，那就不需要附上個人照。

迷思三：履歷要附上自傳？免了吧！

我之前幫很多人看履歷時，常看到他們會寫自傳，而自傳內容大多都是：「我是周星馳，今年二十七。畢業於哈佛跟劍橋，雙碩士學位。目前在行運茶餐廳上班。爸爸是霸王槍的傳人，所以從小耳濡目染，興趣是踢足球跟撲克，師承黃金右腳與賭神 ...」

別忘了人資與用人主管一分鐘幾十萬上下，這些內容通常冗長又缺乏重點，很難引起他們的興趣。他們想知道的是你的專業能力和工作成就，而不是你的童年趣事或人生哲學，還有你的爸爸媽媽是誰（如果你爸媽是這間公司的老闆或是重要客戶就另當別論）。與其浪費時間寫自傳，不如好好打磨你的個人簡介，用簡短有

力的文字，讓人資與面試官快速了解你的背景、專長和成就。履歷這就像是電影預告片，而你本人才是整部電影，預告片的目的是在短短幾分鐘內抓住觀眾的目光，讓他們想花更多時間看整部片，邀請你進入面試階段。

迷思四：工作經驗最重要？錯！

工作經驗很重要，但是產品經理的價值，當然不只是工作經驗的陳述。解決問題的能力、數據思維、溝通技巧、領導力，這些都是產品經理必備的軟實力。你的履歷應該全面展示你的能力，而不是只有流水帳的工作經歷。

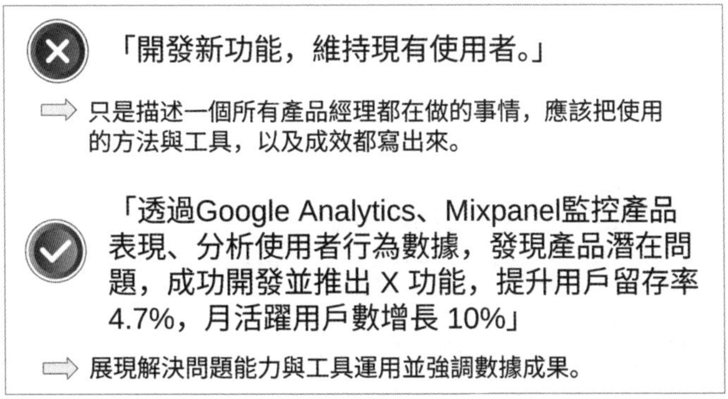

 「開發新功能，維持現有使用者。」

⇨ 只是描述一個所有產品經理都在做的事情，應該把使用的方法與工具，以及成效都寫出來。

 「透過Google Analytics、Mixpanel監控產品表現、分析使用者行為數據，發現產品潛在問題，成功開發並推出 X 功能，提升用戶留存率4.7%，月活躍用戶數增長 10%」

⇨ 展現解決問題能力與工具運用並強調數據成果。

圖 6-2　工作經驗的陳述方式

以上這些迷思，主要是我在台灣大型科技公司與外商公司的面試與擔任面試官協助篩選履歷的經驗，希望能幫助大家擺脫履歷常見的錯誤觀念。然而別忘了，目標使用者不同，產品就會不同。如果今天你要面試的公司希望你可以附上自傳，那就應該在應徵時附上自傳。如果公司希望你可以在履歷上有一張照片，那就附上一張專業的照片。這些迷思講的是通則，還是需要實際情況進行判斷與調整。現在，讓我們更進一步學習如何打造一份「黃金比例」的履歷架構，讓你的履歷更有邏輯、更具可讀性。

履歷架構，打造「黃金比例」

一份出色的履歷，不僅內容要精彩，架構也要清晰有條理。就像蓋房子，地基打得好，房子才能穩固。現在，就讓我們學習如何打造一個「黃金比例」的履歷架構，讓你的履歷在眾多競爭者中脫穎而出。

1. 個人簡介：30 秒決勝負的電梯簡報

想像一下，你在電梯裡遇到夢寐以求的公司 CEO，你只有 30 秒的時間介紹自己，你會說什麼？這就是個人簡介的精髓所在。關於電梯簡報的更多細節，在第八章：溝通與領導：打造高效產品團隊的關鍵中有更深入的描述。

準備電梯簡報的方法

- 精煉你的「個人品牌」：用一句話總結你的專業身分和獨特價值。例如：「熱愛數據的產品經理，擅長透過用戶洞察和實驗驅動產品成長。」

- 強調你的「超能力」：突出你最擅長的技能和經驗，讓面試官對你留下深刻印象。例如：「5 年產品經驗，成功打造兩款千萬用戶產品。」

- 展現你的「熱情」：讓面試官感受到你對產品的熱愛和對工作的投入。例如：「熱衷於解決用戶痛點，致力於打造改變世界的產品。」

實際例子

產品經理 | 數據驅動 | 擅長用戶增長

5 年產品經驗，成功打造兩款千萬用戶產品。熱愛數據分析，擅長透過用戶洞察和實驗驅動產品成長。熱衷於解決用戶痛點，致力於打造改變世界的產品。

---

2. 工作經歷：列出你的「戰績」而非「工作內容」

工作經歷是履歷的重頭戲，但千萬別把它寫成流水帳！很多人會列出工作內容，例如寫下：「蒐集使用者需求並轉化為規格，撰寫產品規格書，交付產品功能」或是「分析市場趨勢及競爭者產品，制定產品差異化策略」等等。這些都是產品經理的工作內容，這些內容並沒有表現出你的個人特色和你過去立下的種種戰功。因此我們需要善用 STAR 法則（Situation、Task、Action、Result），讓你的工作經歷更有故事性、更具說服力。透過 STAR 法則把每一條戰功的情境、任務、行動、結果列出來以後，再把每一條的工作經歷內容進行精煉，套用以下的模板：

中文

- 做了【行動】，完成【任務】，帶來【成果】

  【範例】透過與行銷部門合作，深入分析市場趨勢與競爭態勢，制定產品定位和目標客群策略，促使 XX App 下載量年成長 24%，活躍用戶數年成長 35%

英文

- **Accomplished【X】as measured by【Y】by doing【Z】**

  【範例】Improved user satisfaction by 16% increase in NPS and a 21% reduction in customer support tickets by conducting user research to identify pain points, prioritized user feedback, and implemented design improvements.

準備工作經歷方法

在每一份工作經驗中，請先思考

1. 自己在這份工作中最自豪的三個成就是什麼？

2. 過去在進行績效考核時，你的實際成績有哪些？

3. 遭遇過最嚴峻的挑戰是什麼？

4. 和哪些部門的合作經驗或衝突經驗，最後如何解決？

5. 遇到與主管或是其他同事意見不合的經驗，最後如何解決？

以上問題都想到答案以後，用下面的四個法則把答案重新整理一遍。

- **Situation**（情境）：簡述專案背景和面臨的挑戰。

- **Task**（任務）：描述你在專案中的具體任務和目標。

- **Action**（行動）：說明你採取了哪些行動來完成任務。

- **Result**（結果）：量化你的貢獻，用數據證明你的價值。

最後再進行文字的精煉，透過上面的模板讓內容去蕪存菁。

 專注在你完成什麼，而不是你做了什麼。別人也能做這件事，沒有說明足夠的背景不知道你的貢獻在哪。請透過 STAR 說明你的影響力。

——Jacky

實際例子

- **情境**：公司旗艦產品用戶留存率下降 10%，面臨用戶流失危機。

- **任務**：負責找出問題原因，並提出解決方案，提升用戶留存率。

- **行動**：透過用戶訪談和數據分析，發現產品核心功能存在缺陷，導致用戶體驗不佳。重新設計核心功能，並進行 A／B 測試驗證。

- **結果**：新功能上線後，用戶留存率提升 15%，成功扭轉用戶流失趨勢。

文字精煉，套用模板造樣造句：做了【行動】，完成【任務】，帶來【成果】

產品經理 | ABC 公司 | 2022 年至今

- 主導用戶訪談與數據分析，發掘產品核心功能缺陷，提出優化方案，以 A／B 測試實驗新功能，成功將用戶留存率提升 15%。

3. 技能專長：你的「工具箱」有多厲害？

產品經理需要十八般武藝樣樣精通，你的「工具箱」裡有哪些寶貝呢？在這裡，你可以列出你所掌握的產品經理技能，讓面試官對你的能力一目瞭然。

準備技能專長方法

- **分類整理**：將技能分為硬技能（如市場分析、數據分析）和軟技能（如溝通協調、領導力）兩類。

- **對應職位**：根據應徵職位的要求，調整技能的呈現順序和重點。

實際例子

硬技能（Hard Skills）

- 市場分析（Market Analysis）
  - 深入了解目標市場的規模、趨勢、競爭態勢。
  - 分析使用者需求、痛點和行為，找出市場機會。

- 用戶研究（User Research）
  - 透過訪談、問卷調查、數據分析等方式，了解使用者需求、偏好和行為。
  - 將用戶洞察轉化為產品功能和設計。

- 數據分析（Data Analysis）
  - 熟練使用數據分析工具（如 SQL、Tableau），分析產品數據。
  - 根據數據結果，評估產品表現、找出問題，並提出改進方案。

- 產品策略與規劃（Product Strategy and Planning）
  - 制定產品路線圖（Roadmap），明確產品發展方向和目標。
  - 規劃產品功能、優先級和時程。

- 專案管理（Project Management）
  - 熟練使用專案管理工具（如 Jira、Asana），管理專案進度和資源。
  - 協調跨部門合作，確保專案如期完成。

- 產品行銷（Go-To-Market Strategy, Product Marketing）
  - 制定產品上市括目標客群、定價、行銷管道等。
  - 撰寫產品文案、宣傳資料，提升產品知名度。

軟技能（Soft Skills）

- 溝通協調（Communication）

  - 能清晰表達自己的想法，與團隊成員、stakeholders 進行有效溝通。
  - 善於傾聽，理解他人觀點，並達成共識。

- 跨部門合作（Collaboration）

  - 能與工程師、設計師、行銷人員等不同團隊合作，共同推動專案。
  - 建立良好的跨部門關係，促進團隊合作。

- 問題解決（Problem-solving）

  - 能快速發現問題、分析問題，並提出有效的解決方案。
  - 在壓力下保持冷靜，並做出明智的決策。

- 領導力（Leadership）

  - 能激勵團隊士氣，帶領團隊達成目標。
  - 建立信任，贏得團隊成員的尊重和支持。

- 簡報技巧（Presentation Skills）

  - 能清晰、有條理地表達產品理念和策略。
  - 善用視覺化工具，讓簡報更具吸引力和說服力。

- 談判技巧（Negotiation Skills）

  - 能與不同利益相關者（如工程師、設計師、業務）進行談判，達成雙贏局面。
  - 在資源有限的情況下，為產品爭取最大利益。

4. 教育背景：你的「學霸證明」

教育背景雖然不是最重要的，但也能為你的履歷加分。如果已經有工作經驗，只需要填寫最高教育的學校與科系就好。如果是剛入行的產品經理，教育背景可以彌補工作經驗的不足。產品經理的好處是他並沒有一定的專業學科背景要求，而且你的教育背景很多時候可以為產品經理的工作加分。例如：資訊管理 / 資訊工程等相關科系培養了學生對技術的理解，包括軟體開發、數據庫、網路等。這對於產品經理與工程師團隊溝通、理解技術限制和可能性非常有幫助。商業管理 / 行銷等商管科系的學生通常具備市場分析、商業策略、行銷規劃等方面的知識，這對於產品經理進行市場調研、競品分析、產品定位和推廣策略制定非常重要。設計相關科系則培養學生的美感、用戶體驗和介面設計等能力，這對於產品經理與設計師溝通、確保產品視覺和交互體驗至關重要。心理學 / 社會學 / 人類學等科系培養了學生對人類行為、心理和社會互動的理解，這對於產品經理進行用戶研究、需求分析和設計用戶友好的產品非常有幫助。傳播 / 新聞等科系這些科系培養了學生的溝通、表達和寫作能力，這對於產品經理與團隊成員、利益相關者和用戶進行有效溝通非常重要。電機工程 / 機械工程的學生則培養了很多硬體技術的知識，對於硬體的產品經理所需具備的技術知識提供很好的基礎。

準備教育背景方法

- **重點突出**：列出你的最高學歷、專業和與產品經理相關的課程。

- **成績優異**：如果你是成績優異的乖寶寶，建議在履歷中提及 GPA 與成績，至於當時成績普通的同學，可以不用特別提及沒有關係。

- **相關經驗**：如果在學期間有相關實習或專案經驗，或論文題目也可以在此提及。

實際例子

教育背景

- 國立台灣大學 資訊管理學系 學士（2018-2022）
    - GPA：3.8 / 4.0
    - 相關課程：軟體工程、生成式人工智慧應用、人機互動、軟體專案管理

5. 其他：你的「加分題」

除了上述內容，你還可以在履歷中加入一些「加分題」，讓你的履歷更豐富、更具吸引力。

- **獎項榮譽**：例如產品設計比賽得獎、黑客松獲獎等。

- **證照資格**：例如產品經理認證、專案管理師認證、線上課程認證等。

- **志工經驗**：例如參與社區服務、公益活動等。

- **語言能力**：通常會寫自己的中文與英文程度，如果還會其他國家語言，例如日文或西班牙文，也可以列出。

- **個人興趣**：與產品經理相關的興趣，例如寫部落格、參與產品社群等，如果是唱歌跟跳舞就不用了。

透過清楚的履歷架構，能讓你的履歷更有條理，讓面試官更容易看到你的價值。接下來，我們要來思考如何在履歷內容中打造「亮點」，讓你的履歷在眾多競爭者中脫穎而出。

履歷內容，打造「亮點」

履歷內容就像是產品的功能，在眾多功能中需要獨特賣點，在有限的篇幅中展現出你的獨特魅力和專業能力。以下幾招「吸睛大法」，讓你為你的履歷打造出引人入勝的內容！

1. 量化成果：用數字證明你的價值

許多高階經理人都信奉一句話：「我們相信上帝，但是你得拿數據說話！」數字，就是你的最佳代言人。用數字說話，讓你的成就更具體、更可信、更有說服力。

準備量化成果的方法

- **挖掘數據**：回顧你的工作經歷，找出每個專案中可量化的成果。

- **轉化數據**：將數據轉化為具體的數字，例如百分比、金額、用戶數等。

- **強調影響**：說明這些數據對公司或產品帶來的影響。

> **實際例子**
>
> - **錯誤示範**：負責產品改版，提升用戶體驗。
>
> - **正確示範**：主導產品改版，透過 A / B 測試驗證新設計，成功將用戶留存率提升 15%，並獲得 90% 的用戶好評。

2. 展現影響力：你是產品的「幕後推手」

產品經理不只是執行者，更是推動決策者。在履歷中，你要展現出你的影響力，讓面試官知道你是如何推動產品前進的。

準備影響力的方法

- **描述角色**：說明你在專案中扮演的角色，是主導者、協調者還是執行者？

- **強調決策**：你的決策對產品或團隊產生了什麼影響？

- **分享故事**：用簡短的故事，描述你的決策如何解決問題、克服挑戰。

> **實際例子**
>
> - **錯誤示範**：參與產品開發流程，負責需求收集和分析。
>
> - **正確示範**：擔任產品負責人，帶領團隊成功推出新產品，在三個月內獲得 10 萬用戶，並達成 120% 獲利目標。

3. 強調解決問題的能力：你是產品的「醫生」

產品經理就像醫生，要能診斷產品的「病症」，並開出有效的「藥方」。在履歷中，你要展現出你的問題解決能力，讓面試官對你的專業能力有信心。

準備解決問題能力的方法

- **發現問題**：描述你如何發現產品的問題或潛在風險。

- **分析問題**：說明你如何分析問題的根本原因。

- **提出方案**：提出解決問題的具體方案。

- **實施方案**：描述你如何實施方案，並取得成果。

實際例子

- **錯誤示範**：負責產品的用戶研究和數據分析。

- **正確示範**：透過用戶訪談和數據分析，發現 App 在持續使用 A 功能時用戶資料會突然消失的問題。針對 Bug 與工程師討論提出改進方案，並成功將用戶留存率提升 17%。

---

4. 展現數據思維：你是產品的「科學家」

產品經理就像科學家，要能用數據來驗證假設，做出理性的決策。在履歷中，你要展現出你的數據思維，讓面試官知道你是個「用數據說話」的人。

準備數據思維的方法

- **數據分析**：說明你如何運用數據分析工具，如 SQL、Tableau 等，來分析產品數據。

- **實驗設計**：描述你如何設計和執行 A / B 測試等實驗，來驗證產品假設。

- **數據驅動決策**：說明你如何根據數據分析結果，做出產品決策。

實際例子

- **錯誤示範**：熟悉數據分析工具，如 SQL、Tableau。

- **正確示範**：透過 SQL 分析用戶行為數據，發現某個功能的使用率偏低。設計 A / B 測試驗證新功能的有效性，成功將該功能的使用率提升 21%。

---

5. 強調軟技能：你是產品的「外交官」

產品經理就像外交官，要能與各個團隊溝通協調，達成共識。在履歷中，你要展現出你的軟技能，讓面試官相信你能成為一個優秀的團隊合作者。

準備軟技能方法

- **溝通協調**：描述你如何與不同團隊溝通，解決衝突，達成共識。

- **跨部門合作**：說明你如何與工程師、設計師、行銷人員等合作，推動專案進展。

- **領導力**：分享你如何帶領團隊，激勵士氣，達成目標。

實際例子

- **錯誤示範**：具有良好的溝通和協調能力。

- **正確示範**：擔任產品負責人，協調工程、設計、行銷等團隊，成功在預算內如期推出新產品。

履歷的內容是打造一份「吸睛」的關鍵。透過以上五個技巧，讓你的履歷內容更豐富、更有說服力，讓人資與面試官對你的履歷留下深刻印象。特別注意的是很多人在履歷中簡化數字，或是用大約與模糊的數字，在合法可以透露的情況下，使用更精確的數字佐證會讓你的履歷更具真實性與說服力。例如：「設計 A／B 測試驗證新功能的有效性，成功將該功能的使用率提升 21%」會比「設計 A／B 測試驗證新功能的有效性，成功將該功能的使用率提升約 20%」看起來更真實。

履歷細節，打造「完美」

好幾年前，我的一位朋友來找我，請我幫忙內推我當時公司的產品經理職位，她是一位才華洋溢的產品經理，擁有豐富的經驗和亮眼的成績。我幫他投遞履歷後，他鶯鶯期盼很快可以取得面試機會。然而，現實卻是石沉大海，等到海枯石爛還是沒收到面試通知。她百思不得其解，明明履歷內容應該很完美了，為什麼會這樣呢？於是我追問了公司的人資，也點開他寄給我的履歷，瞬間明白了問題所在。她的履歷雖然寫了很多豐功偉業，但是字體大小不一，還有一些錯字和文法錯誤。這些小細節，就像一顆顆老鼠屎，壞了一鍋粥。「履歷就像你的門面，細節決定成敗。如果你的履歷看起來不夠專業，面試官會對你的能力產生質疑，甚至認為你不夠細心。」後來我和他一起討論可以如何優化，重新修改了整份履歷，注意了每個細節。他用了新的履歷投遞新工作，很快就收到了面試通知，最終也成功進入他理想公司的工作。

細節決定成敗：打造完美履歷的五大關鍵

1. **排版**：履歷的排版就像一幅畫的構圖，要清晰、美觀、有層次感。使用適當的留白、分段和標題，讓內容一目了然。避免使用花俏的字體和顏色，以免分散注意力。

- **錯誤示範**：為了讓內容塞進兩頁，整份履歷密密麻麻，字體一再縮小，像一塊壓縮餅乾，讓人看了頭昏眼花。

- **正確示範**：適當留白，分段清晰，重點內容用粗體或底線標示，讓履歷更易讀。

2. **字體**：字體就像人的穿著，要得體、專業、易讀。選擇經典的字體，英文字體如 Arial、Calibri、Times New Roman 等，避免使用過於花俏或難讀的字體。

- **錯誤示範**：使用花俏的手寫字體，例如華康少女體，雖然可愛但讓人覺得不夠專業。

- **正確示範**：使用簡潔的無襯線字體，如新細明體，讓履歷看起來乾淨俐落。

3. **長度**：履歷的長度就像一場演講，要精簡扼要，重點突出。盡量控制在兩頁以內，避免過於冗長。如果經驗豐富，可以附上作品連結，讓面試官更深入了解你的能力。

- **錯誤示範**：履歷長達五頁，像一本小說，讓人失去耐心。

- **正確示範**：精選最重要的經驗和成就，用簡潔的語言描述，讓履歷不超過兩頁。

4. **校對**：履歷的校對就像一道菜的調味，要精準無誤，才能呈現出最好的味道。發送履歷前，務必仔細檢查，確保沒有錯別字、文法錯誤、標點符號錯誤等。如果是有附上連結的 PDF，要試著打開連結看看是否導向正確的網站。

- **錯誤示範**：履歷中出現「成積」、「做品集」等錯別字，讓人對你的專業度打折扣。

- **正確示範**：請朋友或同事幫忙檢查，或者使用線上校對工具，確保履歷完美無瑕。

- 5. **英文用法**：如果履歷是用英文撰寫，務必確保文法正確，避免過去式與現在式混用。此外，在用字上也要精挑細選，選擇專業、有力的動詞，能讓你的履歷更具説服力。

- **錯誤示範**：「Responsible for managing project timelines and budgets.」

  - 正確示範：「Spearheaded project timelines and budgets, ensuring on-time delivery and cost-effectiveness.」

準備外商履歷的「秘密武器」

1. 關鍵字：履歷的「隱形魔法」

很多外商現在都使用「履歷篩選系統」（Applicant Tracking System，ATS）來過濾履歷，因此如果你的履歷沒有出現特定的關鍵字，很可能他們還沒到人資的手上，就先被系統無情淘汰了。別讓你的履歷成為「科技孤兒」！在撰寫履歷時，記得加入以下與產品經理相關的關鍵字：

- 產品策略（**Product Strategy**）

- 產品規劃（**Product Planning**）

- 產品開發（**Product Development**）

- 產品發布（**Product Launch**）

- 產品生命週期（**Product Lifecycle Management**）

- 用戶研究（**User Research**）

- 用戶體驗（**User Experience，UX**）

- 用戶介面（**User Interface，UI**）

- 數據分析（Data Analysis）

- A／B 測試（A／B Testing）

- 市場分析（Market Analysis）

- 競爭者分析（Competitive Analysis）

- 需求驗證（Requirements Validation）

- 敏捷開發（Agile Development）

- 專案管理（Project Management）

- 跨部門溝通（Cross-functional Collaboration）

- 問題解決（Problem Solving）

- 領導力（Leadership）

- 溝通技巧（Communication Skills）

- 簡報技巧（Presentation Skills）

2. 作品集：讓你的「作品」替你說話

身為產品經理，一定要附上你曾經負責過產品的連結。這是最直接證明你實力的方式。如果你是負責一些內部產品、產品的某些模塊或用戶增長，那建議你把當時的一些產出，例如產品原型、設計稿、數據分析報告等，附上成為作品集連結！這就像藝術家的作品展，能讓面試官更直觀地了解你的能力和經驗。作品集不僅能證明你的實力，還能讓你的履歷更具說服力。試想，一個只有文字描述的履歷，和一個有實際作品展示的履歷，哪個更能吸引面試官的目光？

3. 尋求內推：找到你的「貴人」

對多數的外商公司而言，內推（Referral）是求職的最佳捷徑。透過內部員工的推薦，你的履歷能更快地被人資看到，面試機會也會大大增加。如果你認識在心儀公司工作的產品經理或其他員工，不妨請他們幫你內推。儘管沒有認識公司內部的人也沒關係，試著透過 Linkedin 建立關係或是朋友的朋友，想辦法找到對應的人協助，這不僅能提高你的曝光度，還能讓你有機會了解公司的內部文化和工作氛圍。

4. 凸顯行動力與領導力

外商公司喜歡積極主動、有領導潛力的員工。在華人文化中，大家會各自在自己的範圍內做事，如果不小心踩到別人的線，會被視為大忌。在外商的文化中，你主動承擔更多工作是被鼓勵與讚許的，因此在履歷中，要展現你如何主動解決問題、推動項目、帶領團隊。使用強有力的動詞來描述你的行動，例如：發起、領導、實施、優化等等，如果你有擔任過領導職位的經驗，務必強調你的領導風格和取得的成就。

5. 匹配企業文化與價值觀

每家外商公司都有其獨特的文化和價值觀。在撰寫履歷時，要研究目標公司的文化，並在履歷中體現出與之相符的特質。舉例來說，如果目標公司強調創新，你可以在履歷中突出你參與創新項目的經驗。透過展現與公司文化的契合度，讓招聘人員覺得你是他們團隊的一員。

迎接 AI 時代的產品經理

善用你的履歷「AI 教練」

我相信你看完之後躍躍欲試，打算立刻開始寫出一份好履歷，但是寫完第一版本卻不知道可以怎麼優化，需要一個資深履歷顧問或是教練來協助你。歡迎你來找 Jacky，我非常樂意幫你！不過，你知道嗎？你也可以善用 AI 工具幫你進行履歷健檢，打造「吸睛」履歷！只需要透過 ChatGPT 或 Gemini 這些 AI 大型語言模型工具，就能幫你分析履歷，提供修改建議，甚至還能幫你生成客製化的求職信。這些 AI 工具就像一位專業的履歷顧問，隨時隨地為你服務。

ChatGPT 的履歷優化技巧

1. **提供目標公司資訊**：如果想要 ChatGPT 根據你應徵的職位提供客製化的履歷修改建議，像是如何突出相關經驗、如何量化成果、如何展現你的獨特價值等。那你要在 prompt 裡加上你想應徵的公司名稱和職位，以及招聘網頁上的職缺資訊，讓 ChatGPT 充分了解這個職缺的所有細節。

    Prompt 範例：「請扮演一位資深的履歷顧問，給我撰寫履歷的建議，使其更符合【目標公司名稱】的【應徵職位】要求。關於該應徵職位的相關資訊為【工作內容】、【職缺要求】。

2. **上傳履歷要求提供建議**：如果想要 ChatGPT 針對你寫的履歷給出建議，需要先給他一個人設，並且之前先問過第一個問題讓他知道你的目標公司與應徵職位相關資訊。接著輸入履歷健檢的要求：

    Prompt 範例：上傳履歷檔案，或將履歷貼進對話框中後輸入：

    「請扮演一位資深的履歷修改顧問，幫我修改這份履歷，使其更符合【目標公司名稱】的【應徵職位】要求。請特別注意以下幾點：

    *   **內容**：是否有量化成果、具體案例、關鍵字等。

- **結構**：是否清晰易讀、重點突出、邏輯通順。

- **語言**：是否簡潔有力、專業得體、避免拼寫和語法錯誤。

- **風格**：是否符合【目標公司名稱】的企業文化和價值觀。

請直接修改我的履歷，並提供修改原因和建議。」

3. **根據建議調整後以人資角度確認**：在請 ChatGPT 以履歷教練的人設提供修改建議後，可以先根據建議進行優化，優化到一定程度後，下一步是讓 ChatGPT 以「用人主管」或是「人資」的角度進行履歷的評估，請他評估是否推薦這份履歷的人選進入下一階段，來確保履歷已經調整到可以取得面試機會的程度。

Prompt 範例：上傳履歷檔案，或將履歷貼進對話框中後輸入：

「請扮演一位在【目標公司名稱】工作的專業人資，正在尋找【應徵職位】。幫我審閱這份履歷，並告知是否推薦這位人選進入面試階段。請告訴我推薦或不推薦這位人選的理由，以及這位人選的履歷哪裡可能有問題。」

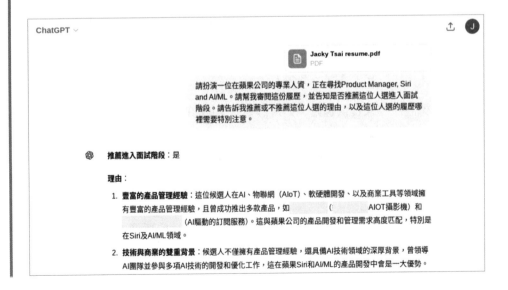

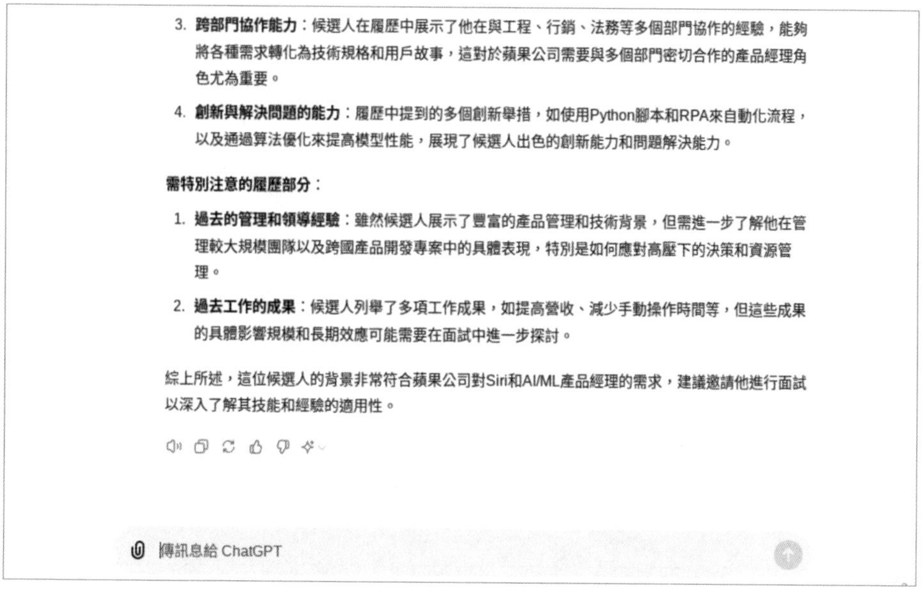

3. **跨部門協作能力**：候選人在履歷中展示了他與工程、行銷、法務等多個部門協作的經驗，能夠將各種需求轉化為技術規格和用戶故事，這對於蘋果公司需要與多個部門密切合作的產品經理角色尤為重要。

4. **創新與解決問題的能力**：履歷中提到的多個創新舉措，如使用Python腳本和RPA來自動化流程，以及通過算法優化來提高模型性能，展現了候選人出色的創新能力和問題解決能力。

需特別注意的履歷部分：

1. **過去的管理和領導經驗**：雖然候選人展示了豐富的產品管理和技術背景，但需進一步了解他在管理較大規模團隊以及跨國產品開發專案中的具體表現，特別是如何應對高壓下的決策和資源管理。

2. **過去工作的成果**：候選人列舉了多項工作成果，如提高營收、減少手動操作時間等，但這些成果的具體影響規模和長期效應可能需要在面試中進一步探討。

綜上所述，這位候選人的背景非常符合蘋果公司對Siri和AI/ML產品經理的需求，建議邀請他進行面試以深入了解其技能和經驗的適用性。

傳訊息給 ChatGPT

圖 6-3　透過 ChatGPT 進行履歷健檢的 Prompt 範例

Note

第七章

面試全攻略：
讓你輕鬆迎戰產品經理面試

還記得我很久以前面試產品經理時，被問到一個看似簡單的問題：「如何改善 iPhone?」身為一個 iPhone 的資深果粉，聽完題目之後我超開心，對我來說這題太簡單了吧！我平常在使用 iPhone 時就會對朋友討論哪裡不好，所以腦子裡立刻浮現出滿滿想法，我興奮地分享一堆自認為很棒的點子，iPhone 可以如何改進跟開發哪些新功能。我對那次面試信心滿滿，覺得自己一定會收到錄取通知，結果過了幾天接到人資來電，晴天霹靂，竟然連下一關都沒進。「不可能啊！太沒道理了！」我心想。我記得那天我說得是滔滔江水、連綿不絕，又有如黃河氾濫，一發不可收拾，怎麼會沒過？莫非是面試官怕我入職後會迅速取代他的位置？（誤）後來我不死心，和一些資深前輩討論跟上網找了許多面試經驗分享文章後才發現，雖然有想法很好，但更重要的是用正確的方式表達，讓面試官看到你的實力。想不到，原來這種看是針對問題回答的方式竟然是大大的錯誤 ...

看到這裡，你是否會感到好奇，這樣的回答方式到底出了什麼問題，如果不直接針對面試官的問題回答，那怎麼樣的回答才是正確的呢？別擔心，本章節將會提供全面的面試準備與應對策略，分析五種產品經理面試題型，分享答題技巧與練習方式，讓你不再害怕面試，幫助你解鎖產品經理職涯的入場券，開啟你成為產品經理的職涯新篇章。

圖 7-1　產品經理面試

面試前的準備

在第六章：打造「吸睛」履歷：教你如何撰寫履歷取得面試機會中討論如何撰寫履歷時提到應該針對目標公司與職位進行研究。深入了解目標公司和職位，就像產品經理花時間了解你的目標用戶，能讓你洞悉對方的需求和期望，從而在面試中展現出最契合的一面。在準備面試時有三個重要步驟：

一、針對公司的五個部分充分了解

- **公司文化**：每家公司都有其獨特的文化氛圍。有些公司強調創新、快速迭代；有些公司則注重穩定、流程嚴謹。了解公司的文化，能幫助你判斷自己是否適合這個環境，也能在面試中展現出與公司價值觀契合的特質。例如亞馬遜在面試產品經理時，就十分重視領導力原則，在準備面試時，就必須要針對不同的領導力原則準備符合的過去經驗，不然突然被問到太緊張，明明經驗豐富，卻臨時想不起來。

- **產品**：深入了解公司的產品線、核心功能、目標用戶，甚至親自體驗產品，都能讓你對公司的業務有更深入的了解。這不僅有助於你在面試中提出有價值的問題，也展現你對產品的熱情和洞察力。尤其很多大的外商或台灣企業，他們的產品領域跨足不同領域，預先了解可以讓面試官知道你很認真準備這次的面試。

- **目標市場**：了解公司的目標市場和用戶群體，有助於思考產品的定位、策略和發展方向。通常在面試中，很多人會因為事先了解過公司的產品與目標市場，覺得自己可以結合對目標市場的理解，在面試過程中提出具體的產品建議或行銷方案，展現你的商業頭腦。但是，如果是優秀的企業，大多數你能想到的公司應該都已經想過了。與其用建議的角度（好像公司從沒人想過這個可行性），不如用請教的角度來詢問（試圖了解公司的策略走向）。例如：「貴公司的產品只在網路通路上販售，我相信貴公司曾經評估過也可以在實體通路販售增加銷售渠道，想請問沒有往這個方向實作的考量是什麼？」

- **競爭對手**：分析公司的競爭對手，了解他們的優勢和劣勢，有助於你思考如何在競爭激烈的市場中脫穎而出。在面試中，可以展示你對競爭格局的洞察，以及如何幫助公司在競爭中取得優勢。

- **職位描述與要求**：仔細閱讀職位描述，了解該職位的具體職責、所需技能和經驗要求。這能幫助你準備相關的問題和回答，確保你的能力與職位需求相匹配。除了硬技能，許多公司也會列出對產品經理的軟技能要求，如溝通能力、領導力、團隊合作精神等。在面試中，你可以透過具體的例子來證明你具備這些特質。

二、搜尋面試經驗分享、公司評價資訊

- **面試經驗分享**：網路上有許多產品經理面試經驗分享，可以幫助你了解面試流程、題型和應對技巧。透過這些分享，你可以提前預測可能遇到的問題，並做好準備。例如 Google 的流程就包括 1-2 次的初步電話面試、4-6 次的正式面試（on-site）、Hiring Committee 的審核、團隊媒合（如有需要）、結果通知。

- **公司評價**：外商或是國際公司，可以透過 Glassdoor、LinkedIn、一畝三分地（中國論壇）等平台，了解員工對公司的評價，包括工作氛圍、薪資福利、發展機會等。這些資訊能幫助你更全面地評估這家公司是否適合你。如果是台灣的公司，建議善用 PTT、Dcard、求職天眼通、Thread 等等平台進行搜尋。

三、模擬面試問題，練習如何回答

模擬面試很重要！在正式面試之前，建議你多多自主練習或是找人幫忙練習。產品經理的面試是可以準備的，接下來本書會介紹面試的五大題型跟準備方法，透過充足的準備跟練習，絕對可以大大增加被錄取的機會。像是被問到與工作經驗有關的問題，雖然大家都可以說明自己過去做了什麼，但是如何把故事清楚地呈現，有邏輯有重點的讓面試官聽到你在故事中的影響力與價值，是需要經過刻意練習的。

面試前充分的研究和準備，你將能在面試中展現出對目標公司和職位的深入了解，讓面試官感受到誠意和積極度。面試不僅僅是展示自己的機會，更是了解公司的機會。透過積極主動地研究和提問，你將能更清楚地判斷這家公司與部門是否適合你，為你的職涯做出明智的選擇。接下來，我們一起來看看產品經理面試的五大題型，只要掌握好這五大題型的答題方式並且多加練習，就可以讓你在面試時變成一位資深又專業的優質產品經理候選人。

產品經理面試五大題型

工程師在準備面試時，會透過刷 Leetcode 練習不同的演算法跟程式題，藉此提升面試的表現。在正式面試程式關時，面試官不只想看寫出來的程式是否正確，也會嘗試了解求職者的解題思路跟思考邏輯。產品經理的面試雖然不像寫程式可以檢查答案是否正確，但是也可以透過大量的練習讓我們能清楚地表述自己如何看待問題、處理模糊情境、拆解難題，並運用框架或不同面向來構思解決方案。因此，接下來我們會介紹產品經理面試會遇到的五大題型，該如何做出適切的回答、如何練習與準備。此外，面試就跟約會一樣，成功的約會不是自己愛聊什麼聊什麼，而是要揣摩坐在對面的對象想聊什麼想聽什麼，哪些是他感興趣的話題，他想看見什麼樣的自己（我的意思不是要你把面具戴好戴滿，謊話連篇，但總不能對方想聊爬山，你卻一直跟他聊印度阿三吧？）因此，我們在介紹五大題型時，我們會先試著站在面試官的角度思考，從面試的提問過程中，他想得到哪些資訊，什麼回答會讓他覺得你是一個優秀的合作對象，然後介紹破解問題的關鍵技巧。

好的思考流程與解答同樣重要，回答問題的過程本身就是一個值得被評估的流程，是答案的一部分。
—— Jacky

第一關：自我介紹

「我是張小明，畢業於 ABC 大學企管系。我目前在 A 公司擔任產品經理，負責的是購物網站產品。在 A 公司之前，我曾經在 B 公司擔任產品經理兩年時間，負責旅遊 App 的規劃工作。我目前還是一個新手產品經理，有很多東西需要學習。在工作之餘，我喜歡旅遊和攝影，對美食也很有研究。希望有機會進入貴公司一起成長，謝謝！」

上面的自我介紹範例很多人應該都覺得似曾相似，不知道你有沒有發現，其實這樣的內容犯了幾個重要錯誤：

1. **缺乏重點**，聽完沒有辦法有深刻印象，感覺聽過一遍卻找不到任何記憶點。

2. **太過謙虛，缺乏自信**，自我介紹是表現自己的時候，應該要讓面試官知道你具備哪些工作經驗與能力。

3. **部分內容與工作無關**，自我介紹時間通常只有 30 秒到 2 分鐘，請花時間闡述最重要的內容，業餘興趣、家庭背景等等都不需要，切勿離題。

自我介紹是最常見的面試問題。很多時候面試官會根據你的自我介紹內容，找出好奇或是想要繼續深入研究的部分進行追問。因此，好的自我介紹對產品經理面試是非常重要的，一個厲害的自我介紹，會設計幾個「鉤子（Hook）」引導面試官詢問你已經準備好的問題，例如：「表現良好的工作經驗」、「曾經遇到最困難的事情」等等，因為你已經事先準備好這些答案，便能有條有理的侃侃而談。

自我介紹該如何準備？

1. **知己知彼，百戰百勝**：準備自我介紹之前，請先花時間了解公司的使命、願景和價值觀，將你的自我介紹與公司文化進行連結。確認職位要求，有助於在自我介紹中突出你與職位要求相匹配的技能和經驗。

2. **從履歷出發，精煉工作經驗**：將你的履歷拿出來，確認每一份工作中最值得分享的一件事，藉此突出你的專業背景、技能優勢、以及與產品經理職位相關的經驗。在介紹時，請務必提及量化成果，用具體的數字說明你的成就，例如：「我主導的產品項目為公司帶來 XX% 的用戶增長。」

3. **編排內容**：編排一個好的自我介紹架構。類似的架構在網路上有很多種，在本書我們介紹一個安全穩健的架構：

(1) 開場白 - 問候 + 個人特色

- **簡潔有力的問候：**

  - 「各位面試官好，我是【你的名字】。」

  - 「很高興有機會參與這次面試，我是【你的名字】。」

- **一兩句話總結，讓別人記住你（可以結合公司文化）**

  - 「我是一位相信 AI 技術會改變世界，注重團隊合作的產品經理。」

  - 「我熱衷於傾聽用戶聲音、解決用戶痛點，透過實驗創造有價值的產品。」

  - 「我擅長透過數據分析挖掘洞察，用數據驅動產品決策。」

(2) 個人背景與經驗 - 工作與學歷

- **教育背景**：簡要提及你的最高學歷，特別是與產品管理、科技或商業相關的專業。例如：「我畢業於某大電機系，因此我了解硬體的相關技術。」

- **工作經驗**：從最近的工作開始介紹，重點放在你的成就與影響力，每一份工作只需要講一到兩個重點即可。突顯你的優勢，根據目標公司和職位要求，強調你最相關的技能和特質並且舉例說明。

  - 「我擅長用戶調研，熟悉線上問卷工具 Survey Monkey 與 Typeform，透過使用者訪談訪談和問卷調查，深入了解使用者需求，並將需求

轉化為產品功能。產品上線後獲得 XX NPS。（淨推薦值，衡量使用者體驗的指標）」

- 「負責跨部門溝通與協作，成功將產品上線時間縮短了 XX 天，趕上某某行銷活動，增加 XX 業績與曝光。」

- 「負責某產品規劃與設計，我主導的項目為公司帶來 XX% 的用戶增長。」

(3) 結尾與總結

- **總結，再次表達感謝：**

  - 「我是【你的名字】。我是一位相信 AI 技術會改變世界，注重團隊合作的產品經理。謝謝。」

自我介紹的範例：

各位面試官好，我是馬斯克，一個熱愛科技、深信數據驅動決策的產品經理。

我畢業於台大資訊工程學系，在學期間培養了扎實的程式設計和數據分析基礎，因為熟悉技術，我能和開發團隊順暢溝通，評估技術難度與提升產品的技術門檻與競爭力。我目前在一家新創公司擔任產品經理。在這段經歷中，我負責產品從 0 到 1 的規劃與設計，透過使用者訪談與問卷調查的方式深入了解產品需求，熟悉線上問卷工具 Survey Monkey 與 Typeform，並透過假設驅動開發驗證品功能，產品上線後獲得 63 NPS 的滿意度。在加入新創公司之前，我在某某科技擔任產品經理，負責租屋 App 的用戶增長，我透過增長飛輪擬定 A／B 測試增長實驗與策略，透過 Mixpanel 進行使用者分析，優化產品體驗，並導入 RICE 模型進行功能優先級排序，成功地將用戶留存率提升了 26%，並獲得了 App Store 的首頁編輯推薦，成為生活小助手類 App 第三名。

我深知貴公司需要具備卓越的分析能力、創新思維和解決問題的能力。我相信，我過去從 0 到 1 打造產品以及透過數據驅動增長決策的經驗，能讓我勝任這個職位。

我是馬斯克。一個熱愛科技、深信數據驅動決策的產品經理。謝謝！

自我介紹通常都是面試中的第一個暖場問題，好的自我介紹能讓面試官對你留下深刻印象，並為後續的面試奠定良好基礎。透過強調你的特色和優勢，讓面試官記住你，對你感興趣，就可以增加你獲得正式錄取的機會。

同場加映

自我介紹的變形問題

在過去的面試經驗中，偶爾會被面試官問一種變形的自我介紹問題：「請你自我介紹一分鐘，但是內容是履歷中沒有的。」、「請你進行自我介紹一分鐘，內容與工作經驗無關。」這類問題聽完求職者大多下巴一掉，突然開始手足無措，畢竟幾乎所有準備面試的人都會事前準備自我介紹完全，結果在面試中卻完全不能用，有些求職者一緊張反而不知道該回答什麼，現在試想你是參加面試的求職者，請你先暫停閱讀，給你 30 秒鐘的時間想一想，並且試著用 1 分鐘的時間作答，如果是你，會怎麼回答「請你進行自我介紹一分鐘，內容與工作經驗無關。」呢？

------------------------------ 防雷頁 ------------------------------

沒辦法回答過去工作經驗，很多求職者會轉向回答個人的經驗，因此自我介紹的內容常常會變成介紹家庭背景和個人興趣，這樣的回答沒有不好，面試官問這類問題的目的除了想考驗你的臨場反應，看你是否能夠隨機應變，更希望多多了解求職者，畢竟履歷的內容他們都已經看過了，因此回答家庭背景與個人興趣是可以的。然而，厲害的求職者會透過這個機會傳達對你更有利的資訊給面試官，畢竟太個人與工作無關的資訊對於面試官在評估你的工作能力是沒有幫助的。想當一位厲害的求職者秘訣其實很簡單，完全不用慌張，只需要「把你的三項優點先拿出來用！」你可以直接把這類型問題轉化為：「請說明你的三個優點？」這樣想就簡單多了！如此一來，不僅回答的內容是履歷上所沒有的，而且還能回答為什麼自己適合這份工作，如果你事先就準備過回答自己優點的問題，也能侃侃而談、落落大方，讓面試官覺得你的隨機應變與溝通表達能力實在太厲害了！所以你的回答可以類似下面這樣：

「面試官您好，除了履歷上所呈現的工作經驗與技能，我想藉此機會分享一些我個人特質與熱情，這些無法直接從履歷中看出，卻是我認為身為產品經理很重要的部分。

首先，我是一個充滿好奇心與求知慾的人。我喜歡探索新事物、了解它們運作的原理，並思考如何讓它們變得更好。這種好奇心驅使我持續學習，關注產業趨勢，並尋找創新的機會。我相信，產品經理不僅要熟悉現有的產品和技術，更要對未來有敏銳的洞察力。

其次，我是一個善於傾聽和溝通的人。我深知產品的成功離不開團隊的協作，因此我非常重視與不同部門的同事建立良好的溝通關係。我會耐心傾聽他們的意見和需求，並努力找到共識，確保產品開發過程順利進行。我也樂於與使用者交流，了解他們的真實想法和痛點，從而設計出更符合他們需求的產品。

此外，我是一個注重細節且追求完美的人。我認為產品的成功不僅在於功能的實現，更在於細節的打磨。我會仔細推敲產品的每個環節，從使用者體驗到介面設計，確保產品的每個細節都做到盡善盡美。我相信，只有對細節的極致追求，才能打造出真正讓用戶驚艷的產品。

我是黃仁勳，我一位充滿好奇心、善於傾聽與溝通、注重細節追求完美的人，希望透過我的熱情、能力和經驗，為貴公司創造更大的價值。」

把名字放在最後才介紹，先把重點放在面試官會感興趣的話題上，是一種自我介紹的高級技巧，你的名字已經寫在求職履歷上，他們在面試前都知道你叫什麼名字了。先講重點可以更快引發面試官對你的興趣，讓他們更專注聽你想表達的內容。此外，最後才說自己的名字可以幫助面試官問下一個問題時直接叫出你的名字，不用再偷偷看一下桌上的履歷或是手機的會議邀請，是個貼心的小舉動。

第二關：產品設計問題 - 展現你的產品思維

產品設計問題是產品經理面試中的核心環節，面試官透過這類問題來評估你對使用者需求的理解、解決問題的能力，以及產品設計的思維方式。面對這類問題，你需要展現出結構化的思考與創新的思維，以及對產品可行性和商業價值的考量。

產品設計問題的常見類型

這類問題大致可分為三種：

1. 為特定用戶設計產品

   a. 「為聽障朋友設計一款鬧鐘」

   b. 「為看不見的人設計一個微波爐」

   c. 「 小孩設計一個書櫃」

   d. 「為老人家設計一台洗衣機」

2. 優化與改進現有產品

   a. 「如何改進 Google Map ？」

   b. 「如何優化 Uber Eats ？」

   c. 「如何改良 Netflix ？」

3. 評價你最愛 / 最討厭的產品

　　a. 「你最喜歡的 App 是什麼？你會如何改良它？」

　　b. 「你遇過最難用的網站是哪一個？你覺得網站哪些部分需要改進？」

　　c. 「你最喜歡的工具是什麼？如何改進這個工具讓他能多賣出 10 倍銷量？」

很多人一聽到這類問題，就急著一股腦地拋出各種功能，試圖找到「正確答案」（我以前也是這樣，我們從小在台灣的教育體制下成長，被訓練成考試機器，在最短時間內回答正確答案的考試模式已經被深深刻印在我們的基因裡，我相信很多七年級生在學生時期也都經歷過少一分打一下的可怕過去）然而，這種急於求成的做法在面試產品經理職位往往適得其反。這種問題並沒有所謂的正確或不正確，重要的是邏輯與系統性思考，如果你直接跳到解決辦法，急著從腦袋中硬擠出各種答案，想辦法丟出應該做 A 功能、應該做 B 功能，這樣的回答方式在面試過程中直接大扣分！來人，藤條伺候！講到這裡，你可能會好奇那應該怎麼回答才能展現出自己的能力呢？

面試官可以從產品設計問題裡知道什麼？

首先，**溝通表達能力**。產品經理是一個需要大量與他人溝通的工作，常常講到口渴需要喝很多水，因此上班要準備一個大水壺…不是拉，而是產品經理需要清楚地表達自己的想法，講話的時候要有組織架構，邏輯清晰，因此在問答過程中，不能跳躍式思考，想到什麼就講什麼很容易會讓面試官聽不懂我們想說什麼。例如：「我覺得可以做 A 功能。等等，好像不太對，我再想想… 對了，那可以做 B 功能，再加上前面提到的 C 功能，就可以化身成麵包超人…」。

第二，**釐清問題的能力**。當我們遇到一個問題時，有沒有先花時間去了解問題，還是一股腦兒就開始想答案。產品設計問題的提問只有一兩句話，既模糊又廣泛，如果沒有先釐清問題，把問題收斂得更明確，很容易會失焦或是走偏方向。一個優秀的產品經理會要有能力能處理模糊的問題，把要解決的問題與方向弄清楚。

第三，**思考商業目標**。產品目標跟夢想一樣重要，「沒有目標，你的產品跟鹹魚有什麼分別？」應徵者在設計產品時，是否有足夠的高度與宏觀的角度，思考商業上的目標，還是只看見眼前的功能？每個產品都有商業目標，商業目標是明確地方向指引，唯有先知道商業目標後才能正確地往目標邁進，常言道：「有目標的人在奔跑，沒目標的人在流浪。」如果沒有先確定產品目標，你的答案就可能也跟著流浪到淡水。

第四，**使用者優先**。我們在思考產品設計時，有沒有從「使用者」的角度出發，身為產品經理，最重要的特質是站在使用者的鞋子裡思考，而不是「憑空想像」一堆功能，沒有解決使用者的需求，這些功能做出來也沒人要用，我們的寶貴時間與汗水淚水都蒸發了。因此我們要知道有哪些不同的使用者會使用我們的產品，描繪出不同的使用者族群，針對不同使用者的需求，目前的痛點，提出解決方案（產品功能）。

第五，**產品設計**。終於要考產品設計的能力，這部分包含對功能的發想，還有對產品未來的想像，如果可以跳脫框架，思考一些意想不到的解決方案會是一大加分，多涉獵不同領域的知識或科幻小說都滿有幫助的。

第六，**產品功能排序**。做過產品的人都知道，不用怕沒有功能做，每個產品隨便都有幾百個功能躺在待辦清單裡向你招手。資源是有限的，我們是否知道功能排序的重要性，以及如何取捨。

第七，**衡量產品成效**。產品做出來了，然後呢？除了參加慶功宴喝個爛醉，每個產品都需要透過量化指標來評估成效，制定量化指標對於一個產品是相當重要的，量化指標幫助我們了解產品的表現，以及如何持續改善優化。

破解產品設計問題的密碼

我們現在已經充分了解面試官希望在產品設計問題考驗我們哪些專業，因此回答這類問題可以透過以下八個步驟回答出漂亮的答案。

- **步驟一**:透過提問釐清問題

- **步驟二**:描述回答問題的框架

- **步驟三**:確定商業目標

- **步驟四**:定義目標客戶與痛點

- **步驟五**:發想解決方案與功能

- **步驟六**:優先排序

- **步驟七**:定義衡量指標

- **步驟八**:總結

例如:「請你為聽障朋友設計一款鬧鐘。」

步驟一:透過提問釐清問題

透過提問降低不明確的部分。例如:

- **確定使用者的輪廓**:「聽障朋友是一點聲音都聽不到嗎?還是可以聽到一些聲音?」

- **確定產品種類**:「鬧鐘是指手機的鬧鐘 App?還是指傳統的機械鬧鐘?」

- **確定核心使用案例**:「這個鬧鐘只負責提醒時間到了,還是跟時鐘一樣需要提供現在幾點幾分?」

步驟二:描述回答問題的框架

在釐清問題之後,下一步我們要讓面試官知道解題的整體脈絡是什麼,所以在開始回答問題前,說明預計如何回答這個問題。例如:

要回答這個問題，首先我會先確認這個鬧鐘的商業目標，再來會定義出我們的目標客戶，找到不同的目標客群（User Segment），並討論他們目前遇到的問題與痛點。接著我會針對這些痛點列出幾項潛在的功能與解決方法，並將這些功能進行優先排序。最後，我會制定衡量指標，在產品上線後可以藉此衡量是否有達成商業目標。

當我們在回答問題前先說明自己的解題框架，是不是聽起來很有說服力，一下子就覺得高下立判。描述你的思考脈絡除了讓面試官清楚接下來的解題邏輯，也可以幫助自己掌握時間，接下來如果不小心講得太高興，不知不覺從外太空聊到內子宮，還可以輕鬆拉回來到框架裡。另外面試的時間有限，面試官可以在聽完你的回答架構後事先給予反饋，或是在開始前就讓面試官專注在想深入討論的部分，例如面試官可能會告訴你這個問題我想專注於討論不同功能就好，所以衡量指標這次先不用考慮、可以盡可能發想，不用做優先排序等等。

步驟三：確定商業目標

與面試官討論我們的商業目標（Business goal）是什麼？很多人會忘記討論商業目標，商業目標就像是北極星一樣，可以指引你最重要的方向，當後面遇到任何需要進行選擇或是取捨時，就可以有所依據。例如發想出了 5 個功能以後，準備進行功能優先排序，如果目標是最大化產品獲利，那麼投入成本太高的功能就要往下排。如果目標是使用者優先，那不管哪個成本高，對使用者最有用的功能就應該往上排。如果目標是三個月內要完成新產品，那比較瘋狂複雜的點子就可能被捨棄。在產品設計類型的面試題當中，可以採用 BUS 框架：先考慮商業（Business），再來是使用者（User），最後是解法與功能（Solution）。

「是希望想辦法獲取最多使用者嗎？」

「還是希望針對聽障朋友提供最佳的解決方案？」

「或是希望獲利最大化呢？」

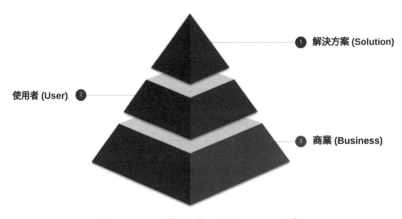

圖 7-2　BUS 框架（BUS Framework）

步驟四：定義目標客戶與痛點

身為一個產品經理，最重要的就是要從使用者的角度出發，所以我們要討論會有哪幾種不同的使用者（Who）需要我們的產品，在什麼時候（When）會需要使用鬧鐘？他們目前的痛點（Why）是什麼？在正常的工作當中，我們會使用一些使用者研究的工具來進行驗證，但面試並沒有時間去驗證這些假設，所以只好自己腦洞大開，運用過去的經驗去劃分出不同的使用者族群，發想他們的使用場景與情境。因此在這部分需要與面試官討論，看面試官使否同意你的使用者劃分方法和使用者痛點。例如：

我已經清楚商業目標為：為這些聽障朋友提供最佳產品。接下來我想針對目標客群進行假設。我假設會有以下三種類型的使用者：

第一種客群是能夠過助聽器聽見外在聲音的聽障朋友，他們還是可以聽得到聲音，只是相較一般人能聽見的音量範圍比較小。

第二種客群是完全聽不見，或是他們不願意配戴助聽器。

第三種客群是協助聽障朋友設定時間的家人朋友。

請問面試官覺得這三種類型的使用者跟您的預期是否符合？

由於面試時間有限，可以在列出幾種不同的目標客群後，適時地詢問面試官是否還需要列出更多，以及是否可以針對某一種特定的客群思考他們的痛點與使用情境。假設面試官同意我們針對第二種客群進行討論。在確認我們的使用者是誰之後，接下來就是要回答他什麼時候要用？為什麼要用？目前的產品為何解決不了他的問題？他現在的既有方案會是什麼？既有方案的缺點是什麼？

我們的目標用戶何時會用鬧鐘？有幾個主要的情境：每天早上起床的時候、煮東西需要計時的時候、從事運動的時候 … 目前的產品多為聲音提醒，因此對於我們的目標用戶並不友善。他們現在可以使用手機鬧鐘 App，如果是煮東西或運動需要鬧鐘的情境，可以透過手機螢幕知道倒數時間，但是早上的喚醒無法透過這個方式達到目的。因此，我認為目前使用者的最大痛點是早晨喚醒的需求。

步驟五：發想解決方案與功能

接下來我們終於可以來思考不同的解決方法，透過「產品功能」來解決使用者的問題。(有沒有恍然大悟，原來在開始發想產品功能前還有這麼多步驟需要做！)

由於聽障朋友沒辦法聽得清楚，所以需要透過其他的感官進行喚醒，例如視覺／嗅覺／觸覺等等。所以我會設計以下幾種解法：

- **視覺**：鬧鐘與床頭燈一體，當時間快到時漸漸地亮起，類似太陽逐漸升起，透過模仿自然光的方式讓使用者從沈睡中醒來。

- **視覺**：鬧鐘連動智慧窗簾，當時間快到時將窗簾拉起，透過窗外陽光喚醒使用者。

- **嗅覺**：鬧鐘與香氛機一體，當時間快到時啟動香氛機來提供強烈地香味，透過濃郁的味道喚醒。

- **觸覺**：鬧鐘連動智慧手環或是手錶，時間到了透過震動提醒使用者該起床了。

- **觸覺**：鬧鐘整合空調，透過讓室溫改變 (變得很熱或很冷) 來讓使用者從睡夢中醒過來。

- **觸覺**：智慧床整合鬧鐘功能，讓床是可以震動或改變角度，時間到了開始震動，或是調整床的仰角讓使用者感受到全身震動而清醒。

步驟六：優先排序

在思考產品功能的時候，我們會有很多大大小小的想法，有的是小部分的改進，有的是嶄新的功能，有的則是極具創意或科幻式的大膽想法。每個方法都有好有

壞，討論一下每個功能的優缺點，例如上述的整合智慧窗簾，如果外面是下雨天或是陰天效果不彰。室溫改變，可能使用者被熱醒時流了滿身汗等等（變相強迫使用者睡醒洗澡？）。有些方法也許有效但是成本太高，或是以現在科技還太難實現等等。分析優缺點，排序產品開發的優先順序，可以參考第三章：面對堆積如山的待開發功能：有效管理產品需求的藝術的內容，使用常見的框架來進行排序。在面試過程中，最容易使用的應該是 User Value v.s. Effort，除了要考慮不同的因素外，也可以把商業目標一併思考進去，例如智慧床整合鬧鐘，就成本來說可能太過高昂且更像是床的附加功能。

步驟七：定義衡量指標

怎麼知道這些發想出來的功能對使用者有幫助呢？我們需要提出衡量指標，幫助我們追蹤產品成效。我們可以依據不同的商業目標制定出不同的追蹤指標，分成商業目標衡量指標（Business Level Index）與產品功能衡量指標（Product Level Index）。例如：

> 為了在產品發布後檢視產品的成效，需要設計出量化指標評估產品。我會根據商業目標與產品功能訂出兩種類型的指標：
>
> - 商業目標衡量指標（Business Level Index）—
>   - 使用者滿意度 >90%
>   - 年銷量 > 500k
>
> - 產品功能衡量指標（Product Level Index）—
>   - 設定鬧鐘率 > 80%

切記不要列出落落長的 101 項指標，只需要一兩個代表性的指標就好，這裡並不是要考你會不會設定衡量指標，我們的目的是讓面試官知道你思考完整，擁有數據決策思維。

步驟八：總結

最後總結一下，在整個面試過程中講了很多內容，一邊思考一邊陳述難免有點混亂，在結束前使用前面的架構重新把答案總結複述一遍，讓你的答案聽起來是經過縝密思考且邏輯完整，也能讓面試官重新梳理一遍你的回答！完美！

> 總結上面的討論，我們的商業目標是為這些聽障朋友提供最佳體驗。我們的目標客戶是完全聽不見的聽障人士。他們目前遇到的問題是每天早上起床的時候、煮東西需要計時的時候、運動的時候需要使用鬧鐘。其他醒著的時候可以觀看螢幕或指針，但睡著的時候沒有辦法，因此被喚醒的需求最為重要。我們討論了幾個潛在的功能，排序後決定要先做鬧鐘整合床頭燈，當時間快到時漸漸地亮起，類似太陽逐漸升起，以模仿自然光的方式讓使用者醒來。我們定義了商業衡量指標是使用者滿意度 90% 與設定鬧鐘率 80%，在產品上線後可以持續追蹤成效，並可以持續追蹤數據並優化改進。

通常這種題目一個完整的問答時間預期是 15–20 分鐘，所以不用擔心時間不夠，反而比較需要擔心不小心太快結束。在過程中，面試官如果覺得有地方不清楚，會在過程中跟你討論，或者在你回答後繼續順著問其他問題來測試你的其他能力，例如：如何驗證需求存在？如何確定功能可以滿足使用者？衡量指標的設計等等。

第三關：產品策略問題 - 活用商業思維與分析框架

產品策略問題，是產品經理面試中的大魔王之一，面試官透過這類問題，檢視你是否具備商業分析能力、策略思維，以及對市場和用戶的洞察力。尤其在台灣，很多產品經理專注在執行層面，比較少機會接觸到商業策略，所以是相對吃力的關卡。面對這些看似開放性的問題，切記不要一開始就先告訴面試官答案。你需要展現出結構化的思考、清晰的邏輯，以及對產品發展的遠見，最後再發展出結論。

產品策略問題的常見類型

這類問題大致可分為三種：

1. **關於市場和競爭**

    a. 「如果你是 Momo 的產品經理，你會如何制定策略來應對競爭對手酷澎？」

    b. 「你認為電動車產業的未來趨勢是什麼？對我們公司有何影響？」

    c. 「你如何看待 Netflix 最近限制家庭用戶的非同戶裝置？」

2. **關於商業模式和盈利**

    a. 「你認為 KKday 有哪些潛在的變現模式？」

    b. 「如何在不影響用戶體驗的情況下增加 Uniqulo 網站的收入？」

    c. 「如果 Steam 的用戶近期突然雪崩式下滑，你會採取哪些措施？」

3. **關於創新和未來**

    a. 「你認為未來 5 年，紡織產業會有哪些顛覆性的創新？」

    b. 「你覺得黑貓宅急便未來是否應該進入外送食物的市場？」

    c. 「你如何看待人工智慧 / 虛擬實境 / 區塊鏈等新技術對產品的影響？」

聽到這一種類型的策略問題，尤其是看似是非題的題目，絕對不要一開始就回到是或不是。例如「你覺得黑貓宅急便未來是否應該進入外送食物的市場？」如果你一開始就先回答應該，問你原因的時候你就已經在想辦法找到原因說服自己的答案正確，但很多時候分析到後面才發現答案好像是不應該，打臉十分鐘以前的自己，這時候再改答案就讓人感覺你一開始根本沒有思考過就憑直覺亂回答。面試官並不是希望你立刻給出答案，而是希望從這個問題了解你的策略思維與脈絡。

面試官可以從產品策略問題裡知道什麼？

首先，**商業分析能力**。我們能否從市場、競爭、用戶等角度分析問題，並提出有數據支持的觀點？我們是否熟知企業管理的分析框架，當我們在分析的時候，是否能使用這些分析框架有條理地就不同的面向進行剖析，分析的內容是否有足夠的深度。

第二，**策略思維**。我們能否運用分析的結果制定出合理的產品策略，並考慮到潛在風險和挑戰？在制定策略時會顧及哪些方向，制定策略的方式，是否有思考到短中長期的策略布局。

第三，**創新能力**。創新是產品經理的必備技能，你能否提出獨特的見解，為產品帶來新的增長機會？

第四，**決策能力**。我們能否權衡利弊，做出明智的決策，是否能結合具體的數據、援引過去其他產業的案例和成功經驗，讓你的決策更有說服力並提高成功率。在進行決策時，是否能想過最佳與最糟的情況，風險是否在企業可以承擔的範圍內。

破解產品策略問題的密碼

面對這類問題，先進行問題的釐清，確認目標，之後運用常見的商用分析框架面對不同的問題，像是 SWOT 分析、波特五力分析、PEST 分析、4P 行銷組合、AIDA 模型、用戶旅程地圖（User Journoy Map）、平衡計分卡等商業分析框架，將問題

進行拆解，選定適合的框架後有條理地分析各項內容，最終再給出建議與結論。

- **步驟一**：透過提問釐清問題，確認目標

- **步驟二**：描述回答問題的框架

- **步驟三**：透過選定的框架進行分析

- **步驟四**：最終建議與總結

例如：「請問 Netflix 是否應該進軍短影音？」

我們先來看看幾種 NG 回答：

- 「我覺得 Netflix 應該進軍短影音，因為短影音很流行。」這種回答缺乏對市場和競爭的分析，顯得太過仰賴直覺且不夠深入。台灣大學資訊管理系一位資深的策略管理學教授翁崇雄老師曾說過：「流行不能跟，潮流不能擋。」如果只是一味跟風流行，這樣的商業模式是無法持續的，會讓面試官感覺太過短視。

- 「Netflix 一定會成功，因為他們有錢有資源。」或「Netflix 肯定會失敗，因為他們不懂短影音。」這類型的回答過於主觀，原因過於粗淺，也缺乏客觀依據佐證。

- 「Netflix 可以試試看，但我不確定他們一定會成功。」在面試時偶爾會聽到這種回答，應徵者想預留彈性，乍聽之下是個安全的回答，但實際上沒有具體建議，顯示你缺乏解決問題的能力和策略思維。

比較好的應答方式像是：

步驟一：透過提問釐清問題，確認目標

透過提問降低不明確的部分。例如：

- **確定商業目標**：「我們想要進軍短影音的目標是什麼？希望增加營收？還是增加日活躍用戶？」

- **確定領域**：「這裡的短影音內容是否有主題限制？例如影片的觀影心得或精彩集錦，還是沒有限制？」

步驟二：描述回答問題的框架

在釐清問題之後，下一步我們要讓面試官知道解題的整體脈絡是什麼，所以在開始回答問題前，說明預計如何回答這個問題。例如：

想了解 Netflix 是否應該進軍短影音，我們已經確定這個的目的是希望增加產品的日活躍用戶以及保持市場上的競爭力。接下來我想透過 **SWOT** 分析：透過分析優勢、劣勢、機會和威脅四個面向，全面評估 Netflix 的現況，找出其在市場中的定位和發展方向。最後，我會根據 SWOT 分析的結果，做出是否應該進軍短影音的決策與建議。

步驟三：透過選定的框架進行分析

針對 Netflix 進行 SWOT 分析：

- **優勢（Strengths）**：Netflix 擁有龐大的用戶基礎、強大的內容製作能力和品牌影響力、擁有扎實的 IT 與串流基礎建設。

- **劣勢（Weaknesses）**：短影音領域競爭激烈，Netflix 缺乏社群與相關經驗和技術積累。

- **機會（Opportunities）**：短影音市場快速增長，用戶對短影音內容需求旺盛。目前 Youtube、Meta 都提供短影音服務，但這些服務現在的主題都沒有限制，尚無專注於影集與電影的短影音平台。

- **威脅（Threats）**：TikTok、YouTube 等競爭對手實力強大，用戶注意力分散。

步驟四：最終建議與總結

在經過 SWOT 分析後，我認為 Netflix 應該進軍短影音領域，但需要謹慎評估風險和挑戰。在進軍短影音領域時應該：1. 聚焦特定領域：針對 Netflix 的優勢，例如電影、電視劇相關的短影音內容。2. 與現有產品整合：將短影音內容融入 Netflix 平台，讓使用者可以先看短影音的精彩剪輯、電影解說、影評，篩選出喜歡的內容再觀看完整影集或電影。3. 建立合作夥伴關係：與短影音創作者和平台合作，建立導流機制，擴大獲客能力。4. 數據驅動決策：透過數據分析，不斷優化產品和內容策略，並透過短影音的轉換率建立不同客戶的觀影偏好，提高推薦的精準率進而增加產品的日活躍用戶。

產品策略問題考驗的是你的商業分析能力、策略思維和決策能力。透過運用商業分析框架，有條理地分析問題，提出具體可行的建議，讓面試官看到你作為產品經理的潛力。記住，**產品策略不僅僅是為了盈利，更要考慮到使用者需求和產品長遠發展**。在追求商業目標的同時，也要兼顧用戶體驗和社會責任，這才是產品經理應有的格局和擔當。

第四關：行為面試問題 - 用故事展現你的價值

行為問題是產品經理面試中的必考題，所謂的行為問題很多都與我們過去的工作經驗有關，面試官透過詢問你過去的經驗，來評估你是否具備產品經理所需的關鍵能力。通常這些能力是一些產品經理必備的軟實力，像是溝通協調、衝突處理、克服困難等等，因此這部份的內容只要有事先準備，應該不會太難回答。

行為問題常見題型

1. **領導力與團隊合作：**

   - 「描述一次你成功領導團隊完成一個挑戰性項目的經驗。」

- 「舉一個例子，說明你如何與跨部門團隊合作，達成共同目標。」

- 「你遇過與團隊成員目標不一致的情況嗎？你是如何解決的？」

2. 問題解決與決策能力：

- 「請舉一個你曾經解決過的困難案例，說明你的解決問題思路和方法。」

- 「描述一次你在和主管意見不同，如何做出最後決策的經歷。」

- 「分享你過去經驗中無法準時交付產品的經驗。」

3. 溝通與表達能力：

- 「描述一次你成功說服他人接受你的觀點的經歷。」

- 「你如何向非技術人員解釋複雜的技術概念？」

- 「分享一次你如何處理與利益相關者之間的溝通障礙。」

4. 創新與學習能力：

- 「描述一次你提出創新想法並成功落地的經驗。」

- 「你如何保持對行業趨勢和新技術的敏感度？」

- 「你最近學到了什麼新知識或技能？」

面試官可以從行為問題裡知道什麼？

首先，**核心軟實力**。對於產品經理而言，除了一些容易驗證的硬實力以外，也需要具備很多的軟實力，例如問題解決能力、溝通能力、領導力、團隊合作精神、創新能力、學習能力、抗壓能力等等。透過我們對於過去工作經驗的描述，可以窺探出是否具備足夠的軟實力以符合工作需求。

第二，**個人特質**。產品經理需要對世界充滿好奇，熱衷於探索新事物跟新技術，並將這些知識應用到產品中，因此會想瞭解受試者是否有強烈的好奇心與求知慾。

另外，受試者是否具備同理心，可以反映到能否與各部門順利溝通協調和站在用戶的角度思考問題。產品經理雖然沒有帶人，卻是團隊中的重要樞紐，需要激勵團隊、凝聚共識，帶領團隊朝著共同目標前進。因此卓越的領導力與影響力也是評估要素之一。而在產品開發過程充滿不確定性，產品經理需要能夠承受壓力，並在快速變化的環境中保持靈活應變。因此強大的抗壓能力與適應力也是一個重要的個人特質。透過詢問行為問題，可以確認受試者是否具備產品經理應有的個人特質。

第三，**公司文化契合度**。每間公司都有自己的公司文化，透過行為問題可以檢視受試者的工作心態、方法、價值觀和工作風格是否與公司文化相符。最知名的就屬於亞馬遜的產品經理面試，亞馬遜的面試關卡中會進行多次的行為問題，每一個問題都會對應到他們的領導力原則（Leadership Principle），藉此確認受試者符合亞馬遜的工作理念。例如：「舉一個過去的例子，你主動認領不在你工作範圍內的工作。」來檢視我們是否有主動承擔的責任感（Ownership），或是「分享一個你曾問過很多問題，嘗試找出問題背後的問題，挖掘根本原因的經驗。」看看你有沒有追根究柢（Deep Dive）的精神。

破解行為問題的密碼

很多受試者在回答行為問題時，很容易太過空泛缺乏亮點、或是細節太多過度冗長。以下是一些常見 NG 回答的範例，例如面試官問：「請描述一次你與團隊成員意見不合的情況。」

- 「我很少與團隊成員意見不合，我們總是能達成共識。」這種回答顯得缺乏工作經驗或是不真實，會讓面試官覺得你遇到衝突時容易妥協，或缺乏處理衝突的能力。

- 「有一次針對一個功能設計與設計師意見不同，設計師太堅持己見，完全不肯接受我的建議。最後因為時間壓力，只好照著他的設計進行。」這種回答顯示你缺乏協調與溝通的能力，會讓面試官認為你對正確事情的堅持產生質疑。

- 「我們與工程部門開了一次會，在會議中經過上級的指示最終定案。」在面對衝突的過程，並不是不能請求主管協助，但是這種回答沒有說明你如何解決衝突，例如開會的過程是透過什麼方式達成最終決議，與會者是否對決議欣然同意，會讓面試官對你的領導力產生質疑。

上面這些回答都不是好的答案，如果想要回答得有條不紊、深入又具體生動，那就不能不知道 STAR 法則（Situation、Task、Action、Result）！ STAR 法則就像是寫作文的起承轉合，可以幫助我們將過去的經驗轉化為引人入勝的故事，讓面試官更容易理解你的能力和貢獻留下深刻印象。

- **情境（Situation）**：鋪陳故事背景，交代事件發生的時間、地點、人物等關鍵資訊。

- **任務（Task）**：描述你在這個事件中扮演的角色和面臨的挑戰。

- **行動（Action）**：詳細說明你採取了哪些「具體行動」來應對挑戰，強調「你的主動性和貢獻」。

- **結果（Result）**：你的行動帶來了什麼樣的結果，最好能用數據或事實來佐證。同時，分享你從中學到的經驗教訓。

如何透過 STAR 原則回答

> ### 「描述一次你與團隊成員意見不合的情況」呢？
>
> - **情境（Situation）**：在一次產品設計會議上，我和設計師對於一個設定功能的實現方式有不同的意見。我認為應該優先考慮用戶體驗，使用最直覺簡單的方式完成設定，而設計師則更注重視覺效果，希望用一個漂亮但步驟較多進行設定。
>
> - **任務（Task）**：我的任務是解決這個分歧，確保產品設計既能滿足使用者需求，又能達到視覺上的美感。

- **行動（Action）**：我首先與設計師進行了深入的溝通，了解他堅持己見的原因。然後，我去撈了過去的用戶使用資料，收集用戶對這個功能的使用習慣和設定完成率。根據這些使用者數據，我與設計師再次討論，發想出幾個不同的設計方案，並進行使用者體驗研究，了解使用者的行為偏好。

- **結果（Result）**：最終，我們得出了研究成果，設計師與我在意見上達成了一致，採用了其中的一個設計方案。產品上線後，我們透過持續追蹤用戶行為，使用者的反饋良好且設定率有顯著提升，證明我們的決定是正確的。這次經歷讓我學會了傾聽、溝通和妥協的重要性，也讓我意識到使用者需求驗證才能提升產品設計的成功率。

行為面試問題是我們展現個人特質和能力的絕佳機會。除了多練習用 STAR 法則來描述你的過去經驗，確保你能清晰、簡潔地表達以外，一定要花時間準備你的專屬故事庫，回顧你過去的工作經歷和生活經驗，針對上面四種常見題型準備幾個能體現你不同能力的故事。切記，在準備這些故事時，要想一下為什麼「非你不可」，你在這個故事中發揮了什麼影響力。

同場加映

台灣企業最愛問的特殊問題

在台灣企業的面試中，有一種問題是面試官非常愛問，而多數求職者聽完問題後瞬間腦袋一懵，忽然間不知道怎麼回，這類型的問題就是「個人譬喻問題」，像是：「如果把自己比喻為一種動物，你會是哪一種？」、「如果要把你形容為一種植物，你會是什麼樣的植物？」、「你覺得哪一種顏色最適合用來形容你，為什麼？」。我相信百分之九十九的人的回答方式都是一樣的，在揭曉之前，如果是你，你會怎麼回答：「你覺得自己像什麼動物？為什麼？」請你暫停閱讀，給你 30 秒鐘的時間想一想，並且試著用 1 分鐘的時間作答看看。

-------------------------------------- 防雷頁 --------------------------------------

相信你應該已經回答完了，現在先讓我們來看看百分之九十九的人的回答方式：當遇到這種問題，多數人的第一個想法是先在腦中快速掃過能想到的動物，然後找出其中一個回答。接著再繼續想想這些動物有什麼特質，擠出相對正向的動物特質，連結到自己，光是正向特質就很難想，根本也管不了跟自己是不是個性相符，只要是正面的表述就直接拿來用了。因此一般人的答案的過程像是以下的情境：

面試官：「你覺得自己像什麼動物？為什麼？」

求職者內心小劇場：「我像什麼動物？有什麼動物 ... 狗、貓、鳥、獅子、熊 ... 選一般一點的貓好了。」

求職者：「如果要用動物來形容自己，我覺得自己像一隻貓。」

面試官：「為什麼？」

求職者內心小劇場：「為什麼？貓有哪些特質 ... 獨立不黏人、具好奇心、高傲、貪睡、愛乾淨。高傲、貪睡、愛乾淨感覺跟工作沒關係，怎麼辦 ... 先講獨立好了。」

求職者：「因為貓是獨立的動物，這點與我很相似，我具備獨立思考的能力，能在複雜多變的環境中找到解決方案。另外，貓的適應力也很強，無論身處何種環境，都能找到生存之道，我對新環境的適應力也很快，能夠快速地上手應對各種挑戰。」

面試官：「除了獨立和適應力強以外還有嗎？」

求職者內心小劇場：「我哪知道還有什麼！還有什麼特質？好奇心！可是怎麼跟我的特質連結 ... 阿！有了！」

求職者：「貓對周圍的世界充滿好奇心，總是保持敏銳的觀察力。我也對於工作充滿好奇心，因此願意花時間了解市場和使用者，進而設計出真正解決問題的產品。」

其實能回答出這樣，已經表現得很不錯了。因為你一開始就已告訴面試官你像是一隻貓，有的面試官在你回答的過程中也同時在思考貓有哪些特質，當想到一些偏負面特質時就可能會追問下去，希望和你確認。

面試官：「你說你像一隻貓，你提到貓比較獨立，貓的特性也相對高傲，這樣你會不會比較難融入團隊呢？」

求職者內心小劇場：「貓只是隨便想到的，我哪知道！」

求職者只好硬著頭皮回答：「雖然我像一隻貓，但我是一隻非常合群的貓，可以融入在團隊之中沒問題！」

看到這裡，是不是為每個求職者都捏把冷汗，難怪求職者都害怕遇到「個人譬喻問題」。而且你可能會認為回答狗或貓這種常見的動物太過普通，缺乏亮點，所以嘗試想要硬擠出一些特別的答案像是：「馬來貘、草泥馬、駱駝、水豚」之類的，希望能讓面試官留下深刻的印象，結果反而掰不出這些動物的特質如何對應到自己身上，回答得支支吾吾，沒加分反而倒扣三分。

沒關係，讓我來教你應對的妙招，學會這個方法，讓你輕鬆回答出令人驚艷又會讓面試官印象深刻的回答，即使最後答案是普通的動物也完全沒關係。首先，我們先想一想面試官想問什麼，背後的問題是什麼？除了想考驗求職者的臨場反應，面試官更想透過這個譬喻問題更了解求職者，想了解求職者的人格特質。台灣的教育太強調快速給出正確答案，所以百分之九十九的人在聽到問題後總是花時間在想出一隻「正確答案」的動物，而不是在想我該怎麼利用這個機會告訴面試官我的人格特質是什麼，為什麼我的人格特質適合這個職缺和工作。回答出問題背後真正的問題才是關鍵！因此，一個好的回答方式應該是：「我具有哪些特質，具體說明這些特質，再總結出如果我是一隻動物，我會是什麼。」例如：

面試官：「你覺得自己像什麼動物？為什麼？」

求職者：「我是一位目標導向的人，當我確立目標後就會全力以赴，想盡辦法達成目標。我善於團隊合作，我能夠激勵團隊成員，凝聚共識，讓團隊共同努力合作開發產品。我也具有強烈的同理心，可以站在使用者的角度思考他們的痛點與需求，並提出解決方案。另外，我是一個具有敏銳觀察力的人，善於了解市場變化、評估市場機會、創造商業價值。因此，如果要形容我是一隻動物，這隻動物會是一個專注於目標、善於團隊合作、有同理心且具敏銳觀察力的動物，我認為最符合這樣描述的動物是一隻狗。」

這樣回答的方式，不僅直接回答出面試官背後真正想問的問題，整個回答的內容重心都放在求職者的特質，並基於這些特質總結出最適合的動物，透過這個歸納的邏輯所得到的動物答案，動物本身到底是什麼就變得沒有那麼重要，也不會被追問這個動物其他特質的問題。這種回答方式可以應用於所有個人譬喻問題，不管是問你像什麼植物、像什麼顏色、像什麼物品都可以，因為你已經清楚重點是說明你的人格特質，不是那個譬喻本身，也不用再糾結於狼會不會讓面試官覺得太有狼性、魚會不會讓面試官覺得我記憶力不好的困境中。

第五關：估算問題 - 展現你的邏輯與數據力

估算問題是產品經理面試中的一道獨特風景。這種問題不是每間公司的產品經理面試都會考，但如果你想應徵頂尖外商的產品經理，那一定會有估算問題的關卡。估算問題顧名思義，就是要求你在有限資訊下，透過邏輯推理和合理假設，估算出一個看似無從得知的數字。這些問題可能涉及市場規模、用戶數量、產品使用頻率等，看似天馬行空，卻能深入檢視你的分析能力、解決問題能力，以及面對不確定性的應對能力。估算問題是大多數人的軟肋，因為這些問題看似天馬行空，無從準備，不過別被看似無從下手的外表嚇倒！我們還是可以透過了解面試官想透過估算問題了解受試者的哪些能力，透過解題技巧與練習來準備估算問題。

估算問題的常見類型

- 「估算星巴克門市一天的營業額？」

- 「估算台北市有多少輛計程車？」

- 「估算台灣一年消耗多少瓶罐裝茶飲？」

- 「估算 Amazon 每天處理多少次搜尋請求？」

- 「估算全球有多少台智慧型手機？」

面試官可以從估算問題裡知道什麼？

首先，**降低模糊問題的能力**。這些問題因為很開放，因此蘊含許多假設。在資訊不完整的情況下，能否提出合理的假設，並找到解決問題的方法。例如：「請問星巴克門市因為地點不同收入有很大的差異，可否具體是指出是哪裡的星巴克？可否假設是在公館的那一間？」、「請問營業額是否只看賣出多少杯咖啡，是否需要考慮賣咖啡豆、馬克杯與食物的收入？」、「是一般平日或是假日？是否為促銷日，例如買一送一的活動？」

第二，**邏輯推理能力**。考驗我們能否將複雜的問題拆解成可分析的小問題，並建立合理的邏輯關係。例如將星巴克分成不同的客群（學生、上班族、老師）或是時段（早上、中午、下午、晚上）進行營業額估算，再把它們加總起來。

第三，**數據敏感度**：是否具備基本的數字概念和估算能力，能運用數據進行分析和推論。如果你的估算結果與一般的常識距離太遠，是否可以修正出一個符合邏輯範圍的答案。例如你推算出一天賣 50 杯，或是一天賣出 1 萬杯，聽起來就不太合理。

第四，**溝通表達能力**：由於這類問題牽涉到數字與公式的表達，因此更能檢驗受試者是否可以清晰地闡述思考過程、假設和計算結果。

破解估算問題的密碼

雖然估算問題沒有標準答案，但這類題目有一個專有名詞叫做：費米估算。費米估算是指在資訊有限的情況下，運用合理的假設、邏輯推理和基本知識，對看似無法直接計算的量進行快速估算的方法。它強調的是估算的過程和思維方式，而非追求絕對精確的答案，因此最終的結果更關注於數量級（如百、千、萬）的正確性而非個位數字的斟酌。

我們可以透過以下步驟來有條不紊地解決問題：

- 步驟一：釐清問題

- 步驟二：設定假設

- 步驟三：預計的估計計算公式

- 步驟四：執行運算

- 步驟五：驗算與合理性評估

例如：「估算台北市有多少輛計程車？」

步驟一：釐清問題

確保我們理解問題正確，必要時可向面試官提問，釐清模糊的部分。例如：

- 「請問計程車可否需要考慮多元計程車或白牌車？」

- 「因為新北市的計程車也會進入台北市區，是否指的是在台北市營運的數量？」

步驟二：設定假設

在問題中，通常不會提供所有需要的數據，因此建立假設的過程中，可以根據常識、經驗、公開數據，對於未知量進行合理的假設。這裡要考的反而不是數據驅動決策，而是你的生活經驗與數量級敏銳度。

「好的，讓我來一步步拆解這個問題。我會先以台北市的人口為基礎，設定出行的需求與每台車每天的載客人次，藉此勾勒出每天的計程車台數需求。由於是營運的數量，不是每台車都會出勤，考量休假與維修中的車輛會做一個數字校正，因此想要建立以下假設：

1. **人口基數**：台北市人口約為 260 萬。

2. **出行需求**：根據過往的經驗，假設平均每 10 人中，每天有 1 人搭乘計程車

3. **計程車運營時間**：車程有長有短，假設每趟車程為 30 分鐘。由於現在有 App 叫車服務，大幅降低空車的時間，假設空車時間為 20 分鐘。計程車每日工出勤 12 小時，扣掉 2 小時的吃飯、休息、上廁所、加油等等時間，假設實際出勤時間 10 小時，。

4. **備用車輛**：為了應對車輛維修、保養與休假等情況，額外預留 20% 的未出勤車輛。」

步驟三：預計的估計計算公式

-   計程車需求量（台）= 台北市人口 / 出行需求
-   每日計程車平均載客數 = 工時 /（載客 + 空車時間）
-   每日計程車數量 = 計程車需求量 / 每日單車可載客數
-   營運計程車數量（出勤 + 未出勤）= 每日計程車數量 x（1 + 備用車輛比例）

步驟四：執行運算

-   **單日計程車需求趟數**：260,000 趟 =（ 2,600,000 / 10 ）
-   **每日計程車平均載客趟數**：12 趟 =（ 10hr x 60 ）/（30+20）
-   **每日計程車數量**：21,667 台 = 260,000 / 12 為運算方便，化簡為 22,000 台。
-   **營運計程車數量**：26,400 = 22,000 x（ 1 + 20% ）

步驟五：驗算與合理性評估

在執行完計算取得最終數字後，請務必進行驗算。確認計算正確後，提出最後答案：「根據經驗，台北市有萬台計程車的數量級應為合理估算，因此我估算台北市約有 26,400 輛計程車。」

分享幾個不好的回答範例：

- **直接猜測：**「我覺得大概有 5000 輛吧。」聽到問題就急著給出答案。這種直覺式回答缺乏邏輯依據，也無法展現你的思考過程。切記絕對不要一開始就先丟出答案，一旦你先給了一個數字，心裡就會有很大的壓力，想要把數字湊對，在之後的拆解問題過程與一步步的運算不僅會發現困難重重，而且很多假設會因為要湊數字變得不合理。

- **過於糾結細節：**「我需要知道台北市有多少條道路、每條道路的長度、計程車的平均速度 ...」這種回答過於鑽牛角尖，忽略了問題的核心在於思考過程與將問題拆解的能力。

- **要求精準：**「2,630,212 / 14.5 = 181,394。」數字都是可以簡化的，數字算得正確比精準更重要，簡化 2,630,212 成 2,600,000；14.5 簡化成 15 不會造成太多影響，我們需要的是數量級正確而不是明確地答案，因此簡化數字但是不要基本的四則運算算錯比較重要。

估算問題考驗的不是你是否能給出最精確的答案，而是你是否具備邏輯思考、數據分析和解決問題的能力。透過拆解問題、提出假設、驗證結果，讓面試官看到你清晰的思路和解決問題的潛力。**記住，估算問題沒有標準答案，重要的是展現你的思考過程。**勇敢地提出你的假設和估算結果，並解釋你的推理過程，讓面試官看到你解決問題的獨特方式。每種估算問題都有不同的拆解方法，可以由大到小也可以由小到大，像是計程車問題，也可以先算出某一個代表的區的計程車數

量，再乘以 12 區算出總數。沒有絕對正確的拆解方法，只需要多練習，就可以慢慢掌握如何回答費米估算的問題。

迎接 AI 時代的產品經理

善用 AI 工具，輕鬆提升工作效率

現在有了生成式語言模型像是 Gemini、ChatGPT、Claud Chat，他們可以成為你準備產品經理面試的得力助手。讓我直接分享一些具體方法，讓你充分利用 AI 的優勢，更輕鬆準備面試：

1. **針對目標公司與職位進行研究**

   * **公司資訊**：詢問 AI 關於目標公司的產品、目標市場、競爭對手、公司文化等資訊，深入了解公司背景。

   * **職位要求**：讓 AI 分析目標職位的描述和要求，幫助你找出與自己經驗和技能的匹配部分。

   * **面試經驗分享**：直接詢問 AI 是否有相關公司的面試經驗分享或面試題庫，幫助你預測可能遇到的問題。

2. **模擬面試**

   * **故事優化**：針對自我介紹與行為問題，可以與 AI 分享你的經歷，讓它幫助你提煉重點、強化敘述，讓你的故事更具說服力，也可以在下指令時請他用 STAR 框架進行故事陳述。

   * **模擬問答**：與 AI 進行模擬面試問答，練習回答各種題型的問題，並請求 AI 給予反饋，進行內容的調整和改進。

   * **回答範例**：如果覺得自己的答案不好，也可以請 AI 提供幾個回答範例參考，但要切記如果是行為問題相關的內容，請以自身的真實經驗出發，切勿捏造事實。

3. 練習產品設計與策略思維

- **產品設計練習**：請 AI 提供一些產品設計的練習題，例如為特定用戶群設計一款產品、改進現有產品等，鍛鍊你的產品思維和解決問題能力。

- **創意發想**：產品設計問題很重視一些創意想法，像是在外商面試時，會希望來面試的人可以提出瘋狂的點子（Moonshot idea），可以透過與 AI 進行頭腦風暴（Brainstorming），針對某個產品或市場，參考 AI 提出的創新想法和解決方案，並自我練習。

4. 知識補充

- **弱點加強**：可以針對自己不擅長的題型，請 AI 提供更多的練習題和指導，反覆加強練習。

- **行業知識**：如果要面試的公司對你來說是不熟悉的領域，可以透過 AI 了解最新的科技趨勢、產品動態和行業新聞。

- **案例分析**：與 AI 一起分析一些熱門產品的成功或失敗案例，探討其產品策略、設計理念和市場反應。

- **外語練習**：如果面試的是外商，可能會要求使用英文或日文面試，透過請 AI 協助潤飾回答內容，可以提升回答的品質與用字的精準度。

第八章

溝通與領導：
打造高效產品團隊的關鍵

分享一個我自己的有趣經驗，有一次在日本出差時，早上醒來梳洗以後準備去飯店的餐廳吃早餐，那間飯店有兩個早餐用餐區，一間是西式的自助餐，就和大多數的飯店會提供的早餐一樣，另一個則是日式早餐，日式早餐有主菜、白飯、漬物與熱湯，我想每次住飯店都是吃西式自助餐，難得這間飯店提供了日式早餐，我也應該來嘗試一下，我穿著一件短袖衣服與短褲，睡眼惺忪的走進餐廳，結果餐廳裡只有一桌有人，而坐著的正巧是公司的董事長。我只是那間大公司的基層員工，對當時的我來說董事長只會出現在電視或新聞上，從來沒有真正見過他本人。我向他點頭致意，找了一個位置坐下，我和董事長就開始聊了起來，於是我利用吃早餐的時間像董事長介紹當時我正在負責的產品，我們請服務生幫忙合照了一張，交換了 Line 就結束那場早餐會。過一陣子當我漸漸淡忘這件事時，有一天在公司就收到董事長主動聯繫我的消息，希望了解當時我在負責的產品細節，後來董事長提拔我，調任到其他地方並賦予我更多工作挑戰。這個經驗至今讓我非常難忘。

其實這種類似的情況也可能會被你遇到，回想一下，你是否曾經在搭電梯時，門一打開，發現電梯裡面站著公司的高階主管、老闆或是某位你一直想認識的人，這時候你不只在猶豫要不要改搭下一班電梯，甚至緊張到想逃跑，最後硬著頭皮搭上同一班電梯，結果不知道該跟他說什麼，感覺時間過得超級漫長。但是！你可能就此錯過了一個絕佳的表現機會，在短短的相處時間內，如果你可以大方地向對方介紹自己，介紹你的工作成果與進度，或是傳達一兩個重要觀點，建立起良好的印象、取得聯繫方式，可能會讓他們對你留下深刻的印象。在這 30 秒到 1 分鐘的搭電梯時間，你可以來一場「電梯簡報」，在對方抵達目的地樓層之前，引起對方的興趣！身為上班人士，你一定很常會被問到：「你現在的工作在做什麼？」如果你是產品經理，也一定很常被不同人問到：「那你現在在做什麼產品？」這時候電梯簡報就可以派上用場，運用 30 秒到 1 分鐘的時間回答這些問題。

圖 8-1　當電梯打開遇到老闆，如何把握機會讓他對你印象深刻？

如何準備一份電梯簡報

首先，很多人對於電梯簡報的目的有很大的誤解，認為電梯簡報的目的是用最少的時間把事情講清楚。只有短短的一分鐘時間，是不可能把事情講清楚的，電梯簡報的目的是在很短的時間內吸引對方的注意力，勾起對方的興趣，讓對方想要了解更多內容，願意留下聯絡方式，製造出下一次見面的機會。因此，你不需要太多細節，也不能有太多重點，最好是緊緊抓住一個核心重點就好。有時候，我覺得電梯簡報像是那些該死的短影音，總在最精彩的部分就戛然而止，讓人想繼續找後續的影片看看接下來的內容會是什麼。想讓你的電梯簡報引人入勝、傳達

令人信服且感興趣的資訊，就要像那些短影音一樣挑起對方的興趣，讓對方想花時間了解更多關於你的產品與工作。一份好的電梯簡報要做到以下幾點：

- **保持簡潔**：記住，你只有幾秒鐘的時間來傳遞信息。我們的目的是創造下次見面的機會，在後續跟進時，還會有充足的時間分享更多訊息。因此，一定要把內容控制在一分鐘以內可以講完的程度。另外，這裡有一個小技巧分享給大家，在電梯簡報過程中，只需要提到**為什麼你想做 A（動機）**，而不用解釋為什麼你不想做 B。大家在做選擇時，一定都會考慮不同選項的優缺點，只針對你要說明的內容講述動機，可以讓你的內容圍繞在固定的主線上，減少支線的展開。

- **引人興趣**：電梯簡報的目標是吸引對方的興趣，勾起對方的好奇心，因此你可以通過故事、幽默、數據、恐懼等等方式，讓你的電梯簡報引發他人的注意、讓人難以忘懷。假設你是一位 AI 學習平台的產品經理，你有機會和一位教育專家介紹你的產品，就可以透過「還記得學生時期，那些考試最高分的同學都有請家教，你知道現在每個學生都可以免費找到專屬的家教嗎？」或是「你知道嗎？雖然政府一直希望降低學生的課業壓力，但根據統計，高中生每三個人就有一個人補習 ...」的方式來吸引教育專家的興趣。

- **針對目的設計簡報內容**：電梯簡報的版本可以有很多個，隨著你的目的不同，參與的活動不同，可以設計出不同的版本，就像廣告文案一樣，良好的電梯簡報也是針對觀眾客製的。根據對象的不同，你所選擇的方式、用詞以及內容的鋪陳與編排，都會影響到對方對於簡報內容的接受程度。例如你今天參加的活動是公司的 AI 競賽，那你在準備產品電梯簡報時應該把關注方在與 AI 有關的內容和應用上。如果你準備參加公司的活動有機會遇到不同部門的主管們，就需要針對這些部門主管準備他們會感興趣的產品內容，像是吸引他們願意支持並投入資源在你的產品上。我在亞馬遜工作的時候，就曾經透過電梯簡報的方式引起工程部門主管的興趣，進而支持並從團隊裡找出幾位工程師幫忙開發出新產品的最初版本。

- 提出請求：在簡報的最後，要讓你交談的對象知道他們可以如何幫助你，無論是通過主動尋求幫助還是建立聯繫。別忘了，電梯簡報的目的不是把事情說清楚講明白，而是為了勾起對方興趣讓他願意繼續追問更多細節，促成下一次的見面機會。

電梯簡報基本框架

看到這裡，如果你還是對於如何準備電梯簡報感到模糊，沒有關係。你如果在網路上搜尋電梯簡報，你可以找到不同的形式與風格。這裡我們介紹一個基本的電梯簡報框架，協助你設計出產品的第一個電梯簡報版本：

1. **問題，最好加入一個引子**：問題與痛點是與你的觀眾產生共鳴的最佳方法，因此你的電梯簡報最好的開端就是自問自答。你可以簡單陳述問題，或者你可以用一個引子例如兩三句的故事或是數字來增加趣味性與說服力。例如你是一位負責碳排放平台產品的產品經理，你可開頭可以是：「你知道什麼時候要針對碳排放收取碳稅嗎？」、「你知道如果有效優化碳排放，一年一間企業可以省下 5% 的碳排費用嗎？」

2. **介紹解決方案**：你的產品或解決方案是什麼。只需要簡短的幾句話，把亮點講出來。如果可以，最好描述產品的獨特之處與差異性，而不是只有說明解決方案的好處。不用擔心，我知道很難在短時間內說明清楚，也不需要說明清楚，但是至少要讓對方可以根據你的內容在心中形成一個可想像的畫面。感覺有點難懂，我們繼續以碳排放平台產品為例。「我們開發了一套碳排放平台，幫助客戶收集碳排放的資料並進行分析，並針對分析結果提供減碳建議。」聽起來這個解決方案就缺乏獨特性與亮點，如果換成「我們的碳排放平台，就像企業雇用了一位專業減碳顧問，不僅隨時自動追蹤排放量，還透過 AI 為企業提供專屬的減碳建議與碳交易策略。」

3. **陳述好處與價值**：知道你能解決客戶的問題與消除他們的痛點，這時後就可以陳述好處與價值。消除這個痛點之所以重要的原因是什麼？解決這個問題客戶可以得到什麼？說明產品帶來的價值主張。例如：「讓企業用最小成本輕鬆達成永續目標，成為業界的綠色領航者！」

4. **以呼籲行動或問題作結**：最後，以某種呼籲行動最為結束。例如邀請對方留下聯絡方式、試用、註冊、下載等等，並再次強調好處。例如：

    *   試用【解決方案】，今天就能【獲得好處】。

    *   現在註冊 / 購買，這樣你就可以親自體驗【特點或好處】。

    *   給我打個電話，我們可以計劃【理想的結果】。

    *   所以試想一下，你打算如何解決你的下一個【問題】。那麼你會選擇【舊方法】，還是試試看這個【產品】。

    *   如果你對這個【產品】有興趣，我們可以交換一下 Line。

上面的基本框架只是其中一種方式，我們都可以針對不同的情境與對象進行適當的調整。讓我來分享三個電梯簡報範例供大家參考：

範例一：AI 數據分析產品

*   **情境**：在科技業交流活動中，你遇到了一位對 AI 應用很感興趣的創投。

*   **簡報**：「隨著大數據時代的到來，每間公司都想要透過數據找出潛在商機，但是原始資料真的超級混亂，你知道嗎？根據統計，資料科學家的工作時間中有七成用在整理資料。我們的 AI 數據分析產品就像專業的分析師團隊，它不僅能幫你整理數據，還能像福爾摩斯一樣找出隱藏的商業價值。讓企業的數據不再只是冷冰冰的數字，而是會說話的金礦！這個產品只需要每個月 $199 的訂閱費用，所以試想一下，如果企業正打算開始試著數據挖掘商機，他們會選擇花大錢建立 組數據分析團隊，還是透過每月 199 元試試看呢？」

範例二：美妝保養品牌

- **情境**：在一個美妝產業聚會上，電梯裡遇到一位百貨公司的採購經理。

- **簡報**：「您是否厭倦了每天花大把時間用不同的瓶瓶罐罐保養肌膚？我們的保養品牌，就像肌膚的私人訂製管家，為您打造專屬保養方案，我們針對每個顧客的膚況獨特調配，每天只需要一瓶就好，讓您告別盲目保養，輕鬆擁有自信光彩！如果你對我們的品牌有興趣，歡迎與陳小姐聯絡。」

範例三：AI 語言學習產品

- **情境**：在一個企業活動中，每個產品經理有 1 分鐘介紹自己負責的產品。

- **簡報**：「您是 I 人嗎？你有學習外語的經驗嗎？有沒有在課堂上遇過忘記單字或是講錯文法的窘境？我們的 AI 線上語言學習產品，透過與 AI 對話，專業地教學和口說對話練習，面對 AI 讓你不用再尷尬或害怕說錯話，24 小時想學外語時隨時打開 App 立即上課，就像您的私人一對一家教，讓您輕鬆開口說外語！」

想要試試看你身邊的產品經理朋友懂不懂電梯簡報，可以問他：「你是負責什麼產品？」或是「你最近產品做得怎麼樣？」看看他們是否可以用 30 秒到 1 分鐘的時間快速介紹他的產品在做什麼，並且吸引你的興趣。如果不行，可以推薦他買一下這本書來好好研讀一下。

電梯簡報是產品經理的必備技能，也是所有在職場工作的人一項好用的工具。身為老闆或部門主管，很常會被投資人、業界友商問到類似問題；身為員工，當被問及工作進度或是近況時，具備電梯簡報的技能也能讓你不會支支吾吾措手不及。我建議你，現在就停下來，好好準備一個電梯簡報，說不定明天就能派上用場！

好的溝通能力，讓產品開發事半功倍

在職場中，溝通能力無疑是產品經理最重要的軟實力之一。產品經理經常需要與他人進行溝通、清楚地傳達訊息、甚至是說服他人，因此無論是向老闆彙報進度、向團隊闡述產品願景，或是向客戶介紹產品功能等等，把話說清楚、清晰、有條理都是相當重要的事。然而，你在工作場域中一定會發現很多人話說半天不是繞來繞去，就是沒講到重點，造成溝通效率大幅降低。想要有效地進行溝通，就必須要掌握當下的情境，並理解對方的意圖。根據情境的不同，嘗試解讀對方的問題背後的想法。例如主管走過來告訴你：「你現在有空嗎？可以請你幫忙去跟行銷部門要一下產品文案嗎？」這時候，主管並不是真正地在詢問你是否有空，他真正的意圖是交代你執行任務。這時候可別傻傻地直接回他：「我沒空！」舉另一個最近在生活中遇到的例子，我每天都會早晚到公園遛狗，有一天有兩個小孩看到我在遛狗，覺得我的狗很可愛，於是問我：「可以摸他嗎？」說完就直接靠近手準備伸出來，而我直接說：「不行！」這兩個小朋友顯然被我的回答嚇了一跳，因為在他們的理解中，問問題並不是真正要取得主人的許可，而是是基於一種摸別人狗之前的禮貌而已，並不會被拒絕。我看到他們突然愣住手僵在那，於是告訴他們，因為我的狗狗生病眼睛看不到了，陌生人碰牠會害怕所以可能會不小心攻擊，我怕你們受傷。他們才乖乖點點頭，去找其他的狗主人問。因此，在溝通的過程中，理解對方是非常重要的。再跟大家分享一個我剛開始工作時常犯的溝通錯誤，在剛開始工作時，當老闆問問題的時候，我都很認真想要說明原因，例如：「為什麼現在使用者註冊人數突然下降？」、「為什麼這次的產品沒有辦法準時上線？」當時傻傻的總是試圖直接回答老闆的問題，而常常解釋到一半，老闆就會覺得我在找理由。後來我才發現遇到這種情境，老闆雖然嘴巴上這樣問，但他背後的問題是想問你要怎麼解決，因此遇到這種問題，實際上應該是要回答解決方案或是下次如何避免再犯，而非正面回答。比起直接回答：「因為我們上次上線的新版本有改動到註冊流程，使用者在輸入電話後可能收不到簡訊驗證碼。」以下的回答可能更好：「我們確實發現註冊人數在過去幾天掉得很快，經過研究發現是因為有些

使用者收不到簡訊驗證碼，已經請工程師協助確認 bug 在哪出現，目前會先改用 email 發送的方式讓使用者可以收到驗證碼，預計兩週後會出一個正式版本把這個問題修復。以後每次新版本上線前，都會請測試工程師針對註冊流程進行更完整的測試，避免類似的狀況再次發生。」

當你在職場工作一陣子後，會發現良好的溝通能力不只是產品經理的必備技能，也是所有工作夥伴的必修課。溝通是可以練習的，只要勤加練習，透過不同溝通框架的輔助，就可以慢慢地讓你的溝通內容變得有邏輯，講話的脈絡變得更清楚。

PREP 原則：結論先行的溝通利器

在華人的文化中，我們總是習慣婉轉地暗示或表達我們的想法，導致溝通時常常繞來繞去，前面鋪陳了一大堆，打了五支預防針以後才進入重點。尤其我在日本工作時就有過簡單的交代一件事但是 Email 可以寫得像學測作文一樣。除了不敢直接切入重點以外，很多人講話繞來繞去的原因是因為害怕講錯事情，在一個害怕犯錯的環境裡，講話必須小心翼翼，不小心講錯話可能被主管罵，因此在溝通時就一直反覆試探主管的想法，導致溝通變得冗長。在講究效率的職場環境中，大家每天都有很多工作需要處理，因此如果我們的溝通方式太過委婉，可能會讓對方感到不耐煩。必要的時候有話直說才是最好的策略，因此 PREP 就是一個結論先行的溝通好工具。透過 PREP 框架，可以增加溝通效率同時增加溝通的說服力！

PREP 是 Point（論點）、Reason（理由）、Example（舉例）、Point（重申論點）四個英文單詞的首字母縮寫。它提供了一個簡單但強大的溝通方法，強調快速高效，讓我們一開始就先表明結論，再闡述理由與舉例，讓溝通更具說服力，最後再做一次結論讓對方留下深刻印象。

- **Point（論點）**：開門見山，直接陳述你的核心觀點。這有助於抓住聽眾的注意力，讓他們迅速了解你要表達的內容。

- **Reason（理由）**：解釋為什麼你的觀點是正確的，提供支持性的論據和數據。這有助於增強你的觀點的可信度，讓聽眾更容易接受。

- **Example（舉例）**：通過具體的例子或案例來說明你的觀點。這有助於讓你的觀點更具體、更易於理解，同時也能增加說服力。

- **Point（重申論點）**：再次強調你的核心觀點，總結你的論述。這有助於加深聽眾的印象，確保他們記住你的主要訊息。

圖 8-2　PREP 原則

為什麼產品經理需要 PREP 原則？

產品經理的工作涉及到與各種不同背景的人溝通，包括開發人員、設計師、市場人員、銷售人員，甚至是公司高層。PREP 原則可以幫助產品經理：

- **提高溝通效率**：PREP 框架在一開始就切入重點，讓你的溝通更具效率，透過完整的結構性描述避免冗長、混亂的表達。

- **增強說服力**：通過提供充分的理由和例子，PREP 原則可以增強你的觀點的說服力，讓聽眾更容易被你說服。

- **建立信任**：清晰、有條理的溝通展現出你的專業性和自信，有助於建立信任，讓他人更願意與你合作。

- **促進理解**：PREP 原則通過具體的例子和總結，幫助聽眾更好地理解你的觀點，減少誤解。

PREP 原則在產品經理工作中的應用

PREP 原則可以應用於產品經理的各種溝通場景，例如：

產品提案

- **論點（Point）**：我們應該開發一個新的 AI 聊天機器人，以提升客戶服務效率。

- **理由（Reason）**：目前客服團隊人力不足，導致回應時間過長，影響客戶滿意度。數據顯示，超過 47% 的客戶希望能在 3 分鐘內得到回應，但我們目前的平均回應時間為 26 分鐘。

- **舉例（Example）**：假設一位客戶在深夜遇到產品問題，無法及時得到幫助，可能會感到不滿，在社群對產品留下負評，甚至轉向競爭對手。而 AI 聊天機器人可以 24 小時提供即時支援，解決客戶的燃眉之急。

- **重申論點（Point）**：開發 AI 聊天機器人，不僅能減輕客服團隊的負擔，還能提升客戶滿意度，有助於我們在競爭激烈的市場中保持優勢。

用戶研究報告

- **論點（Point）**：用戶認為我們 App 的導航設計不夠直觀，需要改進。

- **理由（Reason）**：在用戶訪談中，有 70% 的使用者表示在使用 App 時感到困惑，難以找到所需的功能。此外，我們 App 的跳出率高達 40%，遠高於行業平均水平。

- **舉例（Example）**：一位用戶提到，他花了 10 分鐘才找到如何修改個人資料，因為相關選項隱藏在多層菜單裡。這說明我們的導航設計亟需改善。

- **重申論點（Point）**：為了提升用戶體驗，我們必須重新設計 App 的導航，簡化使用者流程，使其更清晰、更易用。

跨部門溝通

- **論點（Point）**：我們需要將新功能的上線時間從原定的 11 月 1 日延後到 11 月 15 日。

- **理由（Reason）**：在最近的用戶測試中，我們發現了一個嚴重的 bug，需要更多時間進行修復和測試，以確保產品質量。如果不解決這個問題，可能會導致用戶體驗下降，甚至影響產品聲譽。

- **舉例（Example）**：舉例來說，這個 bug 會導致用戶在執行特定操作後 App 立刻閃退，這不僅會讓用戶感到困擾，還可能導致他們流失。我們已經收到了一些測試使用者的反饋，表示對這個問題感到不滿。

- **重申論點（Point）**：為了確保新功能的順利上線並提供最佳的用戶體驗，我們必須將上線時間延後到 11 月 15 日，以便有足夠的時間解決這個 bug。

PREP 原則是一個相當簡單但實用的溝通工具，可以幫助產品經理在工作中實現高效、有說服力的溝通技巧。PREP 最大的使用原則是整個溝通的進行是基於效率為前提，而且溝通的過程中是以理性客觀為基礎，有條理有邏輯。我過去在技術部門擔任主管時，還不知道 PREP 原則，當時我的部門裡有一位工程師遇到溝通上問題。這位同事在工作表現上沒有非常突出，但是很認真地工作與進修，然而在例行會議上跟技術長進度報告時，常常被技術長罵，技術長認為他講的內容亂七八糟，一點也不專業，身為他的主管，我知道他工作相當認真，表現也不差，只是苦於不知道如何有效地報告他的工作成果，所以一直被技術長認為是工作績效很差的員工。當時我與他分享一套如何清楚表達的方法，並且與這位工程師一起練習，在練習一段時間之後技術長漸漸開始肯定他的工作成果。雖然這個有效溝通方式是我在工作時自己慢慢摸索出來的，但後來知道 PREP 後，才發現這個方式算是 PREP 的一種變形。而且上網 Google 了一下發現已經有許多相似的方法，在《結論說得漂亮，說服力 100%》這本書中也有提到一樣的方式。方法很簡單，就是先說結論，再說原因，最後提方案或心得。

「先說結論，再說原因，最後提出解決方案或心得。」

這套方法的適用情境是向長官報告或是與其他部門溝通的時候，希望他們能夠配合達成某項目標或是有事情需要讓主管知悉或決定。

第一步：先說結論

大家工作都又忙又急，先說結論可以在一開始就抓住對方的注意力跟好奇心。結論應該簡明扼要，不需要說明太多細節，能傳達我們希望讓對方知道的核心資訊就好。如果你有事情想請老闆裁示，第一步的結論就是你的推薦方案。例如：「我建議公司應該在下個季度增加 10% 的市場營銷預算。」另一種結論的例子則是工作進度的更新，例如：「上一周的客戶轉換率掉了 4%，預期這個月的獲利會降低了400 萬。」、「這週我們透過新的 AI 演算法優化推薦系統，準確度較現在的版本上升4.8%」

第二步：再說原因

一旦表明了結論，對方也知道重點後，接下來展開更多細節，可能是解釋原因，或是提供具體的數據或證據以支持結論。這裡的原因可以是客觀事實、數字，也可以是過去經驗或是通則。第二步的目的除了讓對方充足了解結論後面的背景，也是用來接續第三步內容的橋樑。

> 例子 A：「我之所以建議增加市場營銷預算，是因為我們的市場佔有率在過去一季度持續下滑，而我們的主要競爭對手投入在 A、B、C 渠道的市場營銷增加 XX%，對我們形成了競爭壓力。」
>
> 例子 B：「轉換率掉了 4% 的主要原因是上週的推薦系統出現問題，導致客戶體驗不佳，加上客服系統被塞爆，很多客戶打不進客服處理，因此現在社群媒體的負面評論比例增加了 20%。」

第三步：提出解決方案或是心得

在説明原因後，最後要以「行動」做結！像是我們建議的具體措施或解決方案。
提出具體地行動計劃，以實現我們的結論。這有助於將抽象的想法轉化為可實作
的步驟，不是只是報告進度，而是讓對方知道該接下來如何採取行動。如果現在
正在溝通的事情已經告一段落，沒有需要再立刻做出行動方案，也可以説明從這
次學到的經驗，下一次遇到類似狀況預計如何應對，持續改進。

> 例子 A：「我建議我們增加 10% 市場營銷預算，以加強我們的線上宣傳活
> 動，提高品牌知名度，並吸引更多潛在客戶。我們還可以通過 xx 分析和
> oo 追蹤確保我們的投入產生了可衡量的效果。」
>
> 例子 B：「下次再遇到類似事情時，首先應該先加開客服系統，並透過推播
> 方式與使用者溝通，同時可以在客服頁面或是官網首頁做出説明。」

不論是 PREP 或是我上面介紹的方式，都可以幫助大家在溝通上更有效率更具説
服力。然而，溝通隨著情境與理解的不同，有時候我們會希望溝通是基於更有趣、
引人入勝的方式，不要這麼地效率導向，稍微讓敘事更加完整並且有鋪陳，這個
時候我會推薦使用 SCQA 溝通架構。

SCQA 架構：產品經理的敘事魔法

SCQA 是 Situation（情境）、Complication（衝突）、Question（問題）、Answer
（答案）四個英文單詞的首字母縮寫。SCQA 敘事結構幫助我們用清晰、順暢的方
式進行溝通，比較像是説故事或是寫作文，注重起承轉合，答案或結論在最後才
會出現，因此在商業上的使用時機會稍有不同，例如你要進行一場知識分享或是
產品的提案等等。

- **Situation**（情境）：從一個大家熟悉的情境開始，建立共同的基礎，讓聽眾快速進入主題。

- **Complication**（衝突）：引入一個衝突或挑戰，點出目前情境中存在的問題或痛點。

- **Question**（問題）：提出一個明確的問題，引導聽眾思考，並為你的解決方案鋪墊。

- **Answer**（答案）：提供你的解決方案或產品，回答前面提出的問題，展示其價值。

圖 8-3　SCQA 框架

為什麼產品經理需要 SCQA 架構？

SCQA 架構可以幫助產品經理：

- **吸引注意力**：從一個引人入勝的情境開始，迅速抓住聽眾的注意力，讓他們想繼續聽下去。

- **建立共鳴**：通過描述衝突或挑戰，讓聽眾產生共鳴，意識到問題的重要性。

- **引導思考**：提出問題，引導聽眾思考，為你的解決方案創造需求。

- **展示價值**：清晰地呈現你的解決方案，讓聽眾了解其如何解決問題，帶來價值。

SCQA 架構在產品經理工作中的應用

SCQA 架構可以廣泛應用於產品經理的各種溝通場景，例如：

產品提案

- 情境（Situation）：現代人生活忙碌，經常在外用餐，之前的各種食安事件像是地溝油、寶林茶室事件，讓大家擔心食安問題。

- 衝突（Complication）：市面上雖然有許多餐廳評鑑 App，但大多著重於口味和服務，對於食材來源和衛生狀況的資訊卻不夠透明。

- 問題（Question）：有沒有什麼方法可以讓消費者在選擇餐廳時，除了參考口味和服務，還能輕鬆了解餐廳的食安狀況？

- 答案（Answer）：我們公司最近開發了一款「食在安心 App」，透過產地溯源、引入區塊鏈技術確保資訊不會被輕易竄改，結合使用者回報機制，即時更新餐廳衛生評分，讓您吃得安心又放心。

用戶研究報告

- 情境（Situation）：我們的電商平台擁有大量商品，但用戶經常抱怨透過搜尋難以找到想要的商品。

- 衝突（Complication）：現有的搜尋功能不夠智慧，無法準確理解使用者的需求，導致搜尋結果不盡理想，影響購物體驗。

- 問題（Question）：如何提升搜尋功能的準確度，讓用戶更快速、更輕鬆地找到想要的商品？

- 答案（Answer）：我們將導入 AI 驅動的對話推薦商品功能，透過自然語言處理技術，更精準地理解使用者的搜尋意圖，使用者只要簡單詢問：「我想要找可以送給女朋友五週年紀念日禮物，預算在一萬塊左右，不要包包。」系統就會結合使用者的行為數據與過往的消費紀錄，提供個人化的搜尋結果。

產品分享

- 情境（Situation）：想像一下，你帶著家人開車出遊，卻因為塞車而錯過了預定的景點，心情大受影響。

- 衝突（Complication）：傳統的導航 App 只能提供路線規劃，無法預測即時路況，導致行程延誤，影響出遊心情。

- 問題（Question）：有沒有什麼辦法可以預知塞車路段，避開擁堵，讓旅程更順暢？

- 答案（Answer）：我們推出的「導航服務」，結合大數據分析和 AI 預測技術，能即時掌握路況，為您規劃最佳路線，讓您輕鬆避開塞車，享受愉快的旅程。

銷售演示

- 情境（Situation）：企業在數位轉型過程中，經常面臨大量數據的挑戰。

- 衝突（Complication）：傳統的數據分析工具操作複雜，需要專業人員才能使用，且分析結果往往不夠直觀，難以轉化為 actionable insights。

- 問題（Question）：有沒有什麼工具可以讓企業輕鬆駕馭數據，快速挖掘商業洞察，提升決策效率？

- 答案（Answer）：我們的 AI 數據分析平台，操作簡單易上手，透過視覺化圖表呈現分析結果，讓您無需專業背景也能輕鬆掌握數據趨勢，做出明智決策。

SCQA 架構是一個實用性很高的敘事方法，可以幫助產品經理將複雜的資訊轉化為引人入勝的故事，讓聽眾更容易理解和接受你想傳達的資訊。通過熟練運用 SCQA 架構，我們可以提升溝通效果，更好地傳達產品價值，贏得對方的支持。接下來要提到的框架，在第七章：面試全攻略：讓你輕鬆迎戰產品經理面試的章節有提到，就是 STAR 框架，會想要再提一次的原因是因為不只是只有面試時用得到，在產品經理的工作中也有許多適合的使用場景。

STAR 框架

STAR 框架是一種結構化的方法，用於回答問題或描述經驗。STAR 框架很常被使用在面試的回答中，尤其當被問到自身經歷時，透過 STAR 可以清楚表達事情的來龍去脈，超級好用。例如：「告訴我你工作中遇到最困難的事」、「分享你跟你的老闆一次意見不合的經驗」等等，都很適合透過 STAR 框架進行回答。除此之外，當產品經理**向其他部門提出需求或尋求支援時**，使用 STAR 框架可以讓你的需求描述地更具體、更易於理解，提高對方配合的意願。在**解決跨部門衝突或問題時**，STAR 框架也可以清晰地描述問題的背景、影響和你的解決方案，促進各方達成共識。STAR 還有一個很重要的使用時機，就是在進行績效評估或是與主管進行績效面談討論時，透過 STAR 可以更具體地呈現出自己的工作成果與貢獻。

STAR 框架是由四個元素組成：

- **Situation（情境）**：開始時，您需要描述背景或情境。事件發生的背景通常以一個簡潔的背景故事或情境說明開始，請注意這裡不要落落長，主要把需要的背景資訊說明清楚就好，切記不要大幅展開。

- **Task（任務）**：說明完事件背景後，講述自己面臨的任務或挑戰，例如需要解決的問題或目標是什麼。

- **Action（行動）**：說明你採取了哪些具體行動來應對情境和完成任務，這是你的行動計劃，裡面最好包含使用了哪些工具以及方法論，例如運用了 ELMR、RICE、SWOT 分析等等，會讓你的行動看起來更有邏輯架構。

- **Result（結果）**：最後，闡述行動產生了什麼結果或成就了什麼目標。這是最重要的一塊，很多人在溝通時講完前面三個部份就停下來了，但忘了告訴對方最終的成果到底是什麼。如果這是績效面談，那麼最後你的產出與成果才會是最有力的證明。有時候即便結果不如預期，也不要吝嗇於分享，你可以加上你從這次過程中學習到的經驗，和以後如何做得更好。

圖 8-4　STAR 框架

如何使用 STAR 框架？

關於在面試中如何使用 STAR 框架已經在第七章：面試全攻略，讓你輕鬆迎戰產品
經理面試做過說明，這裡就讓我們通過每個人在工作上都會遇到的兩個情境來展
示如何使用 STAR 框架。

情境：產品經理的自我評估

假設你是一位產品經理，在撰寫自己的年度績效評估中，你想突出自己在提升用
戶參與度方面的貢獻。你可以運用 STAR 框架，具體描述一個成功的案例如：

- **Situation（情境）**：產品上線初期，用戶活躍度偏低，日活躍用戶數
  （DAU）停滯不前，成為產品成長的瓶頸。

- **Task（任務）**：我當時的首要目標是找出問題根源，並提出解決方案，
  提升用戶參與度，帶動 DAU 成長。

- **Action（行動）**：我首先透過數據分析，追蹤使用者實際操作行為後發
  現用戶在完成註冊後，容易因為缺乏引導而流失。接著，我與設計團隊
  合作，重新設計了用戶 onboarding 流程，加入了互動式教學、個人化
  推薦等元素。同時，我也與行銷團隊合作，推出一系列活動，鼓勵用戶
  持續使用產品。

- **Result（結果）**：新的 onboarding 流程上線後，用戶留存率提升了
  15%，DAU 在三個月內增長了 20%。使用者調查顯示，用戶對產品的
  滿意度也有顯著提升，NPS 從原本的 6 提升到 15。

這個例子中，**STAR** 框架的應用讓你的成果更具體、更有說服力：

- **情境明確**：清楚交代了問題背景，讓評估者了解你面臨的挑戰。

- **任務具體**：說明了你所承擔的任務和目標，展現你承擔責任的能力。

- **行動詳實**：描述了你採取的具體行動，包括數據分析、跨部門合作等，展現你的專業能力和解決問題的能力。

- **結果量化**：用數據呈現了你的成果，讓評估者更直觀地看到你對產品的貢獻。

除了自我評估，最近很多公司都引入 360 度環評機制，我們也可以透過 STAR 框架給予其他團隊成員的回饋。例如：

- **Situation（情境）**：在上次的產品發布會上，你負責產品 A 功能的演示環節。

- **Task（任務）**：你的任務是向潛在客戶展示產品的功能和價值，吸引他們註冊使用。

- **Action（行動）**：在演示過程中，我發現你使用了大量的專業術語，比較少介紹產品的實際應用場景，導致觀眾理解的難度增高。

- **Result（結果）**：在上次的發布會後，參與者的問卷回饋中有 13 位提到 A 功能展示環節太過艱澀，潛在客戶的註冊轉化率偏低，建議下次可以減少使用專業術語的頻率並且增加更多應用場景，讓使用者比較容易理解。

STAR 框架的優勢和應用

- **清晰和結構化**：STAR 框架幫助您以有條理的方式組織您的思維，確保您的信息易於理解。

- **表述具體**：可以提供具體的細節，這有助於回答更具說服力。

- **應用場景廣泛**：除了與長官報告外，STAR 框架還適用於面試、會議、工作評估等多種情境。

STAR 框架是一個簡單有效的工具，可以幫助所有人在各種情境下清楚地表達自己。通過結構化的方式呈現情境、任務、行動和結果，更有效地傳達信息，使您的觀點更容易被理解和接受。無論是在面試、報告還是日常交流中，這種方法都能提高你的表達能力。

關於溝通的框架還有很多，像是 FFC、FOSSA、SCI 等等，學習使用框架來進行溝通，可以大大幫助我們在溝通時增加說服力與影響力，進而增加工作績效。別忘了，溝通最重要的是確認「情境」還有「理解」對方，溝通的框架都可以變化的，這些框架就像是武俠小說裡的招式，透過不斷地練習增加內功，熟練以後，就可以悟出屬於自己的獨特溝通方式。

產品經理的開會密技

打開產品經理的工作日曆，應該每天都要開大大小小的會議，「我不是在開會，就是在前往會議室的路上」是很多產品經理的工作寫照。根據統計，每個產品經理每周平均花在會議上的時間超過一半的工作時間，在我的工作經驗中累計至少參與過千場以上的會議。所以，如何有效開會絕對是產品經理的必修課！

圖 8-5　產品經理的重要工作：開會

開會的目的到底是什麼？

首先，每天那麼多的會議，開會的目的到底是什麼？我認為**開會的目的是凝聚共識、解決問題**。如果開完一場會後這兩件事都沒達到，那我會認為這場會議就是單純在浪費大家的時間而已。每次在開一些沒有意義的會議時，我總是在想坐在會議室的人的時薪加起來有多少，開一個無效會議會浪費多少的薪水跟時間。一個典型的無效會議就像是常見的這句：

「會而不議、議而不決、決而不行、行而不果、果而不效。」

把大家凝聚一堂開會，卻沒有花時間好好討論，或是只有討論沒有做出決定，做了決定之後沒有採取行動，採取行動沒有做出結果，做了結果卻成效不彰。

我發現很多公司常有一種開會是「報告」會議，有一位報告者在台上花了 40 到 50 分鐘滔滔不絕，最後簡短地進行一些問答就匆匆結束，這種「報告」式會議通常只是為了讓參與會議的人都知道某件事，對齊同一個資訊水平，降低資訊落差，

這種會議既沒有凝聚共識也沒有解決問題，我認為是無效且浪費時間的。想要降低資訊落差可以通過電子郵件、公司內部的文件或是錄影讓需要的人自己找時間去觀看就好，不需要把大家都綁在一起。

開會常見的幾個狀況

開會時間冗長

我之前在台灣企業的工作經驗中，會議一個小時算短，兩個小時是基本，三個小時都算是正常，這些會議通常是花很多時間在聽取某人報告資訊，讓大家可以同步資訊，常常開會開到最後需要大家開始討論重要的決策或是下一步行動時，由於已經被疲勞轟炸，根本沒辦法專心在會議裡做出高品質的決策。當我進入外商公司之後，我發現外商的會議普遍都是設定在 30 分鐘，非常有效率。由於時間緊迫，會議都很快進入正題進行討論，也會專注在會議的目的降低發散機會，個人覺得降低會議長度可以增加不少開會效率。

台上的人認真簡報，台下的人偷偷工作

如果會議是有一些人在台上負責報告進度或資訊，你會發現下面的人總是開著電腦，一邊處理著其他同事傳來的訊息或是電子郵件，有些人甚至在做自己的事，例如看一下 Line、逛逛網拍或是看看 Thread（還會看到偷笑）。這種開會方式極度仰賴報告者的簡報能力與表達能力，如果報告者的上台準備不夠、簡報技巧不佳或是內容太過枯燥，你會發現會議結束後很多人還是沒有完全吸收應該要知道的資訊。如果會議裡坐著一位大主管，當上台的人在報告時因為沒有準備得當，一直被那位大主管打斷、問問題或是釐清內容，會讓整個理解流程變得支離破碎，讓與會者吸收資訊的品質大幅下降。

沒有結論，不知道下一步

一般的會議裡是台上先報告完才會進入討論事項，但如果報告的時間占了會議的多數，當到了真正的開會精華時間**討論階段**，常常發現時間已經不夠，沒辦法讓與會者有充分時間進行討論或發言，進而得出結論或是下一步行動。有時候更慘的是因為每個與會者吸收內容的程度不同，導致進入討論的時候發現有些資訊還是沒有對齊，只好花更多時間重新解釋，或是有些主管會直接請報告者重新準備，下禮拜再報告一次，進入報告輪迴地獄。

容易岔題就拉不回來

這個在開會時超級常發生，會議總是有各種機會超出原本的會議目的，如果岔題沒有及時拉回來，那這次會議原則上就已經宣告失敗。殘酷的現實是常常岔題的人是職等比你高的主管或是老闆，在台灣的工作文化下很少有人敢跟上級說可以先拉回來討論原本的事項，因此就很容易讓會議主軸隨意開展，最後會議結束才發現原本該做的決定沒做，該解決的問題還是沒被解決。

變成老闆或主管的宣揚理念大會

這個是常見的岔題範例，講到某個話題開啟了老闆或主管的話匣子，就開始滔滔不絕的講述他自己過去的經驗與豐功偉業，最近看了什麼書學到什麼，或是直接開始宣揚應該怎麼做事，公司的文化跟理念等等，原本會議需要做的討論與決策就這樣默默地被消失。

亞馬遜的開會方式

在日本亞馬遜上班的時候，我體驗到了亞馬遜特別的會議文化，沒有簡報、沒有上台報告的環節，人數盡可能精簡，方式很特別，因此想與大家分享一下在亞馬遜的員工們是如何進行開會，以及他們的開會方法所帶來的好處。

沒有簡報

亞馬遜開會禁止使用簡報，取而代之的是幾張 A4 紙，上面會直接寫滿密密麻麻的內容。一開始我剛加入也有點不習慣，但後來發現有幾個好處。第一個是所有會議需要的資訊都可以在那幾張 A4 紙裡獲得，不像是簡報，簡報的目的是用來輔助報告者，簡報的設計與格式風格也很多樣，因此簡報很容易缺乏足夠資訊，需要搭配報告者口述才會知道。透過文件，可以把所有應該提供的細節都敘述清楚，大家只需要閱讀文件就可以輕易地取得會議需要的資訊。所以，在亞馬遜會議開始的前幾分鐘，會讓大家安靜地閱讀文件，一旦開始說話就代表正式進入討論時間。對於準備會議的人來說，準備敘事性的報告文檔是需要花時間的工作，相較於準備投影片，如果比較不認真準備只需要在每一頁投影片中放入一些條列式重點或圖片，或是直接把想說的內容都放在投影片上，開會時一邊用投影片一邊口頭講述即可。這些人在開會前並沒有充足的準備，也沒有思考清楚會議的目標與內容。透過寫文檔的過程，可以確認是否有一套清楚的邏輯脈絡與數據證據支持。文檔的另一個好處是文檔沒有太多需要美化的地方，只要確認文字大小、字型與排版，但如果是準備投影片，就必須同時考慮資訊如何呈現，投影片的樣板、設計、動畫、圖片等等，把很多時間花在美化投影片而非專注於內容。

沒有人上台分享

原則上會議沒有人會上台，因為資訊同步的過程是透過閱讀文件進行。可以事先在會議開始前把文檔寄給與會者，請大家在會議前先閱讀，這種效率是最高的。如果大家沒有時間，則會運用會議開始後的前十分鐘，讓大家靜靜地各自閱讀報告，畫重點並記錄有哪些重點跟疑問。因為沒有人上台分享，所以也不用擔心簡報能力或台下專心程度會影響到大家吸收資訊的程度，對於很多有上台恐懼症的同事們是一大福音。因為沒人上台分享，大家在會議裡花最多時間的事情就是凝聚共識和決定下一步行動，因此在文檔裡的最後還會寫下熱門討論事項（Hotly Debate Topic），讓坐在會議室內的與會者直接進行討論。

擱置其他議題

當有人發現岔題時，大家對於擱置會議目的以外的題目接受度很高。通常我們會說：「這不在這次會議的討論範圍內，會後可以另外再約一個時間討論。」或是「這個細節與會議目標無關，今天就先不展開。」能夠擱置會議無關的議題，聚焦在會議的目標上。

慎選會議參與者

由於亞馬遜在會議裡有一個 2 pizza team 的原則，意思是會議人數應該限制在兩盒披薩可以餵飽的情況，雖然我在亞馬遜的時候從沒參加過會議裡有披薩），會議參與者有邀請上限文化可以讓每次的會議不變成大拜拜，不會為了「可能以後跟 A 同事也有關，那我請進來了解一下好了。」、「這個部分我太不清楚，讓我找上 B 同事一起。」、「只找了主管 C，是不是也要找上 D、E 主管一起才公平。」等等原因就邀請一堆人進到會議裡。原則上只要被召進會議，就代表需要你發表意見與參與討論。再決定會議參與者時，可以透過 DACI 決定誰應該受邀。DACI 是一種決策制定框架，旨在明確專案中各個利益相關者的角色和責任，以促進有效且高效的群體決策。它代表了四種角色：

- **D - Driver（驅動者）**：負責推動決策過程，確保決策被制定並執行。他們通常是專案經理或團隊領導。

- **A - Approver（批准者）**：擁有最終決策權的人或群體。他們負責評估建議並做出最終決定。

- **C - Contributors（貢獻者）**：提供相關資訊、專業知識或意見的人或團隊。他們的輸入對於做出明智的決策至關重要。

- **I - Informed（知情者）**：需要被告知決策結果的人或團隊，但他們不直接參與決策過程。

關注事實與量化指標

在撰寫文檔的過程中，我們會要求盡量避免使用形容詞，避免誇大其詞，盡可能使用最簡單易懂的單字，讓大家容易理解，不會讀起來艱澀難懂，畢竟有很多同事的母語不是英文，而且文檔的目的是讓大家可以取得資訊。因此，在文檔中我們所關注的是事實，我們需要透過大量的量化指標與資料去證明事實，而不能用含糊的描述帶過。例如：我在文檔不會寫「用戶增長很快」，而是直接拿出數字像「WoW 用戶增長 17.8%」。不會用「很多使用者提到 ...」，而是「根據問卷結果，有 341 位使用者提到 ...」建立事實基礎可以有效地幫助我們在溝通時擁有正確客觀地資訊，而非參雜撰寫文件者的主觀意識。

介紹了亞馬遜如何開會之後，很多人雖然覺得這種方式很不錯，但並不是主流多數企業採用的開會方式。接下來，我想分享幾個通用的小方法，讓每一場會議可以更加順暢有效率！

首先是開會的事前準備，如果希望有一個好的會議成果，事前的準備才能打好基礎，讓會議順利進行。首先，要先釐清會議目的，在發出會議邀請前，先問問自己：「這次會議的目標是什麼？想要達成什麼具體成果？」明確的目標是會議成功的基礎，讓與會者聚焦討論，避免偏離主題。有了明確的會議目標後，要精心設計議程，議程就像是會議的藍圖，詳細列出討論主題、時間分配、預期產出，並提前和與會者分享，讓大家有所準備，提高參與度和效率。我個人常用的方式是在寄送會議邀請時會把這些訊息都附在會議邀請信內。適當篩選與會者，確保會議邀請名單精簡且相關，避免不必要的參與者浪費時間。同時，確保關鍵決策者和利益關係人出席，讓會議能產出實際成果。在會議開始前，提前準備好會議所需資料，像是亞馬遜會先寫好文件，如果其他公司，例如數據分析結果、設計圖、競品分析等，讓會議的討論有憑有據，避免空泛的意見交流。

在正式會議進行時，則要盡量掌控節奏。一開始會先有一兩分鐘的暖場，以打招呼或是輕鬆的話題開場，緩解緊張氣氛，讓與會者慢慢進入會議狀態。接著分享會議目標，在會議開始時再次強調目標，確保大家對此次會議的重點有共識。一場好的會議時間管理非常重要，嚴格遵守議程的時間分配，避免會議超時。必要時可設置計時器，提醒大家把握時間。同時，會議的目的是討論共識與決策，因此鼓勵參與、創造開放與包容的氛圍，鼓勵每位與會者發表意見。適時引導討論，確保每個人的聲音都被聽到。另外會議記錄也是不可或缺的事情，可以指定某一位同事協助記錄會議重點，包括決策、待辦事項、負責人等，確保後續追蹤和執行。現在也可以透過 AI 輔助，一些線上會議工具像是 Google Meet 都可以用 AI 進行會議紀錄。重要的會議也可以先錄影或錄音，方便之後重新回顧。

會議結束後才是開始動手做事的時候，在會議結束後，要及時整理會議記錄，將會議結論與待辦事項與所有與會者分享，確保資訊透明。在會議紀錄中切記要將開會中產生的待辦事項分配給相關的負責人員，並且寫上截止日期。之後定期追蹤任務進度，確保任務按時完成。如有延遲或問題，及時溝通並提供協助。一個好的方式是在會議後預先設定一些提醒時間，會讓這些後續的行動更容易被確實執行。

看穿那些沒有認真開會的小夥伴！

由於會議太多太長，你會發現很多人根本沒有認真開會，但是厲害的是他們還是能看起來像是認真開會的厲害領導者。今天，就讓我大方公開我在多年工作經驗中參加了上千場會議後所得出的假裝認真開會密技，讓你在開會時好好觀察與會者是否有認真！（以下的秘技是用產品經理的角度與觀點來描述，實際上任何職位的人都會使用這些開會密技佯裝認真開會。）

圖 8-6　如何一眼看穿沒在認真開會的小夥伴

1. 開會開到一半時詢問：「請問今天有人做會議記錄嗎？」

身為會議中的重要一員，我們當然不會一直專注在會議討論裡，偶爾其他同事傳個 Slack 問問題、老闆發了一封新的電子郵件或是朋友傳來下班要不要一起喝一杯的 Line 訊息，都會讓我們不小心分心。如果剛好回過神來剛好在討論一件重要事項，但是發現已經錯過了什麼，這時候就可以在會議開到一半詢問「我覺得這件事很重要耶，我想確認一下今天有人做會議記錄嗎？」當此話一出，其他人既會覺得你很重視這個會議，而且也不需要擔心自己變成做會議紀錄的人。

2. 突然起身走向白板，開始畫圖或是寫上關鍵字

想要佯裝開會認真小夥們的高級技巧，就是發現正在討論的事情很重要但你沒聽懂或之前沒在聽的時候，想辦法讓大家重新講一遍。起身走到白板前，拿起筆詢問大家，把剛剛討論的內容畫出來。例如畫出幾個箭頭說，「我們應該重新思考一

下這樣的話會分成幾個階段？」畫出一張表寫上幾個標頭說：「我覺得我們要比較有組織地想一下這件事⋯」，如果是職位比較高的主管或老闆，我發現他們會直接在白板上寫下一些看似很大的關鍵字，諸如願景（Vision）、營收（Revenue）、規模（Scale）、使用者（User）之類的，然後說「我們應該站在 User 的角度再想一想」、「確定這樣符合我們的產品願景嗎？」、「我有點擔心這樣以後無法 Scale」⋯大家就會瞬間覺得你的高度果然和我們執行階層不同，在白板面前的人瞬間變成主導整個會議的人，並且能讓與會者覺得我們在進行一個看似很重要的思考，但實際上可能一點也沒有用。

3. 如果有人提出很好的想法，回答「這個我們幾年前也想過」

（個人非常不喜歡這個方法，但我發現很多主管真的愛用）在進行策略會議時，或是進行產品的規格討論時，有些與會者或工程師會提出很好的點子，但你不想被發現身為老闆、高階主管或產品經理從來沒想到，或是擔心現在沒有資源可做，或是不想大改方向，這時候這些佯裝認真開會的鬼才們就會在聽到點子後眼睛一亮，用一副你懂我的表情說到：「很好！這個我們幾年前也想過！」提出點子的人就會被肯定，覺得他的想法方向是正確的，而且公司的老闆、主管、產品經理果然深具遠見，英雄所見略同，已經把產品的未來與方向想得非常全面跟透徹，一定是有什麼特殊原因才沒有現在執行。實際上提出好想法的人才是那位應該被大家認為是優秀的對象。

4. 把別人報告的數字用加強語氣換句話說

在開會中邊跟朋友傳訊息討論明天會不會放颱風假要不要先預約 KTV 包廂的你，突然聽到一些數字，覺得該是時候加入製造參與感了，這時候佯裝認真開會的技巧就是把聽到的數字用加強語氣換句話說、反覆確認。例如有人在報告中提到：「根據我們目前的付費轉換率，有 34% 的一般使用者會成為付費使用者。」這時候你就順著接話並用加強語氣說：「所以，我們現在 34% 的轉換率，代表三**個使用者**

裡有一個人願意付費，這樣是大家期待的結果嗎？」或是當測試工程師在會議中提到：「我們目前的自動化測試覆蓋率是 46%⋯」你就接著問：「所以聽起來現在**超過一半**的測試都還是需要依靠手動測試，我的理解對嗎？」其實你在問的內容一點意義都沒有，但聽起來就是你能在短時間內把這些內容仔細消化過而且對客觀數字相當敏感。

5. 聽不懂專有名詞或縮寫時，要說「不是大家都知道這是什麼，你要先為他們解釋一下。」

開會裡常常會使用縮寫或是一些專有名詞，尤其是在跟工程師開會時，如果直接說「不好意思，我不知道那是什麼意思，可以請你解釋一下嗎？」聽起來實在太廢了。身為佯裝真開會的小夥伴，可不是社會新鮮人，這時候你要表現出已經知道那個專有名詞或是縮寫，一副理所當然的樣子，然後很貼心地為其他參與會議的人著想，說道：「嗨，布萊恩，我知道你說的 RAG Model，但不是每個人都知道，你要不要先跟其他人解釋一下什麼是 RAG Model？」這時候不可能會有人跳出來說：「不用了，我們都知道那是什麼意思。」大家會在心裡默默感謝你的善解人意，覺得你深具領導魅力，而你也可以趁機搞懂剛剛說的專有名詞或縮寫到底是什麼。

6. 當有人問了無法回答的問題，站起來在會議室來回踱步假裝思考

如果有人在會議上問了一個很重要但你不知道該如何回答的問題時，在我參與會議的經驗中，一種人會開始支支吾吾，然後勉強擠出一些差強人意的回答，但會被其他與會者看破手腳。另一種我見過的高級策略通常是主管或是老闆，會站起身來在會議室的某一側，低著頭看著地板，右手撫摸著下巴，來回走動踱步一副認真思考的樣子，偶爾要把頭仰起來，雙手抱胸繼續來回踱步，持續個 30 秒到一分鐘。這時候會議室會陷入寂靜，大家覺得有點尷尬，但又很好奇你在思考什麼厲害的策略，完全不好意思打斷你，這時候如果真的想到了，就可以緩緩地說出答案，讓人家覺得你是經過一番深思熟慮。如果想不到也沒關係，只要突然停下腳

步低吟道：「恩，我覺得這個問題值得好好思考，我覺得需要更多時間，這樣吧，這個問題會議後再找時間來討論好了，先繼續開會吧！」

7. 突然指著投影幕說：「可以回到前面有數字的第 37 頁投影片嗎？」

前面台上的報告者花了 45 分鐘洋洋灑灑，你在下面逛著 Momo 買家裡需要的衛生紙，結束之後如何讓大家覺得你很專心在會議裡？那些佯裝認真開會的人會指著台前的投影幕跟報告者說，「你可以回到前面有數字的那張投影片嗎？」報告者聽到之後退出簡報模式開始往前翻，你說：「不是這張，再往前一點」，報告者再往前翻幾頁後詢問：「請問是這張嗎？」「對，就是這個，等我一下哦！」然後你把投影片看過一遍（可能根本第一次認真看），然後抓出一個問題來問，還可以完全跟數字無關。例如：「你這個數字是怎麼得到的？」、「你這張想要表達的是我們現在的行銷策略找的 Youtuber 需要調整對嗎？」、「我覺得你剛剛這裡再講設計細節的時候沒有交代很清楚，可以再解釋一下嗎？」當然，有很多認真開會的小夥伴是真的有問題那很好，但是這些不認真開會假鬼假怪的同事們恰巧也都會用這招證明自己剛剛沒有在逛 Momo。

8. 會議討論到超乎你的理解能力時，雙手環胸說：「這個你們要不要會後討論？」

如果看到工程師有不同意見而且已經討論一陣子，你都滑完 Instagram 限時動態他們還是沒有結論時，那些想要佯裝剛剛都在認真聽每一個人討論過程的人就會突然將身體往後一倒，靠在椅背上然後把雙手環抱於胸前，來回轉動手腕，把錶面轉正，看看手上的 Apple Watch 說：「這個你們要不要會後討論？」所有人有如大夢初醒，發現你是會議裡唯一清醒的那個人，理性地控制會議時間，幫助大家準時結束，每位與會者在心裡對你表示敬意。但殊不知他們在會議結束後還要繼續討論，而這些佯裝認真開會的人們只是擔心會議再開下去會影響自己的下班時間，而且剛剛已經默默且巧妙地把討論工作交給「你們」處理了。

9. 會議進入討論時，提醒大家拉回來

認真控制會議議程時間絕對是必要的，要在會議裡像個高階領導者的必備金句就是：「等等，我們先拉回來！」在我二十幾歲初入職場時，聽到主管講這句話就會覺得他們好厲害，想事情的時候很有深度，不會只停留在事件的表面，而是思考到系統層次的問題，或是核心思想層次的問題，心裡不禁產生無限崇拜。於是，當大家討論你一言我一語時，有些沒認真開會的人突然跳出來向大家提醒：「等等，我們先拉回來，先想一下我們的願景是什麼？」、「等等，我們先拉回來，我們做這件事在解決什麼樣的問題？」、「等等，我們先拉回來，大家覺得這樣做符合公司的文化嗎？」此話一出，即使整個會議你都沒在聽，大家還是覺得你是會議裡最專業、有高度，是最能帶領大家的人。

10. 遇到不同意的事情時，狐假虎威招喚高層的名字

在會議裡，如果遇到自己不同意的事情，一般人直接會表達反對意見。然後進入熱烈地討論。然而，有一些人用得手段就更厲害了，當他們不同意你的做法又不方便直接回絕時，就會突然把筆電螢幕蓋起來（氣勢很重要！），用認真且懇切的眼神詢問對方：「如果你是 Sundar（執行長的名字），你會怎麼想？」這些人會帶領大家揣摩大老闆的心思，無疑是在表達你能換位思考，站在跟老闆一樣的思考高度想事情，而你們還在用基層員工的思維，沒有為公司大局而著想，就讓我來好好地開導開導你。這個時候在會議室內隱形的階級會悄悄浮現，跟職等無關，想要表達不同意就會變得很簡單，再次使用狐假虎威，招喚出高層的名字。「我覺得 Sundar 他應該不會同意耶，但沒關係，你已經做得很好⋯」

介紹完我親身參與上千場大大小小會議後歸納出的伴裝認真開會密技，我相信你一定會在腦中浮現某些人的樣子。你可以試著觀察會議裡的每一份子，看看是不是正在偷偷使用這些密技。寫出這些觀察無非是希望大家可以在開會時更認真投入，從而提升效率，讓會議的品質與產出更好。

同場加映

Pecha Kucha 產品經理的簡報神器 6 分 40 秒

你有沒有聽過 Pecha Kucha 呢？產品經理在很多時候需要上台進行簡報，關於如何上台簡報是一門專業的學問，仿間有許多專門的培訓課程或是書籍可以參考。不過我在幾年前，發現了一種有趣的簡報方式，像是快閃派對一樣，讓每個人用 6 分 40 秒的時間上台分享，是一個非常有趣的簡報練習方式！

Pecha Kucha，源自於日文的詞彙「ぺちゃくちゃ」，意為「喋喋不休」，代表著一種獨特的簡報藝術。它以「20x20」的規則聞名：20 張投影片，每張自動播放 20 秒，總共 6 分 40 秒。由於簡報每 20 秒會自動跳頁，在這個看似嚴苛的時間限制下，你必須將想法精煉成最純粹的精華，以視覺化的方式呈現，讓觀眾在短時間內留下深刻印象。由於要掌握每一張簡報內容的時間，避免內容與簡報速度不一致，是個很有趣的挑戰。

Pecha Kucha 的魅力在於它強迫你告別冗長乏味的簡報，讓你的想法在短短七分鐘不到的時間內閃耀。不再有像老太婆裹腳布一樣又臭又長的長篇大論，取而代之的是一張張精心設計的投影片，以圖片、圖表、關鍵字等視覺元素，將複雜的概念轉化為易於理解的訊息。快節奏的投影片切換，讓簡報充滿活力，緊緊抓住觀眾的注意力，讓他們在有限的時間內吸收最多的資訊。

對於產品經理來說，Pecha Kucha 不僅僅是一種簡報形式，更是一個展現創意和專業能力的舞台。在產品發布會上，你可以用短短 6 分 40 秒，讓觀眾愛上你的新產品；在投資人巡演（Roadshow）中，你可以用精煉的表達和具影響力的視覺效果，從眾多競爭者中脫穎而出；在團隊腦力激盪時，Pecha Kucha 可以激發創意火花，讓團隊成員更積極地參與討論；在跨部門溝通時，它可以幫助你快速傳達想法，提高溝通效率。

Pecha Kucha 能帶來一些上台簡報會遇到挑戰，是一個很好的練習。像是如何在 20 秒內清晰地表達一個概念？如何從海量資訊中篩選出最精華的部分？如何製作出既吸引人又易於理解的投影片？如何在快節奏中保持流暢自然的表達？這些都需要產品經理們不斷地練習和精進。然而，挑戰也意味著機會。Pecha Kucha 迫使你跳脫傳統簡報的框架，以更具創意和效率的方式傳達訊息。透過事先規劃、精心設計、反覆練習，你將能在 Pecha Kucha 的舞台上大放異彩，讓你的想法在 6 分 40 秒內閃耀全場，是一個非常值得嘗試的簡報方式！

Note

第九章

產品經理的職涯發展：
從菜鳥到專家的成長之路

產品經理這個角色，在科技產業蓬勃發展的浪潮中躍升為一個乘風破浪的角色，我們常常會聽到大家把產品經理形容為「產品的小 CEO」，因為他們需要對產品的成敗負起全責，從市場調研、產品規劃到開發、上市，每個環節都需深入參與。而這樣的經驗，讓很多科技業的執行長過去都曾經擔任過產品經理這個職位，像是 Google 的執行長桑達皮蔡（Sundar Pichai）、微軟的執行長薩蒂亞·納德拉（Satya Nadella）或是前雅虎的執行長梅麗莎·梅爾（Marissa Mayer）都曾經擔任過產品經理的角色。然而正是因為這樣的稱號與背景，看似賦予了產品經理無上的權力，彷彿他們在產品的世界中可以呼風喚雨，一言九鼎，在矽谷產品經理常被稱為是「最靠近 CEO 的角色」。

你是否也認為產品經理就是一個對產品有絕對話語權的工作呢？其實這就是關於產品經理的最大迷思，真正的產品經理更像是團隊的橋樑，他們的成功並非建立在獨裁之上，而是源於和團隊成員、跨部門同事以及利益關係人的緊密協作，運用團隊的力量讓產品實現長期的成功。接下來想跟大家分享四個關於產品經理的常見迷思：

迷思一：產品經理是老闆

現實中，產品經理並非高高在上的「產品 CEO」。很多人對產品經理的想像是他可以直接決定很多事情，彷彿產品有問題都可以直接從他身上得到答案。因此有些產品經理在開始工作後會發現自己的決定權其實遠比想像中的小，因為他們的每一個決策並非來自頭銜，而是建立在信任、溝通和尊重的基礎上。產品經理需要進行跨部門合作，凝聚團隊共識，最終決定產品的走向。產品經理的定位更像是團隊的協調者，而非獨裁者，產品經理需要贏得團隊成員的認可和支持，需要展現謙遜的態度並積極傾聽不同部門、不團團隊成員的意見，與他們共同努力，推動產品向前發展。

迷思二：產品經理無所不能

產品管理是一個複雜且不斷變化的領域，沒有人能掌握所有知識。在前面五個章節，我們介紹了很多關於產品經理的工作方法，產品的產出與成果都需要仰賴不同的團隊成員一起努力，並從用戶反饋、團隊成員和市場趨勢中汲取經驗，才能不斷提升自己的專業能力。很多人對產品經理的迷思是好像什麼都會，了解市場動態、洞悉客戶需求、懂硬體或軟體技術、也能進行流程與介面設計、會擬定行銷策略、也懂財務計算損益，事實上產品經理並不是什麼事情都靠自己來，而是靠著團隊的每個人貢獻不同的專業，才能讓產品邁向成功。

迷思三：跨部門合作毫不費力

如上所述，由於產品經理的工作特性，彷彿在公司裡認識很多不同部門的同事，彷彿穿梭自如，對於跨部門合作毫不費力。然而事實上卻是充滿各種挑戰，每個部門都有自己的目標、工作節奏和行事風格，要讓大家步調一致、齊心協力並非易事。因此身為產品經理需要具備出色的溝通、協調和衝突管理能力，應用各種溝通策略才能在不同部門之間建立共識，推動產品或專案順利進行。

迷思四：產品經理 = 專案經理

由於英文的縮寫都是 PM，在台灣產品經理與專案經理很常被混淆。然而實際上兩者負責的工作內容完全不同，但在台灣的企業底下，很多 PM 角色甚至要同時做產品經理與專案經理的工作。產品經理像是產品的舵手，負責掌管產品的發展方向。產品經理必須深入了解使用者需求，洞察市場趨勢，並將這些資訊轉化為產品策略。他們是產品的代言人，需要確保產品不僅滿足使用者需求，更能創造商業價值。產品經理的工作更偏向於「從想法到規格」，從無到有地打造一個成功的產品。相較之下，專案經理更像是產品的執行者，負責確保產品的準時且順利落地。他們關注的是專案的規劃、執行和交付，確保專案在預算內、按時完成。專案經理是資源的協調者，需要與各個部門合作，確保專案的各個環節都能順利進行。他

們的工作更偏向於「從規格到完成」，將產品的規格轉化為現實。產品經理和專案經理的差異，可以簡單歸納為「Why」和「How」的區別。產品經理思考的是「為什麼要做這個產品？」，而專案經理思考的是「如何把這個產品做出來？」。他們就像是同一枚硬幣的兩面，缺一不可。

在破除這些迷思之後，大家對產品經理應該有更深一層的了解。我個人每次被問到在做什麼，回答我是產品經理時，多數人的想像是我正在負責一個可以隨時跟任何人分享的商業產品，然而產品的種類很多，產品經理的工作跟負責什麼種類的產品會有些差異，因此接下來我將介紹不同產品類型的產品經理工作經驗，這些經驗分享除了來自我本人的工作經驗，也訪談了很多國內外大小企業的產品經理們的工作經驗，匯集而成。

產品的種類很多，有一種產品分類方法是依照「使用者是誰」將產品分為三種：(1) 一般消費者 (2) 企業客戶 (3) 公司內部人員。

負責內部系統的產品經理，你應該了解的幾件事

對於使用者是公司內部人員的產品，我們通常稱之為內部系統。這三種產品重視的地方完全不同，因此產品經理負責這三種產品時會有不一樣的工作心法。我曾經在趨勢科技與日本亞馬遜負責過內部系統產品，也和許多負責內部系統的產品經理交換過工作心得，想跟大家分享如果身為內部系統的產品經理，應該要了解的幾件事。

內部系統是什麼？

所謂的內部系統是指專門設計給企業內部使用的產品，用於支持企業的日常運營和管理。內部系統的用戶是企業員工，因此需要考慮到企業的業務流程和員工的需求。內部系統的種類繁多，常見的內部系統包括：

- 文件管理系統

- 項目管理系統

- 客戶關係管理系統

- 人力資源管理系統

- 財務管理系統

- 生產管理系統

- 供應鏈管理系統

- 知識庫系統

- 培訓系統

- 協作系統

- 監控系統

- 報表系統

  等等⋯

這些內部系統在企業的運營中起著重要的作用，可以提高企業的效率和效益。企業導入內部系統的優點：

- **提高效率**：內部系統可以自動化一些手動的工作，讓員工從低產出的工作中抽身，投入更多時間在高效益的工作內容，從而提高工作效率。

- **降低成本**：內部系統長期而言可以減少各種成本，因此降低成本是多數的內部系統的重要績效評估指標。

- **提高準確性**：內部系統可以透過自動化流程減少人為錯誤。在過去的工作經驗中，對於內部系統我們得出了一句重要心得：「善用工具好過人為規定（Tools over rules）」透過工具進行自動化，工具不會忘記也不會累，很多企業為了避免員工犯錯都會制定出許多的標準作業流程（SOP），然而卻還是偶爾會出

錯，因為即使有了明確的規定，人在執行的過程中還是有機會做出各種自由意志的決定，但如果交付給自動化工具或系統，就不會有「忘記」或是「偷懶」的行為發生。

- **提高資訊安全**：資訊安全是公司開發內部系統的重要原因，企業可以讓設定不同等級的權限給不同的員工，保護公司的機密資訊，避免內部資訊外洩，如果內部資訊不慎遭到洩漏時，也可以透過系統找到肇事員工。

- **提高決策能力**：內部系統可以提供數據和分析，幫助企業做出更好的決策。

內部系統產品經理

內部系統產品經理是負責公司內部系統的開發和運營，身為內部系統產品經理，主要任務是了解公司的內部需求，並根據這些需求制定產品策略和功能，並將這些需求轉化為可落地的產品提供給企業並創造價值。

在開始開發內部系統前，要先釐清一個重要問題：這些系統如果可以在市場上找到類似產品，為什麼外面的產品無法解決我們公司的需求？
—— Jacky

會需要自己從零開始建造出內部系統，主要有幾種原因：

1. **特殊的客製化需求**：企業可能擁有獨特的業務需求和流程，無法通過現有的外部解決方案滿足。自建內部系統可以根據企業的具體需求進行百分之百的客制化，確保系統完全符合公司內的業務流程和要求，同時使用的語言習慣或是方式都可以最貼近公司的員工，像是一些公司常用的部門縮寫、專有名詞等等。

2. **敏捷性和靈活性**：自建系統可以根據企業的需求變化進行快速調整和修改，無需等待外部供應商的更新或升級。在我們的生活經驗中一定很常遇到怎麼沒有

這個功能？例如我最近買了一款智慧家電，因為這款家電體積不大，我很常會把他帶回父母家使用，我才發現他沒有重新設定 WiFi 的功能，每次都必須要在 App 裡把裝置刪掉，重新走一次完整的設定流程，我只能打給客服希望他們能新增修改 WiFi 的功能，然而人微言輕，到現在他們都沒有更新計畫。同樣道理，如果內部系統是採用外部的產品作為解決方案，就必須認知到這個限制。自行開發的內部系統則會有較高的靈活性和敏捷性，可以夠幫助企業更好地應對市場變化和競爭壓力。

3. **安全性和合規性**：某些企業可能是高度敏感的行業，需要更高水平的安全性和合規性控制。自建系統可以更容易地達到這些標準，因為企業可以直接掌握系統的安全性和合規性。有些內部系統甚至會為了資安考量，只開放內網使用，保護企業的資料不輕易外流。

4. **降低長期成本**：雖然自建系統的初期成本可能較高，但在長期運營之下，可能會節省費用。外部解決方案通常需要支付許可費、訂閱費和維護費用，這些費用都會隨著時間增加。自建系統的成本則更可以控制且可預測。

5. **數據擁有權**：自建系統可以讓企業完全擁有和控制其系統所產生的數據，不用將數據存儲在外部提供商的伺服器上。如果企業的數據是重要資產，自建內部系統可以確保數據的隱私和安全。

6. **長期戰略**：某些企業可能希望在長期內建立內部技術能力，以應對未來的挑戰和機會。自建系統可以幫助企業建立技術實力和知識，同時也可以從內部需求出發，如果是一個有商機的產品，可以漸漸轉化為外部產品，例如亞馬遜的雲端服務原本是內部基於內部需求所開發，後來商品化提供給其他企業雲端解決方案。

身為內部系統的產品經理，需要具備以下特殊技能：

- **需求分析和挖掘能力**：能夠深入理解公司內部需求，了解為什麼需要自己開發一套系統工具。內部系統的用戶是公司員工，他們的需求往往多樣化和個別化，身為產品經理，要有能力將這些需求匯整起來轉化成產品功能。尤其，不同部門的需求間很可能會有衝突，例如業務想要的功能和會計或稽核想要的功能不同，要如何在這些需求衝突中設計出大家都滿意的解決方案是內部系統產品經理的重要技能。

- **產品規劃和設計能力**：通常內部系統的工程團隊資源配置較有限，因此要能夠制定合理的產品策略和功能需求，不可能什麼事情都做到 100 分，要專精於功能優先級的排序，優化產品設計，確認資源與時間都花在刀口上。

- **溝通協調能力**：除了要與開發團隊合作開發系統，因為使用者就是內部員工，因此還需要跨部門溝通協調，內部系統常常與跨部門的流程或是資料交換有關，需要從不同的部門讀取或寫入數據或資料，這些都考驗著產品經理的溝通能力，如何讓不同部門願意配合。

內部系統產品經理需要知道的三件事

1. 找到具有影響力的使用者（Powerful user）

如果產品是面對外部使用者，會擔心讓說話大聲的使用者影響到產品方向，當他們很積極地給予反饋，如果只聆聽到他們的聲音，花了大部分時間滿足他們的需求，但他們可能只佔所有使用者的 5%，其他多數沉默使用者的需求可能會被忽略，但這些沉默多數或許才是產品經理需要關注的對象，如果只接收到那些說話大聲的使用者的聲音，那最後可能導致產品方向走偏。但如果是內部系統就是另一個故事了。在設計內部系統時，找出具有影響力的使用者是非常重要的，他們的意見必須要認真考慮。原因有二個：

1. 這些人通常是很有痛點的人，所以才願意忙碌的工作中願意站出來跟你合作，希望有內部系統能解決他們的問題。或是他們是部門主管派來的使用者代表（POC），而這些人會去負責蒐集該部門的需求。因此，若是產品可以滿足這些人，就可以滿足企業內多數人的需求。

2. 內部系統的使用率常常是由上而下進行推動，所以具有影響力的人通常代表著他們支持或同意產品的方向，將來在產品上線後，這些具有影響力的人或主管就會願意幫忙，讓企業內的員工使用產品，推動產品使用率並讓更多使用者提出更多反饋，讓系統在企業內部變得更有用更有幫助。

3. 內部系統的資源分配往往不如對外盈利的產品，所以不太可能滿足所有人需求，和具有影響力的使用者釐清痛點並且排序功能實作順序，可以讓產品聚焦在解決重要問題上。

但是要特別注意的是，有影響力的使用者不能只找一位，不然產品一定會走向悲劇。內部系統最容易失敗的第一名就是只聽老闆的指示開發產品。絕對不要為了滿足某個大老闆或 CXO 的想像而設計產品，切記身為產品經理，關注真正有需求的使用者才是最重要的，大老闆不是真正的使用者，他們的產品需求或是功能都是「想像」來的。我身邊就有很多內部系統正式上線後被企業內部員工嫌棄到不行，比其原本的工作方式既沒有真正解決問題反倒增加不少麻煩，拖慢效率。若是你問大老闆是不是有影響力的人，當然是，一定要取得他對產品的認同跟支持，但並不意味著完全遵照他的意思開發產品。

2. 功能是王道，UI 和 UX 沒有你想像中的重要

容易操作的使用者體驗與漂亮的使用者介面可以吸引更多使用者願意使用，但是對於內部系統而言，產品的功能遠遠大於 UI / UX。對於一般的產品，只要產品體驗不好，即使功能完整使用者還是很容易放棄使用，尋找其他替代品。但是內部系統使用以解決公司內部的特殊需求，因此很難找到其他更好的替代方案。而且

內部系統使用者數量有限，也沒有使用者增長（user growth）的問題，通常老闆與主管一聲令下後，大家就開始使用，所以能夠解決問題的功能在產品的實作優先順序遠大於優美的介面設計，一些很酷炫的元件或是漂亮的動畫對內部系統來說，被使用到的機率相對低很多。即使內部系統設計得並不好用，但因為使用者是企業員工，通常只需要在公司內部舉辦幾場工作坊，開幾場產品介紹或是訓練會議，員工們就會知道如何使用這個產品。當員工遇到不會操作系統時，員工也可以很容易找到負責開發的團隊詢問使用方法。這就是為什麼多數的內部系統都使用體驗都比較差的原因。功能是王道，UI / UX 沒有你想像中的重要。當然，屬害的產品經理還是會盡可能設計出實用又好用的內部系統產品，這時候產品經理最好可以具備一定的程式基礎與使用者經驗知識，在設計產品時盡量讓 UI / UX 的呈現簡單乾淨，降低操作的難度同時降低工程師在 UI / UX 的開發時間。

3. 瀑布式開發（Waterfall）可能比敏捷更適合

由於內部系統的需求與使用者通常是有限且清楚的，遇到需求變動的機率對比對外的產品相對不高，瀑布式開發對於內部系統來說也許更加適合。進行瀑布式開發會有完整的規格文件，可以帶來三個好處：

1. 讓相關的部門主管在正式開發前清楚了解該產品的樣貌，可以在撰寫規格書階段就知道產品是否還有需要調整的地方，例如設計出來的流程是否符合企業的作業流程、權限的控管是否得宜等等。

2. 在正式開發前可以先確定需要對接的其他系統與資料庫，預先確認系統的可行性，也可以先跑內部的權限申請流程或是相關的稽核程序。

3. 完整的規格書之後可以稍加修改，轉化為使用說明書或訓練文件，讓內部員工可以透過文件掌握產品的需求（需要使用說明書的原因是內部系統承載內部的獨特需求，因此有很多事項需要特別說明，例如專有名詞、特殊流程、操作規範等等），如果企業有新進員工，也可以請他們閱讀文件，而非每次都要重新親自教學一遍。

內部系統的使用者跟關係人與對外販售的產品完全不同，所追求的目標也不盡相同。對企業而言，對外產品追求的是獲利，而對內部系統則是效率提升與節省成本。在使用者的特性上也差異顯著，讓產品經理在工作的過程與方式截然不同。內部系統產品經理是公司內部產品開發的重要角色，他們雖然在商業嗅覺上不如外部產品，但需要具備更專精的產品能力和溝通協調能力。

負責企業客戶的產品經理，你應該了解的幾件事

在我過去的工作經驗中，曾經負責過銷售給企業客戶的產品（B2B 產品）與大眾消費者的產品（B2C 產品）。在產品經理的工作上，雖然兩種產品經理的角色都使用相同的語言與基礎技能，但隨著客戶不同，所遭遇到的挑戰與產品策略不盡相同，今天想跟大家分享 B2B 產品經理與 B2C 產品經理共同點和區別。

客戶端的產業知識

想要有效的管理 B2B 產品，產品經理必須擁有客戶的行業專業知識。如果沒有深入挖掘並進行研究，很難知道這些業內人士的需求在哪裡，例如醫療行政人員、銀行經理或 DevOps 工程師真正關心的是什麼。在業內會運用很多專業術語進行溝通，因此為了建立信譽並能妥善安排工作，花時間了解客戶端的產業知識是 B2B 產品經理必備的功課。此外，B2B 產品在銷售渠道上通常是仰賴公司內的銷售團隊與代理商，因此產品經理要能夠與他們溝通需求，或是說服他們採信規劃自己的產品未來規劃與決策。如果產品經理沒有真正理解市場需求的能力，那就很容易變成一個業務與工程師中間的傳聲筒。

專業聽不懂，只當傳聲筒。就是為什麼有些 PM 會被輕視的原因。

—— Jacky

與此相反，B2C 產品經理因為是面向一般消費者，負責的產品大多跟生活有關，而且在產品上會更多依賴實驗、數據分析來看看哪些潛在功能值得測試以及可能成功，而不是學習行業知識。因此，對於 B2C 產品經理來說，可用性測試（Usability Test）和行為科學扮演了更重要的角色。

考慮企業轉移成本

要讓企業客戶買單的流程很長。從一開始引發興趣，做概念驗證 POC（Proof of Concept）、介紹與協調需求和功能、談判價格、審核預算到完成採購流程，之後產品導入與資料轉移支援、教育訓練等等，經過一連串的步驟後產品才會真正開始讓企業用戶使用。對企業而言，要導入一套產品或系統需要的流程非常繁雜，因此從 A 產品轉換到 B 產品沒有想像中容易。當然不管 B2B 還是 B2C 產品都必須關心客戶流失的議題，但身為 B2B 產品經理，要特別注意幾個重點：

1. **企業客戶的留存率**：B2B 由於前面的產品購買與導入流程困難，如何讓客戶持續使用你的產品非常重要，如果企業客戶是因為不實用或沒人用而停止購買你的產品與服務，客戶會輕易地流失。但如果企業客戶都有持續使用之後發現其他更好的產品，企業就必須衡量與評估轉移成本，轉換產品 / 服務牽涉到資料的搬遷、新工具的學習曲線、與其他內部系統的介接、員工已經用習慣目前的工具等等，想離開你的產品沒有想像中容易。

2. **產品差異性**：B2B 產品需要具備高價值的差異性，才能吸引企業客戶願意轉換到你的服務，由於企業轉移產品的成本很高，因此這個差異性的含金量一定要足夠，像是：

   - **功能差異**：例如某個殺手級功能可以真正地解決客戶在工作中遇到的問題，而且目前他們正在使用的產品無法解決該問題。
   - **價格差異**：功能類似的產品，但是售價硬生生地便宜很多，也足以影響企業的採購決策。

- **整合差異**：產品可以支援的生態系跟介接其他服務的能力特別豐富或是特別容易，像是微軟推出的很多企業服務其實都有很多功能類似的服務，但是因為微軟的生態系與高度整合，很多企業的採購還是會以微軟的服務為優先考量。

  否則你很少會聽到有企業一直再換產品與工具，例如企業用了 JIRA，就很少會轉換到 Asana；一旦用了 Zoom 就很少會轉換到 Teams。

3. **增加轉移成本**：產品需要具備一些功能讓使用者一旦採用後很難轉移出去的，讓使用者被產品綁架（Vendor lock）。我在趨勢科技工作時，當時的資訊長對我們使用的商業軟體提出一個重要策略：「在評估是否要購買新的系統或服務時，要先考量以後會不會被這些產品綁架。」當然，如果員工們真正遇到好用的產品時，大家還是寧願承擔以後很難轉換到其他產品的風險去使用，導致那些產品與其他公司的內部系統整合越來越深，讓轉換產品變得非常困難。

對於 B2C 產品而言，消費者在使用產品時，他們可以因為任何微小的事情隨時離開你的產品。因此在設計產品時，B2B 與 B2C 的聚焦並不相同。例如對於功能和易用性的重視，對於 B2B 產品而言，功能的特殊性與增加轉移成本的能力會大於介面的易用性，畢竟 B2B 用戶只要能如期完成工作，他們比較願意容忍笨拙的用戶體驗，但是對於 B2C 產品，如果一個應用程式難以使用，消費者通常會迅速放棄，尋求下一個解決方案。另一個聚焦不同的例子是對 B2B 產品而言實作的優先順序考量可能不太相同，像是 B2B 產品會優先提供某些功能給關鍵使用者（例如最大的企業客戶），但若是一般消費者產品，通常會選擇優先實做多數使用者會用到的功能。

真正的客戶是誰？付錢的是老大？

身為產品經理，弄清楚是什麼樣的人使用您的產品，理解他們的動機與偏好至關重要。對於 B2B 產品來說，購買產品的人通常是 IT 部門或是採購部門，而不是直

接使用產品的人。這意味著對 B2B 產品來說，這些付費決策者也會是你的潛在客戶，如何在使用者與付費決策者中取得平衡特別重要。因此，當我們透過人物誌（persona）思考目標客戶時，B2C 產品會關注個體的特點，像是年齡、性別、種族、收入、愛好、興趣、居住地（城市 vs. 郊區 vs. 鄉村）以及他們如何花費自己的金錢與時間。而 B2B 產品則需要關注個體的工作特性，例如職稱、工作內容、部門／公司規模、團隊人數以及預算規模等等，而且至少需要分出三種人物誌：採購者，主管，員工，要同時把三個人物誌想清楚，並在計劃產品路線圖與調整用戶體驗時考慮這些人物角色的需求。

銷售模式不同，業務與售前工程師代表客戶

B2C 的產品不一定有專業的業務銷售團隊，如果是單純在網路市場上銷售的產品，可以依賴於電商平台、營銷和廣告等等。但是 B2B 產品通常都需要業務銷售人員，因此當業務大聲說出某個需求和功能會影響他們成交的機會，就代表這是一個潛在帶來商業價值的要求。儘管業務的這種反饋是有價值的，但是身為產品經理必須始終保持謹慎，並且需要從客戶的角度思考進行適當地驗證。由於 B2B 產品的客戶相對較少且價格遠高於 B2C 產品，產品經理當然不能忽視這些由業務或是售前工程師帶回來的需求，但也不是照單全收，而是必須花時間研究和驗證，並且需要考慮產品長期的走向，像是如何不僅僅只為了爭取某個客戶的下單進行一次性客製化，而是探詢是否有其他客戶也會遇到相似的問題，提出一個更具彈性且未來持續可被使用的功能。要記住，產品經理是做產品不是作專案，產品是有願景、有目標、有策略的，而不是客戶說什麼做什麼，客戶可能根本不夠了解自己的需求，或是他提出來的解決方法不一定是最佳解方。因此產品經理要讓功能能夠做出長遠貢獻，不是拼命加一堆客製化功能，最後變成大雜燴，讓所有企業客戶都感到越來越複雜與難用，反而造成反效果。如果偶爾需要平衡，例如某個客戶真的需要客製化，而且是重要的戰略客戶（例如一些指標性的公司，一旦他們願意採用，其他公司都會相信我們的產品品質。）則另當別論。或是如果客戶

想要的東西不在近期的規劃內，但他們願意支付額外費用來加速完成時間，就可能因為財務考量改變整個產品的開發計畫。身為產品經理每次遇到這些請求都應該思考怎麼處理，畢竟如果每個客戶都用支付額外費用要求客製化，無異於是讓客戶全權決定優先事項和增加他們提出各種要求的權力，最後可能讓產品往錯誤或沒有長期價值的方向前進。

新版本發布週期頻率與上線品質

B2B 客戶通常會需要新版本發布通知（Release Note），他們想知道在產品中將有哪些調整和新功能的清單。B2B 客戶通常只對影響到他們的項目感興趣，他們會將任何「額外」的東西視為「不必要的」，而且因為產品變化會打斷例行工作流程，甚至可能影響到當前的功能和工作。例如客戶在周五早上突然發現介面發生了很大變化，突然找不到常用的功能入口以至於無法完成工作，客戶一定會感到相當不滿。因此大規模改版需要有上線前的規劃與額外的培訓計畫，在功能與介面調整上 B2B 產品必須特別小心。

為了減輕造成客戶的干擾，B2B 產品經理通常會努力地讓所有變化都充滿價值，確保新功能最好能以不需通過培訓和客服的方式上線，讓客戶自然地接續使用。B2B 的產品更新通常需要進行升級，相較於 B2C 產品的上線頻率會低很多。以我之前做企業產品的經驗，發布頻率一年只會有一到三次，對比 B2C 產品的發布頻率可能每兩周或是每個月都會發布新版本。因為 B2C 產品的競爭激烈，通常需要不斷創新才能保持用戶的興趣，而且 B2C 產品仰賴於更頻繁地進行實驗與 A／B 測試，以確定哪些變化對用戶最有吸引力。發布頻率的不同還有一個重要原因，就是企業客戶對於品質的要求。因為產品一旦出現問題可能導致他們無法正常完成工作，在釋出新版本前必須確定產品的品質、盡可能降低故障發生機率，不然產品的品質發生問題除了業務要跑去客戶那裡登門道歉以外，還可能因為某些 bug 引發災難事件，導致公司的產品名譽大受損害而變得難以繼續銷售。

> B2B 產品經理可能會更多關注企業安全性、可靠性和性能，而不是經常性的介面變化。
>
> —— Jacky

B2B 品牌策略不同

B2B 和 B2C 的產品，其品牌策略通常是完全不同的。B2B 產品通常更傾向於專注於單一品牌，而 B2C 產品則更傾向於多樣品牌。多樣品牌的策略可以更好地滿足廣泛多樣的目標受眾需求，更好地適應市場競爭，以及更好地傳達情感和生活方式。這裡提到的品牌策略是一個大概的原則，最終仍應該根據具體市場、業務目標和目標受眾的需求來制定策略。

B2B 單一品牌的好處

- **專業性和信任**：在 B2B 市場中，企業產品通常在專業領域內運營，當企業客戶在選擇供應商時會更加重視專業性和可信度。單一品牌可以幫助建立統一的專業形象，加強客戶對品牌的信任。別忘了採購部門都怕出事，如果可以跟有信譽的企業品牌購買產品，很多時候採購同仁寧願多花一些預算來避免以後的麻煩，例如遇到產品供應商經營不善倒閉，產品進入維護模式不再更新，或是產品突發 bug 修復時間太久等等。

- **複雜性**：B2B 的交易通常更加複雜，涉及長期關係、合約和協議。一個單一的強大品牌可以在不同產品和服務領域中提供一致性、簡化交易和合作夥伴關係，通常企業傾向於控制聯絡窗口的數量或是供應商的數量來降低複雜性，因此比較願意與單一品牌（旗下有多個產品）合作。

- **資源優化**：維護和推廣多個品牌需要更多的資源和資金。在 B2B 領域，企業通常更願意將資源投入到單一品牌的建設和推廣中，因為只要一個品牌夠響

亮，就可以確保在特定領域內維持領先地位。想想看，你什麼時候在參加研討會的參展時看到企業有好幾個攤位做好幾個品牌的？

- **品牌聲譽**：在 B2B 市場中，品牌的聲譽對企業的成功至關重要。一個強大的單一品牌可以更容易地傳遞積極的聲譽，而不必擔心不同品牌之間的聲譽差異。

B2C 多樣品牌的好處

- **多樣化的目標受眾**：B2C 市場通常涉及廣泛多樣的目標受眾（user segment），我們通常會針對不同的受眾提供不同類型的產品或品牌，來滿足不同的需求和偏好。通過擁有多個品牌，企業可以更好地滿足不同受眾的需求。例如車商集團，同一集團就有保時捷（Porsche）、奧迪（Audi）、福斯（Volkswagen）、Škoda 來瞄準不同等級的使用者；或是嬌生公司有露得清（Neutrogena）、可伶可俐（Clean & Clear）、艾惟諾（Aveeno）等等。

- **市場競爭**：B2C 市場通常更加競爭激烈，因此品牌多樣性可以幫助企業在不同細分市場中脫穎而出。每個品牌可以專注於不同的市場領域或提供不同的價值主張。

- **情感購買**：在 B2C 市場中，購買決策通常更受到情感驅動。多個品牌可以在不同的情感層面上建立聯系，吸引不同的情感或生活方式。詳細可以參考第二章：怎麼設計讓用戶愛上的體驗？打造令人愛不釋手的產品。

- **創新和實驗**：擁有多個品牌可以為企業提供更大的靈活性，以進行創新和市場試驗。針對 B2C 產品，做實驗的頻率極高，如果一個品牌不成功，企業可以嘗試另一個品牌，而不會影響到其他品牌。

負責硬體的產品經理，你應該了解的幾件事

除了用「使用者是誰」來分別產品類型，另一種常見的分別類型則是分成軟體與硬體產品。台灣的硬體產業是非常成熟的，但是硬體與軟體的產品經理工作實則蘊含著截然不同的專業軌跡，在工作內容、所需技能和面臨挑戰上，存在著顯著差異。目前我正在從事的便是硬體產品經理的工作，若你是一位在軟體領域游刃有餘的產品經理，考慮轉戰硬體產品管理，以下五個關鍵差異將為您揭示這條轉型之路的挑戰與機遇。

開發週期：從敏捷迭代到穩健規劃

軟體產品開發以其敏捷性著稱，產品可以快速迭代、頻繁發布更新，迅速回應市場反饋。然而，硬體產品開發則更像是一場馬拉松，漫長的設計、打樣、生產、測試週期，使得每一次調整都可能牽一髮而動全身。硬體產品經理的規格一旦進入工廠的開發階段，就很難再進行調整，一個小的零件更換或外觀調整，都可能導致整個機構的內部需要重新設計，或是影響到其他的元件和散熱，因此需要在開發初期就做出周詳的考慮。不同於 Scurm 每兩週的發布頻率，常見的硬體開發週期可以分為以下幾個重要階段：

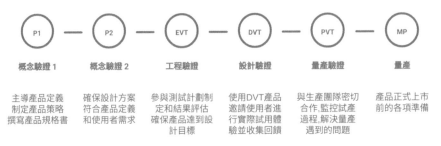

圖 9-1　硬體產品的開發流程

P1（Prototype 1，產品定義與規劃階段）

P1 階段是產品從概念到實體的初次亮相。在這個階段，產品經理需要與工程師和
設計師緊密合作，將抽象的想法轉化為可觸摸的原型。這個原型可能功能簡陋，
外觀粗糙，但它的意義在於驗證產品的核心概念是否可行，技術是否可實現。透
過 P1 原型，產品經理可以收集早期用戶反饋，為後續設計提供寶貴的參考，並及
時調整產品方向。

- **產品經理角色**：主導產品定義，制定產品策略，撰寫產品需求文檔（Product
  Requirement Document，PRD）。

P2（Prototype 2，詳細設計與工程階段）

P2 階段是在 P1 基礎上的進化。產品經理需要在這個階段整合更多功能，完善用
戶體驗，讓產品更接近最終的形態。透過更全面的測試和用戶反饋，產品經理可
以發現並解決潛在問題，確保產品的功能性和易用性。P2 階段也是評估生產可行
性和成本的重要時機，為後續的量產做好準備。

- **產品經理角色**：確保設計方案符合產品定義和使用者需求，協調跨部門合作，
  管理專案進度和資源。

EVT（Engineering Verification Test，工程驗證測試階段）

EVT 階段是產品開發的技術分水嶺。在這個階段，工程師將驗證工程原型
（Engineering Prototype）的功能和性能是否符合設計規格。產品經理關心的是產
品能不能運作，基本功能是否都有被實現。工程師則對產品進行初步的測試，包括
功能測試、性能測試、可靠性測試等，以驗證產品設計是否符合工程規格和功能
要求。產品經理需要與工程團隊密切合作，確保產品的各項指標達到預期標準，
為後續的設計驗證和生產驗證打下基礎。

- **產品經理角色**：參與測試計劃制定和結果評估，確保產品達到設計目標，並與
  工程團隊合作解決問題。

DVT（Design Verification Test，設計驗證測試階段）

DVT 階段是產品設計的試金石。在這個階段，設計基本已經確定，將更嚴格地進行測試與驗證，驗證設計的可靠性、穩定性和可製造性，進行更高標準且大規模的測試，包括環境測試、壽命測試和用戶體驗測試等，如果是貼身的產品，像是穿戴式裝置，也會在這個階段測試穿戴的舒適性等等。產品經理也會將 DVT 的產品拿來當作測試機器，將邀請目標用戶參與測試，收集他們對產品的真實反饋，確保產品滿足品質和可靠性要求，並為後續量產做好準備。

- **產品經理角色**：關注測試結果，並且透過 DVT 的產品邀請目標使用者進行實際地試用體驗並收集回饋。

PVT（Production Verification Test，生產驗證測試階段）

PVT 階段是產品從實驗室走向工廠的關鍵一步。在這個階段，驗證產品是否能夠在量產環境下穩定生產，並達到預期的品質和產能。會使用量產設備和流程進行小批量試產，透過檢測產品的品質和性能，驗證生產流程的穩定性和可控性，確保量產產品能夠達到預期的品質標準。

- **產品經理角色**：與生產團隊密切合作，監控試產過程，解決量產遇到的問題，確保產品順利進入量產階段。

MP（Mass Production，量產階段）

MP 階段是產品經理夢寐以求的時刻。經過漫長的開發和測試，產品終於可以正式進入大規模生產。在這個階段，需要供應鏈、製造、品管等部門緊密合作，確保生產線的穩定運作、產品品質的穩定，以及產品的及時交付。

- **產品經理角色**：監控生產進度和品質，協調各部門合作，做產品正式上市前的各項準備，像是產品細節的最終確認、發布新聞稿與活動、銷售通路確認，確保產品按時出貨抵達倉庫等等。

成本考量：從邊際成本到規模經濟

軟體產品的邊際成本幾乎為零，每增加一個用戶，成本幾乎不變。然而，硬體產品的生產成本卻是實實在在的，從原材料採購、生產製造到物流運輸，每個環節都影響著產品的利潤空間。硬體產品經理需要對成本結構有深入的了解，對於產品的需求會直接反應在成本上，像是不同的外觀設計、不同的材質需求、不同的耐用程度、不同的防水防塵規格，都會影響到成本。一個有趣的事情是現在很多的硬體產品是結合軟體的訂閱服務銷售，因此在考慮成本時，需要宏觀的檢視，例如很多硬體會因為 AI 的運算能力需求使用比較好的晶片和較大的記憶體，這些要求對於硬體成本是一種增加，但如果考慮用平價的晶片，每次的 AI 運算都丟上雲端伺服器，可能雲端伺服器所耗費的成本更高。相較於軟體產品，硬體產品在成本的敏感度高出許多，透過檢視 BOM 表、精打細算，才能確保產品在市場上具有價格競爭力。

跨部門協作：從內部團隊到實體工廠

軟體產品經理主要與公司內部的工程師、設計師等團隊合作，而硬體產品經理除了和公司內部的同事合作以外，還需要與供應鏈、製造、品管、銷售等更多外部廠商協作。這意味著更多的溝通、協調和跨文化合作。選擇適合的供應商和管理工廠是一門專業的技術，對於硬體產品經理而言，要請這些外部廠商做事、符合企業的要求和期待，需要具備卓越的溝通和領導能力，才能整合各方資源，確保產品順利落地。

在和供應商的合作模式主要有四種，分別為：

OEM（Original Equipment Manufacturer，原始設備製造商）

OEM 模式是最常見的製造模式之一，我們提供完整的產品設計圖、規格，甚至可能提供部分關鍵零組件，而 OEM 廠商的角色就像一個熟練的工匠，專注於將客戶

的設計付諸實現。這種模式下，我們擁有產品的完全控制權，從品牌形象到功能細節，都由我們一手掌握。OEM 模式的好處在於客戶能專注在產品研發和市場行銷，將生產製造交給專業的廠商，降低進入門檻。然而，客戶也需要承擔較高的研發成本和時間風險。

ODM（Original Design Manufacturer，原始設計製造商）

ODM 模式則更進一步，廠商不僅具備生產能力，更擁有產品設計能力。我們可以從 ODM 廠商提供的多種產品方案中選擇，也可以提出自己的需求，讓 ODM 廠商進行客製化設計。因此，如果今天公司內沒有太多硬體工程師的資源或研發能力也沒關係，硬體產品經理開出來產品規格可以交付給 ODM 廠商請他們提出設計方案，我們擁有品牌主導權，產品設計的重任則交給 ODM 廠商。對於資源有限或缺乏設計能力的客戶來說，無疑是一大福音，可以大幅縮短產品上市時間。然而，客戶對產品設計的掌控度相對較低，需要與 ODM 廠商緊密溝通，確保產品符合品牌形象和市場需求。

JDM（Joint Design Manufacturer，共同設計製造）

JDM 模式強調客戶與廠商的深度合作，雙方共同參與產品的設計和開發，共享技術和資源。這種模式通常適用於技術含量較高、需要緊密合作的產品。JDM 模式的好處在於能整合雙方的優勢，加速產品創新，但也對合作雙方的溝通協調能力提出了更高的要求。

CM（Contract Manufacturer，委託製造）

CM 模式是最單純的「代工」模式，我們提供產品設計圖、規格和所有材料，CM 廠商僅負責按照指示進行生產。這種模式下，客戶擁有最高的掌控度，但同時也需要承擔所有與生產相關的責任和風險，包括物料採購、品質控管等。CM 模式適用於生產流程相對簡單、客戶對生產環節有充分了解的產品。

用戶體驗：從數位互動到實體觸感

軟體產品的用戶體驗主要體現在介面設計、功能操作等數位互動上。而硬體產品則更強調外觀設計的美感、材質的選擇、使用手感和穿戴舒適度等等實體觸感。硬體產品經理需要對工業設計、人體工學有更深入的了解，才能打造出兼具美感與實用性的產品。除了產品本身，產品的包裝也是一門大學問，產品怎麼樣擺放可以讓使用者有好的開箱體驗，裡面的不同配件應該如何擺放做出體積最有效的利用，包裝的外盒印刷與材質選擇等等，都需要仔細考量，因為產品的包裝才是顧客逛實體店時看到的第一印象。

市場變化：從快速反應到預測未來

軟體產品可以快速回應市場變化，隨時調整功能和策略。然而，硬體產品一旦上市，就很難進行大幅度的修改。硬體產品經理需要具備更敏銳的市場洞察力，預測未來趨勢，並在產品規劃階段就將其納入考量，確保產品在市場上經得起時間的考驗，畢竟你所規劃的產品所瞄準的市場是現在的一到兩年後，你需要預見未來的市場和趨勢。但是，對於硬體產品經理來說，其他競爭對手的未來產品也都還沒發布，我們要怎麼知道他們可能的策略呢？這時候就可以透過一些核心零組件供應商的分享來了解他們目前的投資領域。例如請 AI 晶片廠商來介紹他們接下來的晶片產品規劃，會有哪些功能，或是參加一些展覽了解其他廠商推出的概念機種等等。

介紹了硬體產品經理與軟體產品經理的差異後，會發現隨著產品經理負責的產品種類不同，所採取的思維與策略甚至工作方式也有所不同。但無論你是軟體或硬體的產品經理，B2B 產品經理、B2C 產品經理或是內部系統產品經理，都需要不斷學習以應對持續變化的市場需求和技術趨勢。產品經理的核心能力是不變的，一個好的產品經理都需要具備卓越的溝通能力，能夠清晰地傳達產品願景，與團隊成員、其他部門和利益關係人建立良好溝通。出色的協作能力，懂得傾聽、尊重

不同意見，並能有效地協調各方資源，達成共識。強大的問題解決能力，面對挑戰時，能冷靜分析、找出問題根源，並提出可行的解決方案。數據導向的思維，善於利用數據分析，以理性的方式做出明智的產品決策。持續學習的熱情，保持對新技術、市場趨勢和使用者需求的敏銳度，不斷提升自己的專業能力。除了這些能力以外，我想與大家分享工作經驗中幾個有趣的思維轉化。

從線性到循環的思維：打造永續成長的產品引擎

許多產品經理初入職場時，常誤以為開發產品是一個類似工廠生產線的線性過程：從需求收集、市場分析、產品設計、開發測試到最終上線，每個階段都有明確的起點和終點，彷彿一條筆直的生產線。這種線性思維有助於新手建立對產品開發流程的基本認知，確保每個環節都有條不紊地進行。

然而，線性思維也存在著侷限性。它容易讓人忽視產品上線後的情況，忽略用戶反饋和市場變化，導致產品難以持續成長。此外，線性思維也可能讓產品經理過於關注短期目標，而忽略了產品的長期發展。

隨著經驗的積累，我逐漸意識到產品開發並非一蹴而就，也不是只靠一次產品發布就代表產品成功，更多的是透過不斷迭代、優化的過程讓產品持續進步。我開始學著從更宏觀的角度看待產品，並且從線性思維轉化到「循環思維（Loop）」，試圖打造一個能夠自我驅動、持續增長的系統。循環思維的核心是每個環節的成果，都會為下一個環節提供動力，形成一個不斷自我強化的正向循環。例如，優質的產品體驗帶來用戶滿意度，進而提升用戶留存和口碑傳播，吸引更多新用戶，帶來更多收入，有了收入就可以進一步投入產品研發，提升產品體驗，如此循環往復，推動產品不斷成長。

什麼是飛輪（Flywheel）效應？

過去在亞馬遜的工作經驗中，每個產品都必須要有「飛輪效應」，飛輪效應的概念源自於物理學，一個巨大的飛輪，一開始要推動它需要耗費大量力氣，但一旦成功轉動起來，每一圈的努力都會累積動能，最終達到一個臨界點，飛輪將靠慣性自行運轉，甚至越轉越快。亞馬遜正是將此概念運用得出神入化的企業，他們透過飛輪效應建構出自己的商業模式。從顧客體驗出發，透過低價、豐富選品和快速配送，吸引更多顧客，進而吸引更多賣家加入平台，提供更多元的商品，形成一個正向循環，讓飛輪不斷加速。在商業領域，飛輪效應代表著一種增長循環，每個步驟的產出都驅動著下一個步驟，形成一個穩健的增長機制。

飛輪效應的優勢

● **循環驅動增長**：每個成功的步驟都為下一個步驟提供動力，形成一個持久的增長循環。

● **戰略專注**：飛輪效應幫助企業聚焦於一致的戰略，集中資源在關鍵環節上，實現高效成長。

● **提高競爭力**：穩健的飛輪效應使企業能夠提供更多價值，從而在市場上更具競爭力。

資深產品經理的飛輪思維

資深產品經理擅長運用飛輪思維來打造產品，實現長期的成功。他們不僅關注產品的當下，更著眼於未來。他們會思考如何透過產品的每個環節，為飛輪注入動力，讓產品實現持續增長。他們會深入挖掘使用者需求，不僅滿足用戶的表面需求，更挖掘他們的深層渴望。透過聚焦於飛輪的各個元素構建核心競爭力，建立起難以被輕易模仿或取代的競爭優勢。此外，他們透過數據分析驅動決策，不斷優化產品的各個環節，讓飛輪轉得更快、更穩。

過去我們很習慣用線性思維來做事，因為線性思維通常會有起始點與終點，例如一個行銷論壇專案，以活動發想為起點，中間經歷各種籌備過程，直到當天的發佈會舉辦結束時，就畫下終點。或者學生時代，從入學開始，每年往上一個年級，三年後不管最終入學考試考得如何，三年到了就會從學校畢業，邁入下一個求學階段。在一般的生活經驗，循環思維似乎遙不可及，然而循環思維在工作領域中比想像的還要常見。如果你們有讀過精實創業這本書，裡面就有所謂的「創建 - 評估 - 學習（build-measure-learn）」的方法，打破傳統製造新產品的耗時模式。傳統的創業方式，新創一旦有了很酷的點子，就會追求打造出一個完美的產品或服務，花費好幾個月甚至好幾年的時間閉門造車，悶著頭一直做，生產出來後丟到市場才發現根本沒有人要。而「創建 - 評估 - 學習（Build-Measure-Learn）」的方法則是引入了最小可行性產品的概念，不用做出完整的產品，只需要打造出可以傳遞價值的產品原型，就可以立刻邀請客戶試用，並且進行評估，從客戶的反饋中學習，進而在下一次的 Build 加以改進，形成一種循環方式。另一種常見的思維則是 DevOps，在傳統的企業中，開發人員與系統維運人員是兩組人，他們擁有各自的目標，開發人員負責開發產品新功能，產品上線之後，就會交由維運人員負責，維運人員負責讓系統與服務保持穩定與高可用性，因此他們的目標其實是衝突的。而 DevOps 則是將產品開發與維運的生命週期綁在一起，建立起一個八字循環，形成正向反饋的合作方式。

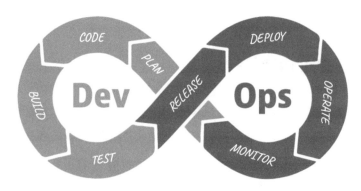

圖 9-2　DevOps 生命週期循環圖

以終為始的反向工作心法（Working Backwards）

剛開始上班時，思考的方式比較偏向往前計畫，於是我很習慣規劃出產品路線圖，然後基於產品未來三到五年的計畫進行每日的工作。在我剛開始做產品經理時，更像是在腦袋裡幻想一個產品的樣貌，然後參考競爭對手的產品，試著規劃出產品的藍圖，依循著按圖施工，保證成功的想法，然而隨著工作經驗的增加才發現這種方式似乎離使用者越來越遠。後來在亞馬遜上班的時候，會很常聽到主管說這時候我們應該採用「以終為始反向工作（Working Backwards）」的做事方法。以終為始反向工作的概念其實相當常見，很多人在學生時代可能都用過，例如安排讀書計畫時，會先從大學學測那天開始，往前推算多久前哪些科目要複習一次、什麼時候要設定檢核點等等。在亞馬遜，他們使用這種思維方式鼓勵產品經理從產品的最終目標出發，逆向推導所需的步驟和決策，確保產品開發始終以顧客需求為中心 Customer oriented）。

以終為始反向工作不只是一種方法，更是一種思維模式。對於開發產品而言，它的最終核心目標是讓顧客感到開心與滿足。因此，從顧客的角度出發，逆向思考、擬定計畫，無論是設計網站新功能、構建內部工具，還是開發革命性產品，產品經理都可以根據創新程度和產品規模，靈活應用以終為始反向工作的方法。這套思維模式的精髓在於三大原則：顧客至上、聚焦機會、團隊合作。身為產品經理，我們會聆聽多元的顧客觀點，積極將這些需求轉化為功能納入開發過程；我們專注於顧客機會，但在解決方案上保持靈活性；我們相信這是整個團隊的努力，每個人都應該能夠代表顧客發聲。

將以終為始反向工作的流程應用在產品開發上，可以透過聆聽、定義、創新、完善以及測試和迭代來達成。聆聽。不要急著動手做！在聆聽階段，我們需要深入了解顧客，這包括各種類型的顧客（以亞馬遜舉例，顧客包含了零售顧客、第三方賣家、廣告商、AWS 顧客、內部顧客等等）。聆聽階段的目標是盡可能從多方面地了解顧客。充分了解您的顧客是誰，在聆聽階段，身為產品經理應該盡量直接

與顧客交談、蒐集顧客反饋、分析顧客數據，或與 UX 設計和用戶研究團隊合作，收集顧客見解。直接而非間接地接觸與了解顧客很重要，許多大公司因為規模龐大，產品經理不知不覺就喪失了直接面對客戶的機會，轉而從使用者研究團隊、市場調查公司、或是業務團隊資訊了解客戶。我們不該依賴於數據或代理人，親身與客戶互動觀察他們的反應和表情，而不只是研究那些冷冰冰的數字或報告。在定義階段，我們將之前蒐集的資訊綜合起來，識別出需要解決的主要問題或機會。這階段的產出是一個簡潔、清晰的問題陳述。例如：「今天，【什麼顧客】在【情況】時會遇到【問題或機會】，顧客需要一種方法來【解決需求】。」創新階段。在充分了解客戶的問題與需求後，大膽提出各種解決方案，並優先考慮最適合解決顧客問題的方案。完善階段，我們要開始收斂天馬行空的想法，可以透過「電梯簡報」和「PRFAQ（新聞稿與常見問題）」等方式，檢視解決方案是否足夠全面清晰。最後，在測試和迭代階段，我們定義成功指標，進行測試和實驗，並根據顧客反饋不斷迭代優化產品。想法不可能一次到位，所以我們需要持續地迭代與優化，透過定義成功指標，進行測試和實驗，並根據顧客反饋不斷迭代優化產品。

在亞馬遜的產品開發哲學中，PRFAQ（新聞稿與常見問題）是以終為始反向工作方法的重要體現。在亞馬遜，每當你有新的想法時，都會鼓勵你先把這個想法寫成產品發布新聞稿加上常見問題（Press Release and FAQ）。產品經理需要想像產品已經成功推出，撰寫一份虛擬的新聞稿，生動地描述產品為顧客解決了哪些痛點，帶來了哪些價值。同時，他們還需要預想顧客可能會提出的問題，並提供清晰、簡潔的回答。

這種「以終為始」的思考方式，迫使產品經理跳脫技術或功能的框架，真正從顧客需求出發，思考產品的價值主張。透過撰寫新聞稿和常見問題，產品經理不僅能更深入地理解產品細節，也能更清晰地描繪產品的願景，而且確認自己已經思考清楚使用者是誰、痛點是什麼與產品價值。

PRFAQ 不僅有助於產品經理釐清思路，更能促進團隊溝通與協作。新聞稿和常見問題可以讓不同部門的成員對產品有清晰、一致的理解，避免溝通誤會和資訊不對

稱。同時，PRFAQ 也促使團隊成員從顧客角度思考，聚焦於產品的核心價值，避免陷入無謂的功能堆砌或技術炫技，確保團隊目標一致。在產品開發初期，透過內部審核 PRFAQ，可以及早發現潛在問題、挑戰或風險，讓團隊及時調整方向，避免浪費時間和資源，提高決策效率。此外，PRFAQ 還能簡化溝通，無論是對內部團隊還是外部合作夥伴，都能快速傳達產品的核心價值，提升行銷和客服效率。我自己在亞馬遜就有寫過一個 PRFAQ，後來這個創新的想法大獲喜愛，成功變成一項新的產品。

時時檢視產品在市場上是維他命還是止痛藥

在產品開發的經驗中，要一直捫心自問：「你所負責的產品對於使用者來說有多重要？」隨著使用者對你的產品需求不同，我們該如何判斷自己的產品究竟是被使用者定位成維他命還是止痛藥？

維他命

維他命產品，如同其名，旨在補充人體所需的營養，增強抵抗力，預防疾病發生。在產品世界中，維他命產品著重於滿足用戶的潛在需求，提升生活品質，或是幫助用戶實現特定目標，然而這類產品最大的問題就是落入了「有很好，但沒有也沒關係」的陷阱，導致使用者的黏著度可能無法提升。例如很多的健身追蹤 App、語言學習平台、線上課程等，大多屬於維他命產品。它們並非解決燃眉之急，而是幫助用戶變得更好、更強、更有競爭力。維他命產品的風險是使用者離開你的機率很高。同樣道理，很多時候產品經理會收到一些很酷的想法或是有趣的功能提案，好像可以掀起一波流量與熱潮。像是幾年前 Snapchat App 曾經因為可以「變臉」讓使用者的臉變老或是變童顏，掀起一波流行，然而變臉最終還是維他命的功能，當熱潮退去，現在已經沒有人會因為變臉功能特別去使用 Snapchat。所以在設計產品時，要釐清每個功能的目的是什麼，對使用者來說是真正解決了他的問題還是只是一個有趣好玩的加分功能。

止痛藥

如果你的產品被定位為止痛藥，代表你的產品專注於解決用戶的明確痛點，並且提供即時有效的解決方案。這類產品或服務的特色是：一旦使用者養成使用習慣，就像使用毒品上了癮，除非找到更好的替代品，不然很難停止使用它。很多止痛藥是屬於工具類的產品，例如，叫車 App、美食外送平台、線上客服系統等，都屬於止痛藥產品。它們解決了用戶在特定情境下的迫切需求，提供了便利和效率。止痛藥產品的目標客群通常是面臨具體問題，急需解決方案的使用者。

產品經理的抉擇：維他命還是止痛藥？

產品經理需要在產品開發初期就明確產品的定位，究竟是維他命還是止痛藥？這將影響到後續的產品設計、行銷策略和目標客群選擇。

- **維他命產品**：需要更注重用戶教育和長期價值的培養，透過內容行銷、社群經營等方式，讓用戶認識到產品的潛在價值，並養成使用習慣。

- **止痛藥產品**：需要更強調產品的易用性和解決問題的效率，透過搜尋引擎優化、廣告投放等方式，讓用戶在需要時能快速找到並使用產品。

產品的進化：從維他命到止痛藥

有些產品一開始可能定位為維他命，但隨著市場競爭和使用者需求的變化，可能會轉型為止痛藥，甚至兩者兼具。例如，一開始主打記錄功能的筆記 App，可能會加入協作、任務管理等功能，成為使用者在工作中不可或缺的工具，從而轉變為止痛藥產品。厲害的產品經理，會時時檢視你的產品是不是對使用者而言只是維他命，並且讓產品從維他命進化到止痛藥，培養出一票死忠的粉絲。

事情並非總是非黑即白

在產品經理的職業生涯中，我們時常面臨各種抉擇與挑戰。從產品定位、功能設計到市場策略，每一步都可能影響產品的成敗。由於台灣的升學主義影響，我們從小接受各種考試訓練，回答「正確答案」，而且還要回答得快。在我還是學生的時候，有一件令我印象深刻的事情，在那間學校每次大小考試，如果是選擇題，五個選項中如果都沒有正確答案，那題不會送分，而是要回答正確答案是「0」才能得分。而且，我們害怕做錯事、害怕失敗，在我那個年代，學生做錯事都會被體罰，考試考不好也會被體罰，拿鞭子打屁股或手心，不知不覺養成大家不敢輕易嘗試、害怕做錯的習慣。因此，許多產品經理，特別是初入職場的新人，往往陷入「非黑即白」的思維陷阱，認為所有問題都有標準答案，所有決策都必須完美無瑕。

但事實上，產品管理的世界充滿了「灰色地帶」。使用者需求瞬息萬變，市場競爭激烈，技術發展日新月異，沒有任何一個決策是絕對正確或錯誤的。產品經理需要學會在模糊與不確定性中往前邁進，擁抱灰階，才能在變幻莫測的環境中摸索出最佳解。

放下完美主義，摸著石頭過河

許多產品經理追求完美，希望每一次決策都無懈可擊。然而，過度追求完美可能導致決策延遲、錯失市場機會。資深的產品經理願意擁抱失敗、培養試錯精神，勇於嘗試，從失敗中學習。記住，沒有任何一個成功的產品是一蹴而就的，都是在不斷試錯和迭代中逐步完善。

跳脫框架，探索創新可能

產品經理的工作並非只是執行既定的流程，而是需要不斷探索創新可能。不要被現有的框架束縛，勇於挑戰傳統思維，提出大膽的想法。跳脫框架說得雖然很簡單，執行起來卻不容易，需要時間大量的練習，才有辦法在遇到問題時想到可以跳脫這個框架試試看。例如當別人問你「今天中午要吃雞腿便當還是麥當勞？」我們會不自覺地進行二選一，但實際上有更多選擇，像是可不可以兩個都吃，或是兩個都不要。我們要避免自己太快進入「要不要 ...」或者「二選一」的情境，在進行決策前，要試著擴展可能的選項。現在有很多方式去練習跳脫框架，其中一個我很喜歡的方式是這樣進行的，先詢問要完成某件事最重要的是什麼，例如你認為想要開一家成功的餐廳最重要的是什麼？你可能會說是「地點跟主廚。」接下來，我們就把這個最重要的「地點跟主廚」拿掉，再思考一次：「可以怎麼開一間成功的餐廳。」透過這樣的練習，可以刺激我們跳脫原本的框架，想出我們可能想不到的生意，例如當地點和主廚都沒辦法變成優勢時，可不可以用別的方式吸引顧客，像是以寵物為主的餐廳，或是女僕咖啡廳，或是改成開發速食快餐包的公司等等。

平衡多方利益，尋求最佳解

產品經理需要在使用者需求、商業目標和技術可行性之間取得平衡。這並非簡單的選擇題，而是需要不斷權衡和取捨的過程。雖然所有人都說產品經理需要站在使用者的角度思考，但是畢竟是商業，有時候也會遇到商業利益與使用者利益互相衝突的時候，例如廣告對使用者來說是不好的體驗，但卻是不跟使用者收錢又能實現收入的方式，這種類似的情況都沒有正確答案，要試著找出最佳平衡。另外，每個部門的目標與看法也都不盡相同，因此學會傾聽不同部門的聲音，理解他們的需求和限制，並在其中找到最佳的平衡點，或者找出大家都可以接受的方案，才是產品經理工作中最重要的事情。

第十章

產品經理的未來：
迎接 AI 時代的挑戰與機遇

最近人工智慧（Artificial Intelligence，AI）無疑是最火熱的話題，雖然現在還是有一堆人不了解 AI 是什麼碗糕，更不知道它對工作帶來多大影響，但現實生活中，人工智慧已經深入我們生活的各個角落，不再是只出現在科幻小說中的詞彙。如果我現在問你：「你認為現在 AI 最大的商業應用案例是什麼？」你可能會立刻想到像 ChatGPT、Gemini 這類生成式的對話工具，或是聯想到自動駕駛和機器人。這些想法都沒有錯，由於最近大型語言模型（Large Language Model，LLM）的橫空出世，很多人第一次被人工智慧的能力嚇到，開始擔心自己的工作在未來不就即將被取代，但其實人工智慧的發展已經很久遠也很成熟，每天你的生活裡其實早就離不開 AI 了。像是打開電視的 Netflix 透過人工智慧推薦給你的專屬影片、刷卡時遇到困難傳訊息給銀行 AI 智慧語音客服、拿起手機拍照後的 AI 自動修圖和圖像辨識人臉對焦等等，當然，還有充斥在生活中的各種個人化廣告推薦。不知道你有沒有這樣的經驗，現在的廣告推送實在太精準，甚至讓你感到毛骨悚然，懷疑你的手機是否會「偷聽」你講話。舉個例子，前陣子我跟我朋友聊到我的家裡正在裝潢，想要買一台新電視，於是我朋友順手就用手機查了一些電視資訊和我分享，我很確定我只是拿著他的手機瀏覽了他所搜尋的結果，全程並沒有用到自己的手機，結果晚上回到家，當我打開 Facebook 時，驚訝地發現旁邊的廣告竟然是 65 吋 QLED 電視！廣告的精準程度令我背脊發涼，如果不知道背後的技術邏輯一定懷疑我被監聽了。然而，這些背後的關連性可能來自於我的好朋友在搜尋電視資訊時，我跟那位好朋友的手機在相同的地理位置，加上我們是 Facebook 朋友以及我最近有其他關於裝潢或家電的搜尋紀錄，所以透過各種蛛絲馬跡關聯出我可能會有想要購買新電視的需求，進而推播電視的廣告給我。但是別忘了，我從來沒有用 Facebook 找過電視的資訊！

人工智慧的純熟已經比大多數人想得還要厲害，而且正以驚人的速度改變著我們的世界。因此很多人把人工智慧比喻為下一個工業時代的來臨，將對整個世界帶來巨大的影響，身為產品經理，未來在開發新產品時，都需要加上人工智慧的功能，人工智慧會變成未來的必需品，直接決定你產品的成敗。在這個章節我會分

享我與多位負責人工智慧相關產品的產品經理工作心得，以及我訪談數位人工智慧工程師的內容，探討他們眼中，什麼樣的人才能成為一位優秀的 AI 產品經理。除此之外，也會分享 AI 工具如何幫助產品經理完成日常工作，增加工作效率。

> 「人工智慧是人類目前研究的最重要領域之一，它的影響將比火和電還要深遠。（AI is one of the most important things humanity is working on. It is more profound than electricity or fire.）」
>
> ——桑達皮蔡（Sundar Pichai）Google 執行長

AI 產品經理

AI 產品經理是指負責的產品是以人工智慧作為核心技術的產品經理。AI 產品經理不僅需要具備傳統產品經理的技能，更需要對 AI 技術有深入的理解。人工智慧並非像是魔術，而是基於資料、演算法和模型的科學。身為 AI 產品經理必須對機器學習、深度學習、自然語言處理等核心技術有基本的認識，才能在產品開發中做出明智且合理的決策。當然，身為 AI 產品經理並不需要知道技術的深入細節，像是 Transformer 與神經網路該怎麼實作，但是產品經理需要知道 AI 可以做到什麼，並且思考如何透過 AI 為使用者創造價值。他們需要成為跨領域的溝通橋樑，讓工程師、設計師、數據科學家等不同專業背景的人員合作，將人工智慧技術融入產品中。

AI 產品經理的核心技能

* **數據思維**：資料的充足與品質會直接決定一個 AI 模型的表現。因此對於 AI 產品經理而言，要了解資料對產品的影響，以及如何取得高品質且大量的訓練資料。

- **技術理解**：雖然不需要成為人工智慧專家，但產品經理需要對人工智慧技術有基本的了解，能夠與技術團隊進行有效溝通，要能瞭解人工智慧可以做到什麼，才能夠將人工智慧運用於產品上。

- **使用者洞察**：產品經理需要深入了解使用者需求和行為，才能設計出符合用戶期望的 AI 產品。很多企業的謬誤是為了趕上流行因此也高喊口號要導入 AI，但實際上卻沒有釐清使用者的需求，導致產品勉強加了一些人工智慧功能，但對於使用者來說一點幫助也沒有。

- **創新思維**：人工智慧技術日新月異，產品經理需要保持開放的心態，不斷探索新的可能性，有時候需要在大膽的天馬行空與實際可行之間找到平衡點。

一個看似簡單的 App，其實已經充滿 AI 的影子

在正式介紹人工智慧的基礎以前，讓我先用一個例子帶你看看一個 Facebook 產品裡面，可能藏有多少人工智慧在後面幫忙。打開手機裡的 Facebook App，AI 決定推薦交友建議，哪些人可能是你想認識的朋友，打開首頁的動態塗鴉牆，AI 會安排你想看到的最新貼文與影片，如果這些貼文使用的不是中文，AI 還能幫你進行翻譯。當你在 Facebook 發文或留言時，AI 會進行自動化內容審核，確認貼文內容是否符合社群協議，並且進行詐欺檢測，降低不實廣告的可能性與過濾仇恨言論。如果你在 Facebook 上發照片，AI 會透過人臉識別建議你標注你的朋友。Facebook 上也有許多對話機器人，當作第一線的智慧客服幫你解決問題。而你在 Facebook 的每個操作，可能都會被 AI 用來計算最適合你的廣告，幫助投放廣告的廣告商觸及潛在客戶。僅僅是一個產品，就應用了這麼多的人工智慧功能，下次你與任何產品互動時，無論是數位產品還是非數位產品，都可以想想人工智慧扮演什麼角色，如何為你的體驗提供價值。

從 AI 基礎開始

為什麼身為產品經理需要了解人工智慧真正的運作原理呢？因為，你不了解的東西，你就沒辦法駕馭他。你希望透過人工智慧驅動你的產品成長，甚至希望人工智慧能驅動企業的成功，但你對人工智慧的了解不夠，就無法掌握與管理。好啦，是時候讓我們學點人工智慧了。我們會聊聊人工智慧的一些基礎知識，不會討論太過深入的人工智慧技術細節，而會聚焦在跟產品開發和產品思維最相關的知識。首先，聊聊簡單的歷史。人工智慧智慧這個詞彙在 1956 年就已經出現，沒錯，你沒看錯，是距今七十年前，從那時候開始就開始有很多專家投入研究，持續地發展持續地進步，直到 2011 年，深度學習成功推動了語言處理、圖像識別和語音技術的成長，人工智慧才又變成大家熱門的話題。到了 2022 年，人工智慧聊天機器人 ChatGPT 的誕生，讓大家被人工智慧的能力感到震驚，進入奇異點。

關於人工智慧，最重要的有三件事：資料、演算法、運算能力。以前如果我們想告訴電腦如何從一張圖片判斷是不是一隻狗，我們會告訴他各種條件，例如：鼻吻部較長、眼呈卵圓形、兩耳或豎或垂、有四肢、前肢 5 趾、後肢 4 趾、有爪子，有尾巴、有毛等等，你會發現要列出狗的所有特徵其實超級困難。但是近期的人工智慧不再仰賴條件，而是一個學習的過程，就像人類在學習世界的知識一樣。回想一下小時候我們如何學習辨認什麼是狗，父母不會先告訴我們狗狗的特徵，而是帶我們到街上，指著路上的狗狗說：「你看，這就是狗。」指著貓說，「這是一隻貓，不是狗狗。」或是讓我們看很多不同動物的照片，每張照片會告訴我是什麼動物。然後有一天，我們就會突然學會辨認狗狗了！當一隻新的狗出現在我們面前，立刻可以判斷這是一隻狗而不是其他生物。同樣的方式，人工智慧也是從人類提供的例子去學習，我們不會知道他具體怎麼學的，但我們知道當他看過足夠多狗狗和其他動物的照片時，有一天人工智慧也會像人一樣學會分辨什麼是狗，就算看到一隻以前從沒看過的狗的照片，也能辨認出照片裡的動物就是狗！因此，要完成這個學習任務，就需要有大量的資料、處理學習的演算法以及強大的運算能力。

圖 10-1　人工智慧三大要素

身為產品經理，首先，我們要確定想透過人工智慧達成什麼目標，為你的人工智慧選擇正確的目標是最困難卻最重要的工作。再來我們要知道資料、演算法、運算能力會直接影響人工智慧的表現。AI 會根據你提供的資料學習技能，人工智慧是從你提供的例子們去學習，因此如果你的資料提供錯誤，那人工智慧最後的表現也會錯誤百出。假設你希望人工智慧能夠預測未來的台積電股價，那你就必須提供大量不同的台積電個股資料，除了過去的每日股價，也可以包含三大法人的進出、個股相關新聞、大盤指數，甚至是美國的景氣燈號等等。我們必須提供足夠的樣本，為演算法提供學習資源。不同的演算法會對應到不同的處理工作。像是自然語言處理或是圖像識別或是推薦系統，所使用的演算法都不一樣。最後，如果想要把演算法跑起來，讓演算法吸取大量的資料進而學習技能，背後就需要運算能力的支撐。運算能力直接代表著成本，運算能力越強，所需要的伺服器資源就越多，成本也就越高。接下來，就讓我們一起展開更多細節。

明確的目標

作為產品經理，AI 是你的工具，人工智慧是為了幫你完成某項任務而存在。因此給予 AI 明確的目標至關重要。很多產品經理為了想要讓產品可以宣稱有人工智慧功能而硬是在產品上加上一些對使用者沒幫助的功能，而忽略了想要讓 AI 發揮最大效益的方式是找到一個真正值得解決的問題，有明確具體的任務，需要讓人工智慧幫你完成。目標的設定具體明確才能讓人工智慧發揮價值，如果你沒有設定好你的目標，只有一些很模糊的概念像是「導入 AI」、「AI 賦能」，到了正式開發產品的時候，即使是細微的差別都會大幅改變產品最終的結果。因此，我們需要審慎評估人工智慧的潛在影響和可行性，並從眾多可能性中，挑選出最具價值的項目進行投入。如何評估影響與可行性可以分為以下四步驟：

1. **識別應用場景**：如果是內部系統的產品經理，希望透過 AI 來改善內部系統，應該先盤點現有業務流程，找出哪些環節涉及大量重複性、規則明確的認知任務，這些任務通常適合應用 AI 來提高效率或降低成本。例如，客戶服務中的自動回覆、文件審核、數據分析等。如果是對外的 B2B 或 B2C 產品，則應該思考 AI 是否能幫助使用者解決現在難以被傳統方法解決的問題，創造新的產品、服務或是商業模式。例如，利用 AI 生成各種行銷文案、透過 AI 整合與提供資訊等等。

2. **預測效益與成本**：讓 AI 可以聚焦在有價值的事情上，需要量化 AI 可能帶來的效益，例如節省的時間、減少的錯誤、提升的客戶滿意度、增加的收入等。同時也要思考導入 AI 的成本，考慮人工智慧導入所需的軟硬體成本、人員培訓成本、數據收集和處理成本等。此外，也需要進行風險評估，評估 AI 應用可能帶來的風險，例如數據隱私洩露、算法產生的偏見或歧視、系統故障等，並制定相應的應對措施。

3. **評估技術基礎設施**：檢查現有的 IT 基礎設施是否足以支持人工智慧應用。這包括計算能力、存儲空間、網路頻寬等。評估是否需要升級或擴展現有基礎設

施，或考慮採用雲端服務來滿足人工智慧的需求。在進行 AI 產品項目前應確保擁有足夠的數據來訓練和優化 AI 模型，或是有明確的方法與策略蒐集大量的數據。

4. **優先執行高價值項目**：根據企業的戰略目標和業務需求，確定 AI 應用的優先順序。選擇那些能夠帶來最大商業價值的項目，例如能顯著提升效率、降低成本、改善客戶體驗或創造新收入來源的項目。對產品經理而言，需要扮演「策略者」的角色，從全局的角度判斷 AI 功能為使用者帶來的是「止痛藥」和「維他命」，並進行可行性分析，評估各項目的技術可行性、實施難度、所需資源等因素。可以優先選擇那些技術成熟度高、實施風險低、資源需求合理的項目。對於不確定性較高的項目，可以先進行小規模嘗試，驗證其可行性和效果，再逐步擴大規模。像是現在最火熱的無人車項目，都是從小規模嘗試開始，從實驗室、到一兩條道路、逐步到幾個街區、到現在的一些城市，未來才再開放更多地區。

為 AI 提供動力的資料

《經濟學人》曾經發表了一篇報導，裡面大膽地寫著：「世界上最有價值的資源不再是石油，而是資料。」資料變得如此重要，主要歸功於人工智慧的發展。你可以把資料想像成為你的人工智慧演算法提供動力的燃料。一旦你決定了你的人工智慧目標，然後選擇了合適的演算法，你就成功地完成了第一步驟。但是這還不夠，你還需要訓練他，而資料正是讓你的人工智慧活起來的基礎。一般來說，你的資料越多，你的演算法表現就越好。而且，你的 AI 表現最好只會跟它得到的資料一樣好，想像你正在學習數學，如果課本只教到畢氏定理還沒有提到三角函數，你的數學程度就只會是國中程度，當你遇到 $\sin 30° + \cos 30°$ 的時候，只能兩手一攤說我不會！目前的人工智慧都是通過資料作為例子來學習，並從中找出模式。這些資料可以是過去的歷史數據，也可以是最新的即時資料。例如，當購物網站的人工智慧演算法決定要向你推薦哪些商品時，他會利用過去所有人的購物行為當作

例子做出推薦，也可以從你過去的購買紀錄、瀏覽商品的行為，或是從你的年齡與性別學習。當你每次看到推薦商品時點進去看細節或是忽略，也都可以被當作即時的資料加入訓練，反饋給演算法，提供下一次更精準的推薦結果。因此，這些資料就像是推動一個成功循環的重要因素，資料越多，演算法可以學習的內容就越多，演算法也會越來越好，進而吸引更多用戶使用產品，更多的用戶就可以產生更多的資料，產生正向循環。（又是一次的循環思維！）

AI 演算法

這裡本書不會花太多篇幅介紹演算法的細節，教你什麼是卷積神經網路、什麼是遞迴神經網路，可以怎麼優化演算法，這些你應該可以仰賴你的 AI 工程師，他們會清楚技術的細節以及該使用哪個最適合的演算法來解決問題。但是在這裡，我想要介紹三種演算法的三種主要學習方式：監督式學習、非監督式學習和增強式學習，它們各自具有獨特的學習方式和應用場景。

監督式學習可謂是最常見且廣泛應用的機器學習類型。在監督學習中，我們為演算法提供一組帶有標籤的數據，即每個輸入數據都有一個對應的正確輸出。演算法的目標是學習從輸入到輸出的映射關係，以便對新的、未見過的輸入做出準確的預測。例如，我們可以提供一組帶有標籤的圖片，其中標籤表示圖片中包含的物體。通過學習這些數據，監督式學習演算法可以學會識別新的圖片中的物體。常見的監督式學習演算法包括線性迴歸、決策樹、支持向量機和神經網路等。監督式學習在分類、迴歸、預測等任務中表現出色，被廣泛應用於圖像識別、垃圾郵件過濾、信用評分等領域。

非監督式學習則是在沒有標籤的情況下從數據中發現隱藏的模式和結構。演算法的目標是探索數據，揭示數據內在的關係和群體。例如，我們可以提供一組客戶的購買記錄，非監督式學習演算法可以根據購買行為將客戶分為不同的群體，以便進行個性化推薦。常見的非監督式學習演算法包括聚類、降維和關聯規則挖掘等。非監督式學習在客戶細分、異常檢測、推薦系統等領域具有重要應用。

增強式學習是一種通過與環境互動來學習的演算法。在增強式學習中，AI 通過執行動作、觀察環境的反饋並獲得獎勵來學習最佳策略，演算法的目標是最大化累積獎勵。例如：在訓練下棋機器人時，AI 通過不斷與對手下棋，從輸贏中學習，逐步提高下棋水平。增強式學習在遊戲、機器人控制、自動駕駛等領域具有廣泛應用。

你有看過一部知名的日本動漫「棋靈王」嗎？在棋靈王裡，每個棋士都在追求神乎其技的境界，在第十七集裡，一個中國棋士拍著電腦説：「對我來説，神乎其技在這裡面。」另一個棋士則説：「不是説，想用電腦下圍棋來贏過人類，還要 100 年嗎？」殊不知在棋靈王開播短短十四年後 Google 的 AlphaGo 就下贏了世界棋王李世乭。而 AlphaGo 所採用的方式正是增強式學習。

現在我們對演算法的類型有了一些基本了解，讓我們來談談兩個方面，作為產品經理，我們可以在這兩個方面影響與改進演算法。第一個方面，我們稱之為特徵。這裡的特徵並不是描述產品外觀或功能的產品特徵。演算法的特徵是指幫助你的演算法學習和改進的各種變量。隨著特徵的不同，由於參考的資料種類和組合不同，就會產生不同的結果。例如先前提到的預測台積電股價，我可以把三大法人的前一日進出視為特徵讓演算法參考，也可以改用聯發科的昨日股價作為特徵讓演算法參考。不同的特徵都有可能會影響到演算法運算的結果。另一個方面則是限制，你可以在演算法上加一些限制，讓結果變得更符合需求。例如有一個影片推薦的演算法，你可以替未滿十八歲的兒童加上成人影片的限制，確保兒童不會被推薦到成人影片的內容。

打造 AI 產品的思維轉變

接下來來聊聊在我與多位 AI 產品經理和 AI 工程師交換心得後，整理出來關於建立 AI 產品需要進行哪些思維轉變，才能打造出 AI 驅動的卓越產品。在開始之前，想先提醒大家，這些思維轉變可能需要拋棄一些過去的產品原則與做事方式。

設定複合目標

在一般的產品中，設定複合目標通常不是一個好決定，然而對於一個人工智慧目標而言，如果只設定一個目標，通常會太過狹隘。我們在設定人工智慧目標時需要採取更深思熟慮的方法，檢查所有細微差別。我們需要一直使用數據來驗證你的假設，並注意不要將因果關係與相關性混淆。決定 AI 目標的過程是需要時間進行科學實驗的，常見的實驗方式像是 A／B 測試、交錯暴露（Staggered Exposure）的方式、使用切換回溯實驗（Switchback Experiments）等等。如果不知道要如何開始，可以先想像一下，如果你的 AI 演算法成功了，最終的結果會是什麼樣子？例如：你正在做的是透過 AI 演算法進行 Netflix 的影片推薦，點擊率看起來是一個重要的目標，對吧？但點擊進去會不會看了幾分鐘就沒興趣跳了出來？因此要看客戶看推薦影片的時間長短，聽起來好像不錯，但有沒有可能客戶雖然看了，但看到中間才覺得這部片並不如預期，所以目標是不是對影片的評分？由此可見，決定正確的目標比想像中還難。由於 AI 模型的複雜性，正確的做法是透過實驗摸索出最適合的 AI 目標，而且可以不只是單一目標，可能是多個目標的組合。

無法掌控的 AI 體驗

我之前在寵物科技新創公司擔任人工智慧部門主管時，接到一封客戶怒氣沖沖地表示，「你們的產品為什麼要歧視我的老公。」事情是這樣的，我們的寵物攝影機裡有人工智慧演算法，判斷現在攝影機前是否有狗狗在活動，如果有狗狗在活動的話，就會發送通知給使用者。結果，當他的老公在進行伏地挺身鍛鍊時，被 AI 誤認為是狗，因此發送狗狗活動通知給我們的使用者。而更尷尬的是，來投訴的客戶是白人，他同樣在攝影機面前做仰臥起坐不會被誤判，但是她的老公會，而她的老公是黑人，因此覺得我們有種族歧視之嫌。然而，如前面所說，我們並無法知道人工智慧到底是怎麼學的，我們也無法掌握人工智慧帶來的體驗。因此，對於不熟悉人工智慧的產品經理來說，學會認清 AI 產品體驗不是確定性的，我們無法控制 AI 體驗是一件很困難的事情。就好像你用同樣的問題問 ChatGPT，每次

的回答可能都不盡相同，而且你想叫他回答一次之前的答案可能也答不出來了。AI 演算法跟過往基於規則的方式不同，沒辦法想怎麼改就怎麼改，要接受他在過程中不是完美的，會一直犯錯，而且需要時間來學習，讓準確率提升。因此，身為一位好的 AI 產品經理要能夠有耐心有遠見，要讓演算法有充足的時間被優化，最終他的表現一定會優於現在的規則式系統。另外，我們很難解釋 AI 演算法為何下此判斷，像是一個黑盒子一樣，演算法是不帶情感地做出判斷，他的運算結果取決於他所接觸到的資料以及學習的過程，因此他不會了解種族歧視對於我的客戶是多嚴重的問題，我們也沒有辦法跟客戶解釋為什麼她的老公會被誤判但是她不會。

高品質的資料收集

對於一個人工智慧模型，資料無疑是最重要的事。如果你餵給演算法的資料都是品質不佳或是錯誤的，那這個人工智慧能夠學到的程度也非常有限，甚至只能丟出拙劣的結果。這就是常說的「Garbage in, Garbage out（垃圾進、垃圾出。）」所以作為 AI 產品經理，你的工作之一就是確保高品質的資料收集。最常見的資料蒐集方式是公開的資料集，像是各種論文使用的訓練資料集、政府的公開資料集、或是透過爬蟲去抓取自己產品以外的第三方資料等等。第二種則是產品自己產生的資料集（如果是使用者生成的內容則需要取得使用者同意），例如攝影機產品所拍攝到的畫面、使用者在產品中的活動數據、CRM、ERP 等等。第三種則是使用者反饋或提供的數據，例如向使用者徵求，請他們主動提供有用的資料集，或是他們在使用產品時給予的回饋，像是 NPS 或是滿意度調查資料等等。蒐集完這些資料，別忘了重點是資料的品質，因此需要去驗證與校對這些資料的可用性與正確性。因此，現在有很多資料標注師的工作，會幫忙確認這些要丟給人工智慧演算法的資料有被正確地被標註，並且會確定總體的資料分佈與數量符合目標。

經驗分享

在擔任 AI 產品經理時，花在想辦法大量收集資料的時間遠比預期的多，可能占全部 AI 相關工作的 70%，因為高品質的資料對 AI 模型來說是最重要的。當時，為了要有足夠充足的高品質訓練資料，除了透過上述的三種方式進行蒐集，還有一些不同的方法。我在擔任內部系統產品經理時，當時我們希望打造一個 AIOps Platform（智慧維運平台），透過 AI 分析系統日誌（logs）預判系統未來的故障風險，找出原因並提前預防，增加企業系統的穩定性與系統韌性。當時為了取得不同層級的日誌（像是 sys logs、network logs、application logs、change logs 等等）訓練 AI 模型，就花了許多時間和不同部門進行溝通，希望可以串接他們的系統取得日誌內容，並打造出可以高速低延遲收集資料的資料通道（Data Pipeline），進而收集原始數據，並進行清洗、轉換、整合、分析、儲存等等。因此即使是從企業內部蒐集數據，也有很多跨部門的溝通工作與基礎建設的工作需要完成。

另一個例子是我在寵物科技新創公司擔任產品經理時，為了取得足夠的訓練資料，特別請公司成立一個資料部門，進行資料的標註與清洗，我們建立了資料的分析與儲存機制，雇用了資料標注師，也把資料標注的工作外包出去，透過人工判斷與標註的方式獲取更多數據，建立資料蒐集、標註、儲存、訓練的 SOP。另外，由於某些事件發生的頻率過低，當時也使用模擬生成的方式「創造數據」，例如當時希望可以用 AI 模型判斷環境中是否有玻璃破碎的聲音，但當時公開的資料集相當有限，而且玻璃破碎屬於罕見事件，因此可以拿來訓練的資料量相當有限。當時我們就租了一套防護衣，買了各種玻璃製品，像是不同厚度的玻璃、門與窗戶、杯碗瓢盆、花瓶、鏡子、燈具等等，在環境中設置不同距離的收音裝置，然後把這些玻璃製品砸爛進行收音，將這些蒐集到的玻璃碎裂音檔標注成為訓練資料，另外也將這些音檔與其他家中常見的背景音進行混音，模擬生成出更多的資料。透過這些方式，最後才成功訓練出商用等級的 AI 模型。

圖 10-2　透過實際砸玻璃蒐集更多聲音數據

運算能力的評估

人工智慧要執行運算仍然需要依賴於現實世界的載體，因此 AI 驅動產品的成功需
要有可靠的基礎設施和能承載運算的硬體。不同的運算能力會導致不同的使用者體
驗。例如硬體的運算能力不夠或是記憶體容量不夠，可能讓演算法計算的時間拉
長，問 AI 一句話，結果需要等一分鐘才回話，對使用者體驗就會產生負面影響。
在進行圖像識別也是一樣，如果選用的 SoC 晶片與記憶體不夠大，即使有安裝智
慧監控，由於運算人臉辨識的時間太長，需要三分鐘後才會有結果，喪失了即時
性就等同喪失了這個功能。因此 AI 產品經理要認知每個人工智慧功能所需要耗費
的運算能力及硬體資源，在開發產品時優先考慮可行性與成本。

客戶導向和價值主張

大聲疾呼我們的產品全面 AI 化是不夠的，AI 產品經理必須專注於客戶和價值主
張。AI 並不是一個萬能的解決方案，他只是解決客戶問題的一種工具和方法。在

過去，很多想要解決的問題由於技術上的瓶頸無法突破，現在有了人工智慧，可以讓我們的手中多出更多武器，做出更多優質的解決方案。然而，人工智慧還是一種工具，在導入人工智慧前，請認真靜下心來問問自己：「為什麼需要用人工智慧？」「人工智慧是最好的解決方法嗎？」有些時候，客戶根本不需要人工智慧，他們要的可能只是基於規則與邏輯的系統幫助他們解決痛點。AI 不是萬靈丹，在設計產品時，不要為了人工智慧而人工智慧，要導入 AI 請務必為了解決特定的客戶需求並提供切實的好處！

這裡介紹關於人工智慧的內容，希望對你來說只是點燃熱情的火苗，讓你在讀完這個章節之後能夠激勵你繼續學習更多人工智慧的相關知識，並且對人工智慧的真正運作方式建立更多的直覺和經驗。最重要的是，我希望你意識到人工智慧對你的工作是多麼重要，以及它對你的產品和公司能產生什麼樣的影響。如果可以，我強烈建議你試著尋找與人工智慧有相關的產品經理工作，因為你可以真正實際體驗設計一個 AI 產品所需要經歷的階段。即使現在的工作並沒有碰到人工智慧，你也可以在你的生活周遭進行觀察，每天在使用各式各樣的產品時，思考目前人工智慧扮演什麼樣的角色。如果你是這個產品的產品經理，會如何蒐集資料、使用哪一種類型的演算法、怎麼設定 AI 目標，以及可以透過人工智慧驅動產品的成長與成功。

身處 AI 時代，產品經理如何善用 AI 工具提高生產力？

人工智慧浪潮席捲全球，各行各業都在這場科技盛宴中尋求變革與突破。對於產品經理而言，AI 不僅是產品創新的關鍵，更是提升工作效率、釋放創造力的有力助手。你是否好奇產品經理如何善用 AI 工具，讓自己在 AI 時代的工作如虎添翼呢？或者你會不會擔心產品經理的工作將來被 AI 取代呢？

如果我們充分了解 AI 的能力，就可以知道 AI 可以幫助產品經理做到哪些工作，以及哪些工作仍然需要人類完成，就不用擔心被 AI 取代了。首先，AI 在數據處理和分析方面的能力無疑是強大的，生成式 AI 可以快速消化大量資料、提取洞見，這是人類需要耗費數小時甚至數天才能完成的工作。例如，ChatGPT 可以掃描大量的資料，提供市場趨勢、使用者偏好或競爭對手的動態，如果你詢問大型語言模型：「請提供歐洲市場最新手持式裝置科技趨勢的總結」，它可以迅速給出相關的答案，這種快速的數據處理能力對於產品經理來說非常有幫助。其次，AI 能夠在任務自動化、排程、市場分析和撰寫文稿等方面發揮專長，由於生成式 AI 幾乎爬梳了網路上所有的文字資料，因此他們在文字與自動化的能力遠超於人類。然而，雖然 AI 能夠幫我們蒐集資料並提供許多資訊，但是「決策」的部分仍然需由產品經理來填補。人工智慧的決策能力仰賴於絕對的理性，對於人類細微情感的理解、價值觀、帶給使用者的體驗以及解決使用者問題的熱情，都是遜於人類的。因此身為產品經理，我們可以圍繞產品的開發過程思考在每一個階段，AI 如何成為化身為一個高效的專業助手，幫助產品經理完成工作。不管你是負責內部產品或外部產品、企業產品或消費性產品、軟體產品或硬體產品，我們都可以把產品的生命週期分為：創意發想階段、研究階段、開發階段與發布階段，分別進行討論。

圖 10-3　AI 工具已經常見於生活之中

創意發想階段

在產品開發的「創意生成」階段，AI 可以大幅提升創意的可能性與數量。讓我們來看一些具體的建議和方法，幫助產品經理更有效地運用 AI 來激發創意：

發想創新點子

老闆總是一直想要我們創新，但是想新點子想得很痛苦嗎？參加了一場又一場的腦袋風暴（Brain Storming）工作坊還是沒有找到好點子該怎麼辦？現在我們可以使用像 ChatGPT 或 Gemini 這樣的生成式語言模型，幫助我們產生新的產品概念、功能建議或使用者故事。這些模型能夠基於簡單的提示生成出多樣的創意。我們只需要提供一個簡短的產品描述或市場需求，要求 AI 提供多個不同的產品功能建議或創新想法，就可以產生出更多新點子，幫助產品經理在開發產品時創造出更多可能性。如果覺得 AI 所提供的想法太過單一，也可以透過不同的問題提問讓 AI 生成類似領域或不同領域的創意，互相結合發現新的靈感。AI 可以根據現有產品生成與之相關的、但略有不同的概念。例如給定一個現有產品，要求 AI 根據其他領域的成功案例提供類似的創意建議。如此一來，AI 就能提供跨領域或是整合性的新想法。

撰寫創意文案

在產品發想的初期階段，你可能會有很多初步的點子，這些點子往往只是零散的構思或靈感。如果希望將這些點子轉化為可行的產品計畫，並與其他同事或管理層進行有效的溝通，因此需要將它們組織成清晰而有說服力的內容。這不僅僅是關於編寫文檔，更是關於如何展示你的點子的潛力和價值。AI 創意寫作工具如 Copy.ai 或 Jasper 可以根據你提供的簡單點子，自動生成高品質的產品文案。這些工具能夠理解你的基本需求，並根據目標受眾和品牌意象生成專業的文案。像是根據你的品牌理念和市場定位，自動生成創意十足且切合的標語。這些工具可以生成多種

選擇，讓你能夠從中選擇最符合你品牌意象的標語，並在提案中展現出專業的品牌形象。此外，AI 創意寫作工具也可以構建引人入勝的品牌故事，品牌故事能夠幫助產品在市場上建立情感聯繫。AI 可以根據你的品牌背景、使命和價值觀，生成動人的品牌故事。這些故事不僅能夠捕捉目標受眾的注意力，還能夠有效地傳達品牌的核心價值，從而提升提案的說服力和完整度。因此，無論是產品介紹、功能描述還是市場定位，AI 都能幫助你創建出具有說服力的文案，使你的提案更具吸引力。在與同事或管理層溝通時，你能夠呈現出一個清晰且具體的產品計畫，更容易獲得他們的支持和認可。

研究階段

市場調查和競爭者分析

市場調查和競爭者分析，是產品經理制定決策的關鍵依據。然而，海量的資訊、繁雜的數據，往往讓產品經理陷入資訊的汪洋大海中。過去，我們需要耗費大量時間和精力，手動篩選、閱讀、分析各種資料，才能從中提取有價值的洞察結果。

現在，隨著 AI 工具的出現，為產品經理帶來了全新的市場洞察方式。AI 就像一位不知疲倦的情報員，可以全天候監控社交媒體、新聞、評論和討論區，為你蒐集市場動態、競爭對手情報和用戶反饋。更重要的是，有了生成式語言模型的協助，產品經理不再需要費力地閱讀和消化海量資訊。隨便厚厚一本的產業報告，或是競爭產品的使用者手冊，對大型語言模型來說都是小菜一碟，只需將相關資料複製貼上，這些語言模型就能快速總結並提取出關鍵訊息，例如用戶痛點、競爭對手動態、產品優缺點、市占比例等等。產品經理可以將時間和精力集中在策略制定和決策上，讓 AI 為你提供及時、準確的市場洞察。

AI 不僅提升了市場調查和競爭者分析的效率，更讓產品經理能夠更敏銳地捕捉市場變化，快速調整產品策略。透過 AI 的協助，產品經理可以細分出不同的使用者

族群，畫出不同的人物誌，並且 AI 幫忙針對每一個人物誌識別他們各自的痛點，更深入地了解使用者需求，更準確地預測市場趨勢，讓產品在競爭激烈的市場中保持領先地位。

需求分析和市場預測

如果你負責的產品是實體的產品，那麼你一定會同意「如何在滿足市場需求與控制庫存成本之間取得平衡」是一大難題。過去，我們只能憑藉經驗和直覺，預估產品銷量制定生產計劃。然而，市場變化速度迅速，稍有不慎，就可能導致庫存積壓或供不應求，造成巨大的損失。AI 工具可以為產品經理帶來了強大的預測分析能力。AI 就像一位經驗豐富的市場分析師，能夠從巨量的歷史數據、市場趨勢和用戶行為中，挖掘出隱藏的規律，預測未來的市場需求和用戶行為。

舉個例子，在硬體產品領域，產品經理經常面臨下多少訂單、庫存多少、選擇哪些供應鏈等問題。AI 預測分析可以根據歷史銷售數據、季節性因素、市場趨勢等，預測產品的未來銷量，幫助產品經理做出更明智的決策。

透過 AI 預測，產品經理可以：

- **優化庫存管理**：根據預測銷量，合理安排庫存，避免庫存積壓或缺貨，降低成本，提高資金周轉效率。

- **優化供應鏈管理**：根據預測需求，選擇合適的供應商，確保產品供應穩定，同時降低採購成本。

- **制定更精準的行銷策略**：根據預測的用戶行為，制定更有針對性的行銷方案，提高轉化率。

- **及時應對市場變化**：透過 AI 對市場趨勢的即時監控，產品經理可以及時調整產品策略，應對市場變化。

AI 預測分析為產品經理提供了更科學、更可靠的決策依據，讓他們能夠在充滿不確定性的市場中做出更高機率正確的選擇。產品經理不再需要憑藉直覺和經驗，而是可以依靠數據和 AI 的力量，做出更精準的需求分析與市場預測。

開發階段

產品規格撰寫（Product Requirement Document）

產品規格書，是產品經理與工程師之間的溝通橋樑，也是產品開發的重要文件。對於許多產品經理來說，要撰寫出一份讓工程師滿意的規格書是一大挑戰。尤其對於剛入門的產品經理，常常因為忽略了錯誤處理、邊緣案例或例外情況，導致規格書不夠完整，讓工程師滿頭問號。過去，要寫出滴水不漏的規格書，往往需要產品經理累積豐富的產品規格撰寫經驗或擁有足夠的技術背景。然而，現在我們有了大型語言模型一切將變得更容易。想像一下，你將辛苦撰寫的產品規格書交給他們，它不僅能快速理解你的需求，還能從工程師的角度，幫你找出潛在的漏洞和盲點。那些你可能忽略的邊緣案例、例外情況，甚至複雜的錯誤處理流程，ChatGPT 與 Gemini 都能一一為你指出，讓你的規格書更加完善。

如何善用大型語言模型提升規格書品質

1. **提供清晰的上下文**：在向他們提問前，確保提供足夠的上下文資訊，包括產品目標、使用者需求、功能描述等，讓 ChatGPT 與 Gemini 更好地理解你的產品意圖。

2. **明確提問**：提出具體的問題，例如「請幫我檢查這個功能在網路不穩定的情況下會不會出現問題？」、「有沒有哪些邊緣案例我可能沒有考慮到？」。

3. **迭代優化**：根據他們提供的建議，不斷修改和完善規格書，確保每個細節都考慮周全。

使用生成式 AI 可以提升規格書品質，讓規格書更完整、更清晰，減少工程師的疑問和誤解，降低溝通規格的來來回回時間與提高開發效率。同時節省時間和精力，產品經理與工程師無需再花費大量時間思考邊緣案例和例外情況的處理。不過要特別注意，這些大型語言模型並非萬能，雖然他們能夠提供寶貴的修改建議，但產品經理仍需對產品有全面的了解，並對這些內容的合適性進行判斷，例如 AI 生成的例外處理是否合理、某些規格調整是否正確等等。另外，如果產品規格書的內容涉及企業敏感資訊，應該要避免在與 AI 的互動中洩露公司的機密資訊。

產品原型設計（Prototyping）

AI 沒有辦法驗證你的點子可行性，但是 AI 可以幫助你進行產品驗證的實驗。在過去，產品原型設計往往是產品經理與工程師之間的一場角力。對於不懂技術的產品經理，他們只能望洋興嘆，苦苦等待工程師將腦中的構想轉化為現實，或者自己突發奇想靠一己之力打造出產品原型。現在隨著 AI 時代的來臨，為產品經理開啟了一扇通往原型設計新紀元的大門。

如今，AI 工具如同一支神奇的魔法棒，產品經理即使在有限的技術能力下，也能揮灑創意，勾勒出產品的雛形。大型語言模型猶如一位經驗豐富的導師，不僅能協助產品經理發想各種原型方案，更能提供一步步的實踐指南，讓想法不再停留在紙上。圖片／影片生成式 AI 讓產品經理能將構想轉化為生動的視覺呈現，讓抽象的概念變得具體動感。而 AI 程式輔助工具，如 GitHub Copilot、Amazon CodeWhisperer 等，則成為產品經理的寫程式幫手，即使不懂程式語言，也能快速生成基礎程式碼，打造出可以用來進行產品實驗的原型。

這些 AI 工具的出現，讓產品經理不再受限於技術門檻，能夠親自參與原型設計，甚至打造產品原型，實現快速驗證產品概念、收集用戶反饋，以更敏捷的方式進行產品迭代。產品經理可以更自主地探索產品的可能性，將創意轉化為現實，不再只是被動等待。AI 不僅解放了產品經理的創造力，更為產品開發注入了新的活

力。透過 AI 工具的賦能，產品經理可以更快速、更有效地驗證產品概念，降低開發風險，進而提升產品成功率。

> 在自己做出產品原型對於不懂技術的產品經理來說，不再是遙不可及的夢想。
>
> —— Jacky

行銷文案輔助與跨國語言支持

產品進入開發階段，產品經理往往需要與行銷團隊和各國語言的文案人員密切合作，不斷嘗試和調整產品內容的用字遣詞，以確保產品發布後訊息傳遞的準確性和吸引力。這過程不僅耗時費力，還可能因溝通障礙或文化差異而產生誤解。如今，有了生成式語言模型的加持，產品經理終於可以擺脫這些煩惱。只需輸入簡單的提示，生成式語言模型就能為產品生成多種不同風格、語調的行銷文案，供產品經理快速測試和調整。產品經理可以根據用戶反饋和數據分析，不斷優化文案，直到找到最能打動人心的表達方式。

更令人振奮的是，對於需要多國語言支持的產品，ChatGPT 與 Gemini 還能提供快速、準確的翻譯版本，讓產品經理能夠在短時間內將產品推向全球市場。這不僅大幅縮短了產品上市時間，更降低了部門間的依賴性，讓產品經理能夠更自主地掌控產品的國際化進程。

AI 不僅為產品經理提供了強大的文案輔助工具，更打破了語言的藩籬，我們可以不用仰賴多位專業的翻譯人員對各種語言進行翻譯與用字優化，就可以讓產品在地化，使產品的魅力得以在全球多個國家綻放。

發布階段

協助定義產品指標

產品指標（KPI）是產品經理衡量產品成功與否的關鍵指標，例如用戶留存率、活躍用戶數、轉換率等。這些指標不僅反映了產品的當前表現，更是產品經理制定決策、優化產品的重要依據。然而，如何從眾多指標中選擇出最關鍵、最具代表性的指標，並設定合理的目標值，對於產品經理來說並非易事。過於簡單的指標可能無法全面反映產品的價值，而過於複雜的指標又可能讓團隊迷失方向。定義適合的產品指標過去一直是需要累計足夠的工作經驗才有辦法勝任的工作。

隨著 AI 工具的出現，為產品經理制定產品指標帶來了新的可能性。AI 可以根據產品類型、目標客群、商業模式等因素，協助產品經理制定出更科學、更具針對性的指標體系。例如 AI 可以分析產品的歷史數據、用戶行為和市場趨勢，為產品經理推薦最相關、最有價值的指標。同時根據行業基準和競爭商品數據，幫助產品經理設定合理的指標目標值，避免目標過高或過低。此外，AI 可以根據指標的重要性，自動分配權重，讓產品經理更清晰地了解各個指標對產品成功的貢獻度。更重要的是，AI 可以自動化數據收集和分析，即時監控指標變化，如有異常可以即時發送告警。

如果我們希望 AI 可以協助產品經理定義出良好的產品指標，我們需要先定義出明確的產品目標作為制定指標的基礎。而產品經理必須根據經驗和專業知識，對 AI 所推薦的指標進行評估和調整，確保指標的合理性和可行性。透過 AI 賦能，讓產品指標的設定不再是難題，使產品可以更科學地透過數據驅動決策。

撰寫高品質的文件與報告

這對產品經理來說，撰寫各種文檔是一項耗時費力的工作。尤其對於非英語母語的產品經理，撰寫英文報告更是一大挑戰。過去我在亞馬遜工作的時候，需要花

費大量時間查字典、潤飾語句，甚至熬夜趕工，才能完成一份合格的報告。其實產品文件不管是在產品開發過程的各個階段都需要撰寫。

現在大型語言模型就像一位經驗豐富的文字工作者，能夠協助我們撰寫各種文檔，從 WBR（Weekly Business Review）、MBR（Monthly Business Review）、QBR（Quarterly Business Review），到工作信件、會議資料和會議記錄，都能輕鬆搞定。更令人驚豔的是這些語言模型還能輕鬆地在不同語言之間轉換，讓產品經理能夠跨越語言障礙，與全球團隊和客戶無縫溝通。這不僅大幅提升了工作效率，更讓產品經理能夠將更多精力投入到產品策略和創新上。

透過大型語言模型的協助，產品經理可以：

- **提升寫作效率**：可以根據你的需求，快速生成文檔草稿，節省大量的時間和精力。

- **改善語言表達**：可以幫助你潤飾語句、修正文法錯誤，讓你的文檔更專業、更流暢。

- **跨語言溝通**：可以即時翻譯文檔，讓產品經理能夠與不同語言背景的團隊成員和客戶無障礙溝通。

- **專注於核心工作**：將繁瑣的文檔撰寫工作交給大型語言模型，產品經理可以更專注於產品策略、用戶體驗和市場分析等核心工作。

AI 不僅是產品經理的寫作救星，更是提升生產力的重要工具。除了寫文件以外，現在的 AI 也可以幫你生成投影片，或是美化投影片，讓準備報告投影片的時間變短，可以花更多時間在準備內容。

自動化任務和流程

產品經理的工作充滿了各式各樣挑戰和任務。其中，繁瑣重複的手動工作，例如定期生成報告、數據輸入與整理、日常指標監控、使用者反饋蒐集等等，這些產

品發布後執行層面的工作往往佔據了大量的時間和精力，讓產品經理疲於奔命，難以專注於更具價值的戰略性工作。

然而，AI 時代的來臨，為產品經理帶來了福音。GitHub Copilot、Amazon CodeWhisperer 等 AI 程式輔助工具，讓不懂技術的產品經理也能輕鬆駕馭自動化。這些工具就像一位經驗豐富的程式設計師，隨時待命，協助你快速生成自動化程序，將那些重複性勞動交給自動化程式處理。

試想一下，原本需要數月才能完成的手動工作，透過 Python 程式自動化，只需一兩天就能輕鬆搞定。這不僅節省了寶貴的時間，更讓產品經理從繁瑣的日常事務中解放出來，將更多精力投入到產品創新、用戶體驗優化、市場策略制定等更具戰略性的工作中。自動化工具不僅提升了產品經理的工作效率，更讓他們能夠從更宏觀的角度思考產品發展。當不再被瑣事纏身，產品經理可以更專注於使用者需求，更深入地洞察市場趨勢，更敏銳地捕捉創新機會。

當然，透過 AI 達成自動化並非萬能藥，產品經理仍需對業務流程有深入的了解，才能設計出真正有效的自動化方案。善用 AI 工具提高生產力，產品經理可以從繁瑣的日常事務中解放出來，專注於更具價值的戰略性工作。

圖 10-4　人工智慧時代來臨

人工智慧時代來臨，為產品經理提供了無限的機會與想像，也帶來相當程度的挑戰。產品經理透過人工智慧驅動產品或企業的成功已經不是未來式，而是現在進行式，這是一個人類史上重要的轉捩點，身為產品經理如果沒有跟上人工智慧浪潮，長江後浪推前浪，前浪死在沙灘上，如果沒有持續學習，很可能就受困於淺灘。我們要好好的善用人工智慧，AI 是一項厲害的高級武器，幫助我們完成困難與耗時的任務和工作，進而為我們的產品帶來更多可能性。不用擔心 AI 成為你的替代品，學會善用 AI 科技與工具，AI 不僅是產品經理的得力助手，最稱職的副駕駛，更是未來推動產品成功的關鍵動力！

後記

在這本書即將出版之前，Python 不舒服了好幾天，Python 是個愛吃鬼，超喜歡吃零食、用超萌的方式和我們討食，但他卻突然好幾天不吃不喝，開始在家裡亂大小便，呼吸變得急促，一直趴在原地，我回家時也都不會站起來跑過來找我。帶他去看了獸醫，想不到跑了三家獸醫都沒有醫院可以處理，我心急又沮喪，一天打了無數通電話四處奔波，最後晚上 10 點終於找到願意接受 Python 的醫院，Python 住院了，不是我天真的以為他又亂吃東西腸胃炎，檢查結果是肝腫瘤。

Python 是個善良的孩子，回家的時候，他總會熱情地跑過來迎接我、聞聞我，不論我做什麼他總願意陪在我身邊，雖然有時後我總嫌他煩，做很多事時不想帶他。Python 最喜歡坐摩托車，享受涼風迎面而來，把他臉上的毛吹得亂七八糟。Python 超喜歡玩玩具跟球球，每次總玩得激動不已，玩到氣喘吁吁久久停不下來。他也超愛游泳而且是游泳高手，在水裡怡然自得展現高度自信，腳踢著水優雅地在水中漫游，即使失明後還是會直接噗通一聲跳下水裡。柴犬是獨立的狗狗，雙眼失明後，他對我的依賴度變高，我常常抱他上車下車，他失明前不喜歡被抱，失明後我才有機會多抱抱他，摸摸他。雖然看不見，但 Python 超級勇敢，出門時他總是走在前面，帶著我去他想去的公園，即使偶爾撞到頭、跌下樓梯也不退縮，路人不仔細看都沒發現他完全看不見。

Python 是個可憐的孩子，他 10/18 才要過五歲生日，我們原本還打算買個大蛋糕給他，在不到五年的時光裡，他遭受不少苦難，他有癲癇問題、情緒問題，會突然發瘋咬人但過一陣子又恢復正常；他有肝腦症，他的肝比普通的狗狗還要小，解毒能力不夠毒素會影響腦部，導致他的行為異常，所以他只能吃肝處方飼料，連他最愛的零食也不能吃太多，我們會把一片肉片剪成好幾個小塊慢慢餵他。有一天從寵物旅館接他回家，Python 看我的時候發現他的左眼突然變白濁，我嚇死了，急著帶他去了好幾間醫院檢查，發現他左眼患有青光眼，因為眼壓過高導致他非常不舒服，當時的 Python 每天都被眼壓導致的疼痛折磨，攻擊性也變很強，為了帶他看醫生、幫他滴眼藥水每天我都被他開洞咬流血，當時崩潰的我真的無所適從，甚至腦中想過放棄他。後來他的眼睛被摘除，眼睛處留下一條好長的刀疤，痛到不行的他在家裡哀嚎了一整晚，真的很不忍心。我開始更積極地幫他的

右眼滴眼藥水，沒想到當了四個月的單眼龍以後，另一隻眼睛也保不住了。雙眼摘除後，他之前兩次開刀導致抵抗力太差，得到膿皮症，背部的毛禿了好幾塊，內層的白毛特別明顯，復原後也長不回來，背上幾撮白毛反而變成他的個人特色。

Python 不喜歡在家上廁所，我們必須每天出門三次，每次出門 30 分鐘到一小時，早上我必須很早起來在上班前帶他出門，下班需要第一時間趕回家帶他出門，睡前也是。下大雨和颱風也一樣，風雨無阻，因此每天我都很擔心下雨，因為下雨出門真的好麻煩，尤其颱風天，連疏洪道的橋下都會關閉，能有雨遮遛狗的地方更少了。我好幾次想賴床或是晚上已經好睏，曾想希望哪天可以不用每天出門三次。Python 身體不好，每天早晚需要吃兩次藥，大概有八顆，沒吃藥的話他會變得很不舒服，但隨著年齡越大開始挑食，餵藥變得越來越困難。試了好幾招，怕他嗅覺靈敏發現有藥味，我們買了空膠囊，每天花 20 分鐘幫他把藥裝進膠囊裡，把膠囊塞進肉裡或零食裡讓他一口把藥吞進去。為了騙他吃藥，家裡有各種罐頭和零食，廚房開伙的時候都是為了做鮮食給他吃，每次他挑食不吃藥，我的內心好焦躁，又急又氣又擔心，每天面對餵藥挑戰，但我卻沒想過會不會是他身體哪裡不舒服，愛吃的他才開始變得挑食。因為需要餵藥跟遛狗，平日晚上和假日要出門都很不容易，晚上要應酬或是和朋友吃飯，我和我老婆會先安排好誰照顧 Python。要出國出差或旅遊也是，如果真的遇到兩個人同時不在，才會送到寵物旅館。我有個不喜歡受到拘束的靈魂，曾經幻想過不用早起帶他，下班不用急著趕回家遛狗、餵藥，想出門就可以出門的自由。

Python 是個貼心的孩子吧！他知道爸爸喜愛自由，不喜歡被綁住，他寧願犧牲他自己，滿足爸爸期待已久的心願，不想再麻煩爸爸了。我不是沒想過這一天的到來，只是沒想到這一天來得這麼快，Python 才不到五歲，一切發生的太突然，我真的還沒做好準備。不知道為什麼，這幾天想到的都是和你相處的快樂時光與你的可愛模樣，還有你向我奔跑的燦笑，想到這些眼淚就停不下來。我是你人生的全部，但我卻花太少的時間陪伴你。每次我都從日本回來時，你總會很興奮很激動地歡迎我，在家上班、看電視時，你總會乖乖陪仕我身邊，坐著抬抬手你的手摸

摸我，示意我該給零食了，太餓時還會直接敲碗抗議。在家裡，我總是隨便叫你一聲「拍拍」、「小拍」、「臭拍」、「拍寶寶」，你總是聽得懂屁顛屁顛跟在我身後，彷彿怕我會突然不見一樣，以後我不在了你該怎麼辦。也許是你知道自己時光有限，最近你為了和我們一起睡，你總是賴在房間裡不願意回到客廳睡覺。這本書正式出版的時候，你應該已經不在我身邊，前往汪星球了吧！在死亡面前，我們變得如此無助又渺小，即使不願意接受事實，但除了接受也別無選擇。希望你在汪星球可以每天無憂無慮開心吃飯開心玩耍，我會努力習慣回家的時候，開門面對空蕩蕩的客廳；早起的時候再小睡一會兒，因為不用再急著帶你出門尿尿。我會努力過得很好，你沒了病痛也要過得好好的，雖然我從不相信什麼前世今生，但我真心希望哪天我們有緣能再相聚。想你的時候我會和你看我一樣抬起頭微微笑，看看能不能讓眼淚不要再止不住撲簌簌地掉下來，因為我知道你一定也不想看到爸爸每日哭哭啼啼的醜樣子。

僅以此書獻給我最愛最愛最愛的寶貝 Python

Note

博碩文化

博碩文化